智能建造前沿技术及应用丛书

数字设计

建筑结构智能设计的技术、方法及应用开发

王 勇 著

中国建筑工业出版社

图书在版编目（CIP）数据

数字设计　建筑结构智能设计的技术、方法及应用开发/王勇著. —北京：中国建筑工业出版社，2022.10（2023.11重印）
（智能建造前沿技术及应用丛书）
ISBN 978-7-112-27756-8

Ⅰ.①数…　Ⅱ.①王…　Ⅲ.①智能化建筑-建筑结构-结构设计-研究　Ⅳ.①TU318

中国版本图书馆 CIP 数据核字（2022）第 147797 号

本书以建筑结构施工图设计为研究对象，综合应用 BIM、信息交换标准及人工智能技术的最新研究成果，对基于 BIM 的结构施工图设计方法和技术展开研究，开发了基于 BIM 的钢筋混凝土结构施工图设计原型系统（BIM-SDDS-RC）。该系统可实现结构施工图设计 BIM 模型的创建和管理、基于 IFC 和非 IFC 标准模型接口的 BIM 模型提取、转换与集成，钢筋混凝土结构施工图设计、规范校验和关联修改、平法图纸和文档自动生成、基于网络的协同设计等功能。同时，通过实际工程应用对研究成果的可行性与有效性进行了验证，提高了施工图设计的质量和效率，实现了各专业设计之间、设计与施工之间的信息共享，具有广阔的工程应用前景。

责任编辑：徐仲莉　王砾瑶　范业庶
责任校对：芦欣甜

智能建造前沿技术及应用丛书
数字设计　建筑结构智能设计的技术、方法及应用开发
王　勇　著
*
中国建筑工业出版社出版、发行（北京海淀三里河路 9 号）
各地新华书店、建筑书店经销
霸州市顺浩图文科技发展有限公司制版
建工社（河北）印刷有限公司印刷
*
开本：787 毫米×1092 毫米　1/16　印张：11¾　字数：290 千字
2022 年 9 月第一版　2023 年11月第二次印刷
定价：**59.00** 元
ISBN 978-7-112-27756-8
（39922）

前言

FOREWORD

20世纪70年代，美国佐治亚理工学院的Eastman教授首次提出BIM的理念："互动的典型元素，从相关元素的描述可获取剖面、平面、轴测图、透视图；任何布局的改变仅需操作一次，就能在将来的绘图中得到更新，并自动保持一致；任何算量和成本分析都可以容易地生成，在办公室就可以自动进行建筑规范检查。"

当前，BIM已经成为工程建设领域信息技术研究和应用的热点，越来越多的企业和工程项目在不同程度地应用BIM，其技术优势和应用效果已经凸显。然而，由于缺少统一的BIM应用标准和设计方法、BIM相关软件不配套，造成建筑设计业的BIM应用受到很大制约，相关应用软件之间信息交换瓶颈问题仍然存在。尤其是在建筑结构设计过程中，目前缺少成熟的BIM设计软件，结构施工图设计主要还是基于2D-CAD技术，建筑结构与其他专业的协同设计、与施工阶段的信息共享仍然难以实现。因此，研究基于BIM的建筑结构施工图设计方法、流程和技术，开发基于BIM的结构施工图设计系统，是我国建筑结构设计中亟待解决的工程问题。

本书以建筑结构施工图设计为研究对象，综合应用BIM、信息交换标准及人工智能技术的最新研究成果，对基于BIM的结构施工图设计方法和技术开展研究。首先研究基于BIM的工程设计方法、模式和流程，提出基于BIM的建筑结构施工图设计整体解决方案；引入国际工业基础类标准（Industry Foundation Classes，IFC），提出基于IFC标准的建筑结构施工图设计BIM模型的体系与结构；应用IFC的模型扩展机制，建立面向钢筋混凝土结构施工图设计的IFC扩展模型；通过研究信息提取、转换和集成技术与方法，建立建筑设计模型、结构分析模型、施工图设计模型以及工程算量模型之间的自动转化机制，实现建筑结构施工图设计BIM模型的动态创建；通过深入研究，解决了施工图设计BIM模型及视图的关联机制、基于规则库的规范校验、基于改进遗传算法的配筋优化、协同设计中的增量模型传输和冲突消解等一系列关键技术；开发了基于BIM的钢筋混凝土结构施工图设计原型系统（BIM-based Structural Drawing Design System for Reinforced Concrete，BIM-SDDS-RC）。该系统可实现结构施工图设计BIM模型的创建和管理、基于IFC和非IFC标准模型接口的BIM模型提取、转换与集成，钢筋混凝土结构施工图设计、规范校验和关联修改、平法图纸和文档自动生成、基于网络的协同设计等功能。最后，通过实际工程应用对研究成果的可行性与有效性进行验证。

本书从理论、方法和技术上探索出一条应用BIM进行结构施工图设计的可行途径，具有较高的研究价值和实际意义，所开发的基于BIM的建筑结构施工图设计原型系统，对提高施工图设计的质量和效率，实现各专业设计之间、设计与施工之间的信息共享，具有广阔的工程应用前景。

目录

CONTENTS

第1章
绪论

1.1 研究背景

建筑信息模型（BIM，Building Information Modeling）被认为是继 CAD 技术之后工程建设领域出现的又一项重要的计算机信息技术。据美国斯坦福大学综合设施工程中心（Center for Integrated Facility Engineering，CIFE）对美国 32 个项目 BIM 应用效果的统计，BIM 技术的应用可消除 40%预算，工程变更、造价估算时间缩短 80%，合同造价降低 10%，项目工期缩短 7%以上。美国麦格劳-希尔建筑信息公司曾对 BIM 应用的调查结果显示：在美国有超过 50%的建筑工程项目中正在应用 BIM 技术，尤其是在建筑师群体中 BIM 的使用率更加频繁。在我国，近些年 BIM 已广泛应用在工程建设各个阶段，根据中国建筑业协会 2021 年的调研数据显示，81.6%的工程项目已经在积极地应用 BIM 技术，特别是在一些大型、复杂项目中，BIM 应用的广度和深度更加突出。以入选我国首批超级工程的上海中心项目为例，该工程总建筑面积超过 57.6 万 m^2，总高度超 632m，超大规模、异形结构特征使传统的工程设计、建造方法几乎难以完成，BIM 技术的集成应用为提高工程质量、降低建筑总成本、保证工程进度提供重要保障。

工程设计阶段作为工程建造过程中的一个重要环节，走在 BIM 技术应用的前沿。在我国，以上海现代建筑设计集团、中国建筑设计研究院、北京市建筑设计研究院等为代表的国有大型设计院都成立了 BIM 技术应用中心，积极推进 BIM 技术在工程设计过程中的工程建模、碰撞检查、工程性能分析、工程可视化、成本分析等领域的应用。但是，目前我国工程设计中的 BIM 应用还局限于某些工程环节，应用程度也不够深入，还不能建立覆盖整个工程设计阶段的 BIM 工程信息流。影响 BIM 迅速普及的主要因素包括以下几个方面：（1）当前设计单位使用 BIM 技术短期带来的经济效益不明显，有时甚至是设计费用的增加；（2）基于 BIM 的工程正向设计流程尚未建立；（3）某些专业缺乏成熟的 BIM 应用软件，相关软件之间存在信息交互障碍；（4）国内缺乏相关可落地的 BIM 规范、标准，BIM 应用缺乏规范指导；（5）BIM 应用缺乏激励机制，工程设计人员对应用新技术存在抵触心理。

对于建筑工程设计领域，由于缺少统一的 BIM 应用标准和设计方法、BIM 应用软件不配套，造成建筑设计业的 BIM 应用受到很大制约，相关应用软件之间信息交换瓶颈问题仍然存在。尤其是在建筑结构设计过程中，国内尚缺少成熟的 BIM 设计软件，国外的相关软件由于设计规范和制图标准问题无法直接应用。目前，我国结构施工图设计还处于基于 2D-CAD 的工程设计模式，建筑结构与其他专业的协同设计、与施工阶段的信息共享仍是瓶颈问题。因此，研究基于 BIM 的建筑结构施工图设计的方法、流程、技术，开发基于 BIM 的结构施工图设计软件系统，是我国建筑结构设计中亟待解决的工程技术问题。

1.2 目的与意义

基于 BIM 的工程正向设计是我国工程设计业的重要发展方向，当前我国建筑设计业正处于由基于2D-CAD的工程设计模式向基于BIM的工程正向设计模式转变的过程中。目前，基于BIM的工程设计在设计方法、工作模式、设计应用工具等方面还不成熟，尤其对于建筑结构工程设计领域，BIM应用流程不完整、应用软件功能不足，尚未形成有效的解决方案。本书旨在对基于BIM的建筑结构施工图设计方法和技术展开系统研究，解决基于BIM的结构施工图设计中的一系列技术难题，为实现基于BIM的建筑结构施工图设计提供完整的解决方案和原型系统。具体而言，本书的研究目的和意义如下：

首先，探索基于BIM的建筑结构施工图智能设计方法。以钢筋混凝土结构施工图设计为研究对象，通过将BIM技术引入结构施工图设计过程中，建立基于BIM的结构施工图设计模型，使后续所有施工图设计工作都是基于该信息模型进行，实现结构施工图纸的自动生成与关联修改。从根本上解决传统的结构施工图设计中重复性改图工作量大、设计信息难以重用等问题，建立基于BIM的结构施工图设计模式。

其次，解决基于BIM的施工图设计中的一系列技术问题。通过研究基于IFC和非IFC标准模型接口的BIM模型的转换与集成、基于IFC标准的BIM模型定义、施工图设计BIM模型及视图之间的关联机制、基于规则库的规范校验、基于改进遗传算法的配筋优化、协同设计中的增量模型传输和冲突消解等一系列关键技术，打通结构设计过程中应用BIM的技术瓶颈。

最后，实现基于BIM的钢筋混凝土框架结构施工图设计。在理论与技术研究的基础上，开发基于BIM的结构施工图设计原型系统，为实现基于BIM的建筑结构施工图设计提供工作平台。此外，通过开发IFC接口、结构施工图XML通用映射模型，可实现结构施工图设计模型与施工、运维阶段相关模型的自动转化，为构建建筑全生命期的工程信息流奠定基础。

本研究对于提升建筑结构设计效率、质量和管理水平，具有一定的推动作用，对构建建筑全生命期的BIM应用有较大的参考价值。所开发的基于BIM的建筑结构施工图设计原型系统，对提高施工图设计质量和效率，实现各专业设计之间、设计与施工之间的信息共享，具有广阔的工程应用前景。

1.3 相关研究综述

本书的研究涉及建筑信息模型、建筑结构施工图设计、协同工作与协同设计、专业应用软件系统开发等方面的内容。本节将对建筑信息模型、建筑信息交换标准、建筑结构施工图设计、协同工作与协同设计4个方面进行研究综述。建筑信息模型技术是实现基于BIM的建筑结构施工图设计的理论基础，建筑信息交换标准是实现建筑信息模型的数据支撑，建筑结构施工图设计为本项目研究提供了研究对象，协同工作与协同设计是基于BIM的工程设计的内在需求。

1.3.1 建筑信息模型

建筑信息模型（Building Information Modeling，BIM）作为一种全新的工程设计与管理理念、技术和模式，它正在引领建筑工程建设领域新的技术革命。BIM的工程思想最早可以追溯到20世纪70年代，早在1975年美国佐治亚理工学院的Eastman就提出BIM的基本特征："互动的典型元素，从相关元素的描述可获取剖面、平面、轴测图、透视图；任何布局的改变仅需操作一次，就能在将来的绘图中得到更新，并自动保持一致；任何算量和成本分析都可以容易地生成，在办公室就可以自动进行建筑规范检查。"1986年GMW公司的Aish最早使用了"Building Modeling"的术语，提出了实施该术语的相关技术：三维信息建模、智能参数化组件、图形自动生成、实时施工进度计划模拟、关系数据库等，并在英国伦敦西罗斯机场3号航站楼改造项目中分析表达了所提出的概念。1992年Tolman和Nederveen在一篇论文中最早使用了"Building Information Model"一词。2002年欧特克的Neihaus和Lemont在工作讨论中创造"Building Information Modeling"一词用于Revit产品模型的宣传，该公司副总裁Bernstein向国际建筑师协会提出BIM的概念。而Jerry同年致函包括Autodesk、Bentley、Graphisoft、Nemetschek AG等主流建筑软件厂商，建议统一使用"BIM"这一术语，使BIM得到业界的统一，进入发展的快速轨道。

目前，业界对BIM尚未形成统一的定义，各研究机构依据自身理解给出多个版本的描述性定义。buildingSMART组织在该组织的术语规范中给出的BIM定义是："建立在开放的数据标准上，对建筑信息的共享数据描述，该建筑信息不仅包括完备的建筑物理信息，还包括相关的功能特性，并且这些信息覆盖建筑全生命期，BIM最重要的特性是在不同建筑阶段和软件之间的信息交互性，通过信息的插入、提取、更新等实现信息的共享。"美国国家建筑科学学会设施信息委员会（FIC，Facilities Information Council）对BIM做出的定义如下："BIM是在开放的工程数据标准下对建筑设施的物理特性及其相关的项目生命期信息的数字化形式表达，为实施决策提供支持，更好地实现工程项目的价值。"美国国家BIM标准NBIMS对BIM做出了以下定义："BIM是以三维数字模型技术为基础，集成了建筑工程项目各种相关信息的工程数据模型，BIM是对工程项目设施实体与其功能特性的数字化表达。"在综合上述BIM描述定义的基础上，我们认为BIM的内涵包括3个层面：BIM技术、BIM标准和BIM应用。

对于BIM的相关技术，国内外的学者进行了大量的研究。美国佐治亚理工学院的Eastman等对基于BIM的预应力混凝土结构的建筑设计规则的自动检查、模型交换规则定义、文档生成等进行了一系列研究。美国斯坦福大学的CIFE研究中心将BIM与4DCAD技术相结合，提出了基于BIM的PM4D工程模型，该模型可包括工程项目的施工进度、建造成本、环境报告等工程信息。美国哈佛大学Cote等将BIM技术同GIS（Geographic Information System）技术相结合，提出数字城市的新架构，实现真正意义上的数字城市。英国索尔福德大学的Faraj等对基于BIM和Web的建筑协同设计方法进行了研究，综合应用IFC、VRML、Web等技术开发了WISPER网络协同设计平台，实现基于BIM的建筑信息模型数据库的构建与存储、工程概预算、建筑计划书自动生成等功能。德国包豪斯大学的Nour等提出基于IFC标准动态建筑信息模型数据库架构，开发了相应数据库系统，实现工程项目的材料清单的自动生成与材料订购。在国内，清华大学的张建平等对基于BIM的信息建模、模型的提取与集成、4D施工管理等进行了系列研究，并开发了相关系统，应用在多个实际工程中。清华大学的马智亮等对基于BIM的成本管理、节能设计、资源利用等专题进行了研究，分别建立了相关数据模型和应用系统。

李云贵等结合国内建筑结构设计信息模型描述的需要，利用实体扩展方式建立了结构分析的 IFC 扩展模型，并开发了 PKPM 软件的 IFC 标准数据接口。上海交通大学的邓雪原等对基于 BIM 的建筑 MEP 设计技术、协同设计平台模型、基于 IFC 的模型自动转化方法等进行了研究。

关于 BIM 的相关标准，美国走在 BIM 标准研究的前沿，已制订多部与 BIM 相关的工程标准。2003 年，美国的总务管理局（General Services Administra-tion，GSA）推出美国 3D-4D-BIM 实施计划，并陆续发布了一系列 BIM 应用指南，用于引导和规范 BIM 技术在实际工程项目中的应用。2006 年美国陆军工程兵团（United States Army Corps of Engineers，USACE）发布了军方工程 15 年的 BIM 应用路线图。2007 年，美国发布了国家 BIM 标准 NBIMS 的第一部分：概述、原则和方法，该标准从建筑设施数据产品的数字化描述、项目协作、信息交换 3 个层面对 BIM 进行了全面的定义，目前正在进行新版本标准的修订工作。近几年，随着 BIM 应用的逐渐深入和普及，相关行业协会和科研机构开始着手 BIM 实施标准的制订工作。美国退伍军人事务部建设和设施管理办公室（U. S. Department of Veterans Affairs Office of Construction & Facilities Management）制定熟练操作 BIM 应该注意的各种工作规范——“The VA BIM Guide”，该指南用于指导该部门建筑全生命期 BIM 应用。2011 年澳大利亚的 Construction Information Systems Limited 在“The VA BIM Guide”的基础上，制订了本国的“NATSPEC National BIM Guide”，该指南由一系列指导文档组成，用于规范本国的 BIM 应用。英国的 BIM 标准项目委员会 2009 年发布了“AEC（UK）BIM Standard”，该标准对建筑设计阶段的 BIM 应用策略进行了完整的定义，包括协作方式、数据互用、模型拆分、建模方法等。芬兰的 Senate Properties 在 2007 年发布了该国的 BIM 应用需求标准，该标准从建筑环境、各专业设计、质量保证、工程造价等方面对 BIM 应用的业务流程进行了限定。2011 年挪威的 buildingSMART 分支机构 Statsbygg 发布了 BIM 应用手册，该手册对基于 IFC 标准格式的 BIM 数据的描述需求进行了定义。我国近几年也开始了 BIM 标准的制订工作，清华大学软件学院 BIM 课题组进行了中国 BIM 标准框架体系（CBIMS，Chinese Building Information Modeling Standard）的研究，目前已完成框架与方法部分的内容。“十三五”期间，我国也已制定多部 BIM 相关标准，如《建筑信息模型存储标准》GB/T 51447—2021、《建筑信息模型应用统一标准》GB/T 51212—2016、《建筑信息模型分类和编码标准》GB/T 51269—2017、《建筑信息模型设计交付标准》GB/T 51301—2018 等。这些 BIM 标准的发布将助力我国 BIM 应用进入规范化的快速发展轨道。

目前，世界各主要国家都在加紧进行 BIM 的应用和推广工作。在亚洲，新加坡的 BCA（Building and Construction Authority）制订了该国建筑业五年的 BIM 应用规划，该规划在策略上对排除应用障碍、激励 BIM 应用、公共部门应用需求创建、BIM 能力建设、成功案例的积累等进行了目标定义，确保 BIM 在该国建筑业中得到广泛应用。在美国，据统计已有超过 50%的建筑项目中应用 BIM 技术，并且呈现快速增长趋势。Eastman 等对 BIM 的发展趋势进行了预测：业主对 BIM 应用需求将日益加强，建筑业内的分工将进一步演化，集成化的建设方法获得普及，BIM 应用工具和软件更加丰富。我国近几年已在一些复杂、大型工程项目上推广应用，相关统计见表 1-1。

我国近年来BIM设计典型应用案例　　表1-1

项目名称	工程类型	BIM主要应用阶段	主要参与方	应用成效
北京奥运会水立方	大型场馆、复杂结构	钢结构设计	CCDI	实现设计内容协同一致，充分利用项目信息
万科金色里程	混凝土预制结构	3D模型墙体设计	上海中森建筑与工程设计顾问有限公司	墙体关系清晰明了，与甲方交流直观高效
上海中心大厦	超高层建筑	设计阶段	Gensler、同济大学建筑设计研究院	多BIM软件协同工作，有利于设计深化的推进
天津港国际邮轮码头	异型、复杂结构	设计阶段异型结构设计	CCDI	快速完成各专业设计和碰撞分析
西溪会馆	复杂建筑群	方案设计	上海齐欣建筑设计事务所	3D模型直观表现建筑形态
上海世博会德国馆	复杂建筑造型	深化设计阶段	上海现代建筑设计集团	不到半年完成所有深化设计
上海世博会奥地利馆	复杂曲面造型	设计阶段	上海现代建筑设计集团	BIM软件的应用，大大缩短设计变更的修改时间
上海世博会上海通用馆	建筑造型复杂	辅助设计、建筑性能分析	上海现代建筑设计集团	BIM软件在拓展设计方面得到有效应用
中央音乐学院音乐厅	内部空间关系变化繁复	空间、结构设计、声学分析	华通设计顾问工程有限公司	完善声学效果，实现资源共享
银川火车站工程	空间形体复杂、钢桁架形式多样	3D建模、结构设计	兰州铁道设计院有限公司	可视化空间实体建模
广州珠江城大厦	超高层建筑	建筑设计、结构设计	SOM、广州市设计院集团有限公司	钢结构建模，实现构件自动化加工
上海迪士尼乐园	大规模建筑群	业主要求全生命期BIM	上海申迪集团	节约建设成本，实现以运营管理为导向的管理理念

从表1-1中可以看出，目前国内BIM应用主要局限于设计阶段的局部领域的应用：单个软件的BIM设计相对比较成熟，软件之间信息共享与协同设计存在机制、标准、技术等方面的障碍，还没有形成成熟的应用模式。

BIM应用不是简单的设计工具从二维向三维的升级，将引领建筑业继“甩图版”之后又一次技术变革。BIM应用的推广对整个建筑业的产业格局、职业结构、建造方式、工作模式都将产生深刻的影响。

1.3.2　建筑信息交换标准

建筑信息交换标准是实现BIM的数据支撑，建筑信息交换标准搭建起不同建筑应用系统之间信息交流的桥梁。在国际上，工程建设领域的建筑信息交换标准种类繁多，与本项目相关的信息标准主要有：用于网络模型信息传递的XML标准，用于实现建筑信息模型描述与转换的IFC标准和CIS/2标准等。

1. STEP标准

STEP标准是由ISO组织的TC184/SC4委员会制定的关于产品数据的计算机表达和交换国际标准，该标准的全称为《工业自动化系统集成——产品数据表达与交换》(Product Model Data Representation and Exchange)，编号为ISO 10303。STEP标准体系在体系结构上分为3层：应用层、逻辑层和物理层，见图1-1。应用层包括面向具体应用的应用协议及对应的抽象测试集；逻辑层包括集成资源，是从实际应用中抽象出来的产品数据模型，该模型与具体实现无关；物理层是标准的实现方法，给出STEP标准在计算机上的实现形式。此外，该标准还提供了产品的描述方法和一致性测试方法。

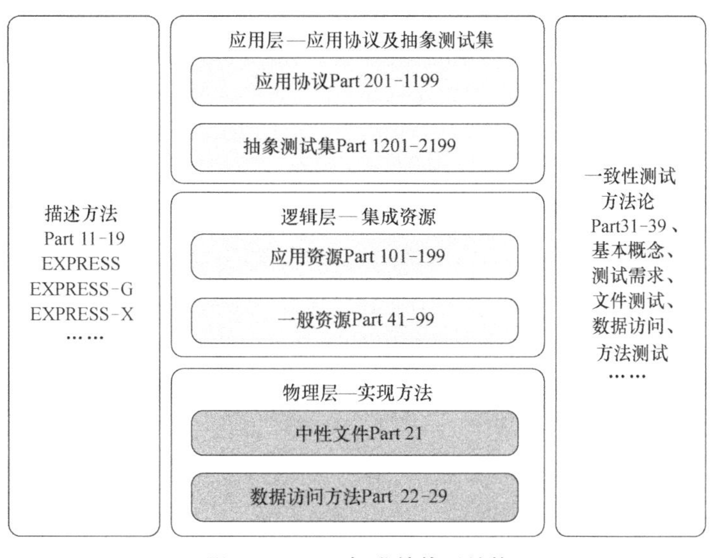

图1-1 STEP标准的体系结构

STEP标准开发了EXPRESS语言进行产品数据的描述，EXPRESS语言的采用可以提高数据表达的一致性和精确性，有利于计算机识别。STEP标准同时定义了EXPRESS语言的图形化表达EXPRESS-G、关系表达EXPRESS-X，提高模型信息的可阅读性。该标准支持中性文件交换、应用编程接口、数据库3种信息交换方式。目前，基于中性文件的交换应用较为广泛，比较成熟，而应用编程接口和数据库方式可以提高交换效率和应用范围。在美国，国防部与航天局积极地在其工程项目内推广STEP技术，已有相当数量的CAD、CAM、CAE与PDM供应商提供STEP的应用协议AP203的接口。

2. IFC系列标准

国际非营利组织buildingSMART制订的IFC/IFD/IDM标准已经成为国际上用于建筑信息交换的首选标准。该标准体系包括：（1）用于模型数据描述的IFC标准（ISO 16739—2013），该标准是目前唯一可描述建筑全生命期信息模型的数据对象模型；（2）用于描述具体数据交换需求的IDM标准（ISO 29481-1—2016），该标准定义了数据交换需求的文本描述格式，以及典型的数据交换视图。（3）用于概念和术语的统一定义的IFD标准（ISO 12006-3—2016），该标准通过全球唯一标识符的机制识别不同国家多种语言的领域术语，图1-2为该标准的相互关系示意。

在IFC/IFD/IDM标准中，IFC标准是信息存储的标准，解决BIM数据的存储问题；IFD标准是信息交换的术语标准，解决BIM数据的交换问题；IDM标准是信息交换的过程标准，解决BIM过程信息交换问题。IFC/IFD/IDM构成了建筑信息交换的3个基本支撑，成为实现BIM的重要支柱。

（1）IFC标准相关研究

IFC（Industry Foundation Classes）标准是由buildingSMART组织为建筑行业制订

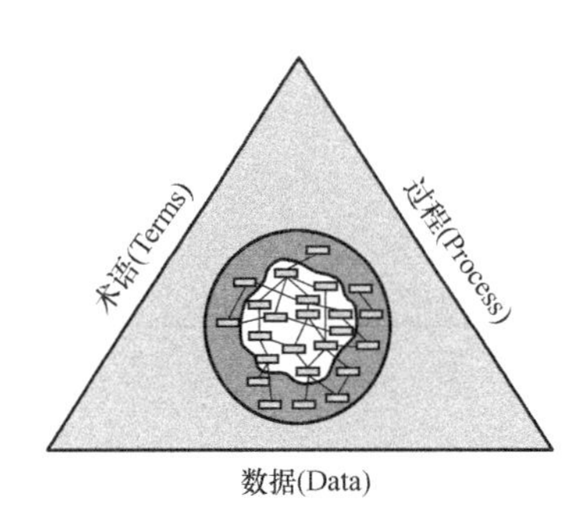

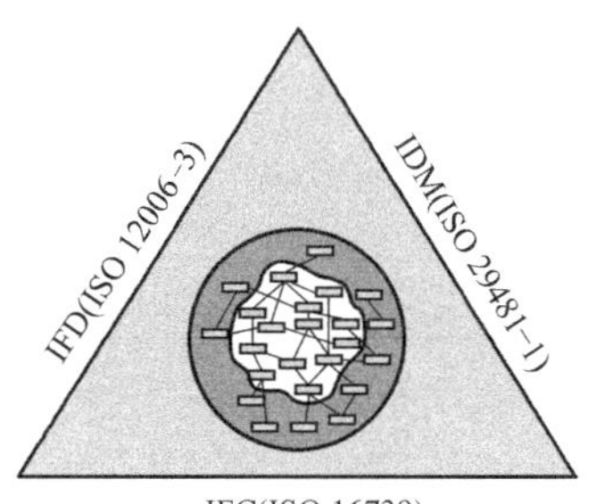

图 1-2　IFC 系列标准对 BIM 信息的描述

的建筑产品数据描述标准。2002 年，在韩国 ISO 国际会议上，IFC 标准被正式接收成为国际 ISO 标准（ISO/PAS 16739：2008）。IFC 标准的模型设计借鉴 STEP 标准的设计经验，采用 EXPRESS 语言进行建筑产品模型的定义。

IFC 标准自推出以来，国内外的相关学者和研究机构对 IFC 标准展开了一系列的研究与应用。美国斯坦福大学 CIFE 研究中心的 4DCAD 项目中，提出了基于 IFC 的 4D 模型定义，并在 HUT-600 项目中进行了应用验证。美国佐治亚理工学院的 Eastman 等对现有 BIM 软件利用 IFC 标准进行预制混凝土结模型转换进行了系统测试，对 IFC 模型的完善提出了建议。新加坡南洋理工大学的 Wan Caiyun 等研究了基于 IFC 的建筑设计模型向结构设计模型的转化，利用 SAP2000 对转化方法进行了验证，对 IFC 模型在结构分析领域的扩展提出了建议。德国包豪斯大学的 Nour 等利用不同版本 IFC 标准的 EXPRESS 定义，对不同版本 IFC 标准的自动解析进行了尝试。新西兰奥克兰大学的 Dimyadi 等根据火灾动态模拟（FDS，Fire Dynamics Simulator）的需要，开发了 IFC 模型向 FDS 的转换接口，并在多个工程案例中进行验证。新加坡在 e-Plan Checking 项目中应用 IFC 标准进行图纸规范检查。德国的 Weise 等在 IAI ST-4 项目的支持下，对 IFC 标准的结构分析模型进行了扩展。新加坡国立大学的 Lam 等面向建筑能耗分析的应用，开发了从建筑设计模型到能耗分析模型的 IFC 转换接口，可实现建筑能耗分析模型间的自动生成。英国索尔福德大学的 Fu 等在英国 EPSRC 项目中，开发的基于 IFC 的三维模型浏览器，用于支持 nD 模型的应用。美国卡内基大学的 Akinci 等提出了基于工序要求的工作空间生成算法，并建立了基于 IFC 的空间信息工程模型，可实现 4D 模拟、工作空间规划等功能。韩国的 Inhan 等在 XM-4 项目中，在 2D 设计领域对 IFC 标准进行了实体扩展，建立了基于 IFC 的 2D 设计信息模型。加拿大的 Yu 等面向物业管理领域的信息模型描述需求，提出了基于 IFC 的物业管理信息模型。

在国内，IFC 标准的相关研究也取得阶段性的研究成果。清华大学的马智亮等对基于 IFC 的建筑能耗设计、施工成本管理等领域建立了模型框架，并开发了相关应用系统。中国建筑科学研究院的李云贵等面向建筑结构分析的应用，利用实体扩展方式扩展了 IFC 标准中的结构动力分析部分，建立了结构分析 IFC 数据模型。清华大学的张建平等自主研发了 IFC 解析工具，并成功应用在建筑工程 4D CAD 施工管理和智能建筑物业管理等系统中。上海交通大学的邓雪原等对模型自动转化方法进行了研究，实现基于 IFC 模型的结构设计模型的相互转化。

目前我国也在积极推进 IFC 标准的推广工作，例如 2007 年发布了行业标准《建筑对象数字化定义》JG/T 198—2007，2010年发布了国家标准《工业基础类平台规范》GB/T 25507—2010。此外，清华大学张建平教授课题组在国家"十一五"科技支撑计划子课题中，通过实体扩展和属性集扩展建立了建筑施工IFC数据描述模型，并完成相关IFC数据描述标准的编制。

（2）IFD库相关研究

在ISO组织的1999年温哥华年会上，与会人员一致认为：工程建设领域需要开发一个与语言无关的对象数据模型，以实现建筑术语可以跨语言地在计算机上识别。因此，ISO组织的TC59/SC13/WG6委员会开始着手相关国际术语框架库（ISO 12006-3）的开发。

自ISO 12006-3发布以来，荷兰的STABU LexiCon和挪威的BARBi独立地开始了支持该标准的对象库的开发。2006年初，两研究机构达成协议共同开发国际术语框架库（IFD，International Framework for Dictionaries）。在2006年buildingSMART的里斯本峰会上，加拿大的施工规范研究所（Construction Specifications Institute）、挪威的buildingSMART机构、荷兰的STABU基金会共同签署了基于ISO 12006-3标准的IFD库的开发。2007年，IFD库正式成为ISO标准，编号ISO 12006-3—2007。

IFD库对术语和属性的识别可以通过GUID标识，GUID作为术语及属性的唯一标识符，存储在全局服务器中，通过Web Services提供给项目各参与方访问。利用IFD库识别概念的语义信息时，计算机系统将忽略术语的字符串描述通过GUID进行识别，见图1-3。

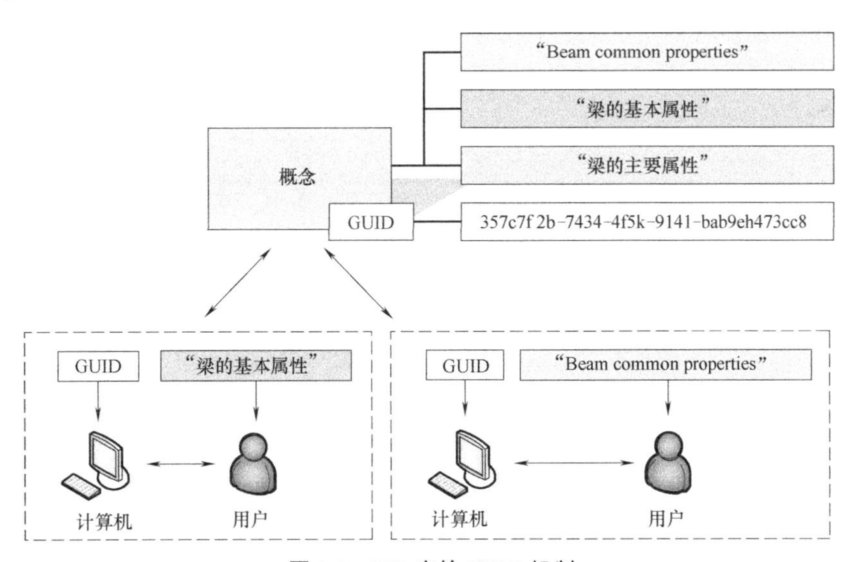

图1-3　IFD库的GUID机制

（3）IDM标准相关研究

IDM（Information Delivery Manual）是由buildingSMART在2006年提出的一种通过过程建模识别某一特定交换流程中信息交换需求的方法。2009年，IDM标准正式成为ISO标准，编号ISO 29481。IDM标准的目的在于针对任一特定的工作流程识别数据交换需求，并基于数据描述标准描述交换需求，用于辅助实现特定业务流程中各参与方之间的高质量、高效率的信息交换和共享。IDM 标准通过过程图（Process Map）对建设过程信息进行描述，通过交换需求（Exchange Requirement）用专业术语对特定流程中所需交换的信息和数据进行描述，通过交换需求模型（ER Model）和功能字块（Functional Part）用 EXPRESS 等标准格式对交换需求进行描述。

美国的 Eastman 等建立了建筑混凝土预制应用的 IDM，描述混凝土预制过程并确定了该过程中不同参与者之间的信息交换需求。韩国的 Kim 等将 IDM 转化为 UML 模型并建立了相应的数据库，为基于 Web 的 IDM 的浏览与编辑提供了便利。IDM 的最大应用价值在于计算机可识别的模型视图（MVD，Model View Definition）的定义。美国的 GSA 首先提出了 MVD 方法，并在 2006 年被 buildingSMART 采用，作为 IDM 的一部分，表 1-2 所示为一些典型的 MVD 定义。

典型 IDM 项目统计 **表 1-2**

项目编号	项目名称	参与者	应用范围
BSI-001	Architectural Programming to Architectural Design	buildingSMART	建筑设计
ICC-001	Design to Code Compliance Checking	ICC	规范检查
GSC-001	Basic Handover to Facility Management	buildingSMART	设施管理
BSA-001	Design to Quantity Takeoff	buildingSMART	工程量计算
BSA-002	Design to Energy Performance Analysis	AECOO-1 Test Project	能耗分析
PCI-001	Precast BIM Standard(完成)	buildingSMART	预制混凝土
GSA-001	Architectural Design to Spatial Program Validation	GSA Project	空间规划评价
GSA-002	Architectural Design to Circulation/Security Analysis	GSA Project	流通/安全分析
GSA-005	Design to Design Analysis	GSA Project	设计分析

3. 其他标准

（1）CIS/2 标准

CIS/2 标准最初由英国钢结构学会的 Andrew 和 Alastair 共同开发，后经美国钢结构研究学会参与推广而成为钢结构领域各生产商广泛采用的钢结构设计、加工、安装过程中电子数据交换格式。该标准是面向钢结构工程的产品模型和电子数据交换格式标准。与 IFC 标准相比，该标准涉及的领域更窄、应用更加深入，在 IFC2x4 版本的标准中将加入更多对该标准的兼容。

对于 CIS/2 标准的相关研究，美国的 Robert 对钢结构的 CIS/2 模型与 IFC 描述的模型进行了映射；美国的 Kent 研究了利用 CIS/2 模型对钢结构施工模型误差的修正。华北水利水电学院的魏群等对 CIS/2 的逻辑产品模型进行了系统研究，开发了 CIS/2 CAD 转换系统，可以支持国际主流软件的基于 CIS/2 模型的转换；上海交通大学的龚景海等研究了 CIS/2 标准在空间结构中构件描述方法，开发了基于 CIS/2 标准的 STCAD 到 SAP2000 的转化程序。

（2）XML 语言

XML 是可扩展标记语言（eXtensible Markup Language）的缩写，它是由万维网协会（WWW Consortium）在标准通用标记语言（Standard Generalized Markup Language）的基础上开发的信息交换和编码的格式标准。

XML 本身不是一种信息标准，而是一种结构化信息描述方法，利用 XML 进行工程数据模型的描述，首先需要根据模型信息的数据结构定义 XML 模型视图，再按照模型视图进行模型数据的定义。目前一些国际组织和机构面向不同的工程应用已经定义了一些模型视图规范，例如在建筑工程领域常用的 ifcXML、aecXML、bcXML、gbXML 等。这些 XML 文档虽然格式各不相同，但其目的都是为了实现建筑工程领域的模型信息传递与共享。

国内一些研究人员对利用 XML 文件进行模型定义进行了研究和应用：台湾大学的 Tserng 等研究了利用 XML 文件实现项目多参与方的项目进度信息的共享，上海交通大学的邓雪原等研究了利用 XML 文件进行建筑设计模型向结构分析模型转化的方法，清华大学的马智亮等对基于 XML 的工程数据交换进行了研究。

1.3.3 建筑结构施工图设计

建筑结构施工图是建筑设计过程的主要成果之一，它是指导建筑施工的重要依据。建筑结构施工图设计是建筑结构设计的重要环节，它是依据建筑结构内力分析结果，表达结构设计结果的过程。建筑结构施工图设计经历了从完全手工绘图到计算机辅助设计的过程，目前我国工程设计正处于由计算机辅助设计向基于 BIM 的正向设计的阶段过渡。下面对传统意义上的结构施工图设计与基于 BIM 的结构施工图设计分别进行研究综述。

1. 传统的结构施工图设计

20 世纪 90 年代初，山东大学的陈青来教授开发了一套混凝土结构施工图表示方法——“平面整体表示法”（以下简称平法）。目前该方法已成为我国混凝土结构施工图设计的制图标准，中国建筑标准设计研究院已经对该方法制订了一系列规范图集在国内推广使用。平法的基本设计思想是：大幅度减少传统施工图设计中大量同质性和规律性信息的表达，将该类信息以通用标准图集的方式表达；在结构平面布置施工图中，将构件整体信息一次性表达清楚，从而减少绘图的数量、提高设计效率。

随着计算机技术的发展，国内一些学者开始对施工图纸的计算机自动生成方法进行研究。湖南大学的尚守平等对高层钢结构施工图设计中的结构布置图、节点详图的自动生成技术进行了研究，实现了钢结构节点详图的自动生成。合肥工业大学的吴春萍等开发了混凝土结构梁、柱施工图辅助设计程序，可用于结构施工图的快速绘制。同济大学的张其林等采用实体造型技术开发了空间钢结构软件 3D3S 的后处理模块，可生成钢结构的节点施工图。清华大学的任爱珠等在 PKPM 软件的基础上，开发了基于新加坡规范的混凝土剪力墙设计软件，可实现剪力墙施工图的自动生成。南京大学的蔡士杰等研究了从三维模型到二维图形的自动转化技术，开发了结构平面图的辅助设计系统。

国内外的建筑设计软件厂商也推出一些与结构设计软件配套的结构施工图设计模块或系统。中国建筑科学研究院 PKPM 工程部开发了 PKPM 软件的施工图设计模块，可以实现混凝土结构平面图纸的生成。北京金土木软件技术有限公司开发了 ETABS 软件的后处理程序 CKS Detailer，将 ETABS 软件的结构设计结果导出为结构平面布置图。由于上述软件的绘图模块均采用自主开发的图形平台，图形表现方面与实际图纸的需要尚有一段差距。芬兰的 Tekla 公司推出的 Xsteel 软件是一款功能强大的钢结构详图软件，利用它可以实现基于三维钢结构模型的结构详图和报表的自动生成。此外，国内的探索者、天正等辅助绘图软件的应用，使建筑结构施工图绘制的效率得到大幅度提升。

尽管 CAD 技术的普及大幅度提高了建筑结构施工图设计的效率和质量，但是设计过程中存在图元之间无关联、图纸不能随结构模型的修改而动态更新、图纸的一致性无法保证等问题。

2. 基于 BIM 的结构施工图设计

基于 BIM 的工程设计是当今建筑设计业的发展方向，目前 Revit Architecture、ArchiCAD 等基于 BIM 的建筑设计软件都具有根据模型自动生成建筑图纸的功能。在结构设计领域，由于涉及的相关规范和制图标准更加复杂，基于 BIM 的结构设计软件远不及建筑设计软件成熟。美国的 Dean 等对多款 BIM 结构设计软件的基于 IFC 标准的结构设计模型、结构详图设计模型、结构分析模型的相互转化等内容进行了测试，结果表明：在结构设计领域，IFC 标准不能完全满足结构设计模型描述的需要，需要根据应用需求进行扩展，基于 BIM 的结构设计软件在功能上尚需完善。

在国内，同济大学的张其林等应用 ObjectARX 技术在 AutoCAD 平台上开发了高层钢结构设计软件，该软件具备结构设计模型导入、结构模型管理、规范检查、节点加工图生成等功能，初步具备 BIM 结构设计软件的特征。奥雅纳工程咨询有限公司的龙辉元等对结构施工图设计平面整体表示法与 BIM 设计结合进行了初步探讨，并对如何兼容提出了建议。中国建筑科学研究院结合 PKPM 软件，建立了基于 BIM 的建筑结构设计模型的集成框架。

目前，在建筑结构设计领域，基于 BIM 的工程设计在标准规范、应用工具、设计方法和工作流程上还不成熟，有大量的技术问题需要解决。

1.3.4 协同工作与协同设计

1984 年，美国的 Greif 和 Cashman 在一个跨学科研讨会上首次提出协同工作（Computer Support Cooperative Work，CSCW）这一术语，他们将协同工作定义为关于计算机在群体工作中的角色独特的研究领域。协同设计（Computer Support Cooperative Design，CSCD）是协同工作在工程设计领域的应用，是指在计算机网络支持的环境下，由多成员共同完成一项设计任务的协同工作系统。在综合多篇文献的基础上，总结出协同设计应具备以下特征：（1）群体性，设计活动由多个设计者参与，设计者之间承担不同的设计分工；（2）并行性，为实现共同设计目标，各设计者并行进行各自的设计；（3）动态性，参与设计的人员随设计需要动态增减；（4）异地性，设计者所处的物理位置可能是分离的；（5）异步性，各设计者有独立的操作行为；（6）协同性，具有为完成共同目标而制订的冲突检测与消解机制；（7）开放性，协同设计系统是一个动态系统，应支持新资源和应用系统地加入或退出。

国外对协同设计的研究起步较早，并已取得大量成熟的研究成果。芬兰的 Lyytinen 等对协同工作内涵进行了阐述，揭示了协同工作的研究方向。美国伊利诺伊大学的 Klein 等对协同设计中冲突消解机制进行了初步探讨，并提出了协同设计集成环境需求。英国爱丁堡大学的 Peng 等对建筑设计领域的协同设计中的交流机制进行了探索。美国加州理工大学的 Pohl 等针对建筑设计的分布式协同设计模型，开发了智能 CAD 辅助设计系统。美国里海大学的 Wilson 等对协同设计中的协调机制进行了研究，综合应用多种人工智能技术，开发了面向结构设计的协同设计原型系统，对提出的协调机制进行了验证。新加坡南洋理工大学的 Zha X F 等将多智能体模型技术应用到分布式设计环境中，提出了一种集成知识的多智能体框架，可应用于协同设计中的智能设计和预装配。韩国的 Lee 等对协同设计中的模型版本控制机制进行了研究。美国普林斯顿大学的 Wang 等对基于 XML 存储结构模型的网络查询与版本管理进行了应用实践。英国索尔福德大学的 Faraj 等开发了基于网络和 IFC 标准的协同设计平台 WISPER。新加坡国立大学的 Fan 等建立了 P2P 环境下分布式协同设计框架。荷兰代尔夫特理工大学的 Alvarez 提出了一个应用于机电工程的建筑协同设计模型，并进行了应用实践。

在国内，香港大学的 Kvan 等对协同设计进行深入剖析后指出：人们常说的协同可以划分为“协同（Collaboration）”与“协作（Cooperation）”两个层面，前者更加富于目的性、配合关系更加密切，在目前建筑设计过程中，设计人员之间较多的是协作。清华大学的张和明等对虚拟机环境的复杂产品多领域协同设计方法进行了研究。武汉大学的何发智等对协同设计 CAD 系统中的拓扑实体的一致性验证法进行了研究，并开发了基于 AutoCAD 平台的协同设计原型系统的 CoCADToolAgent，该系统具有较好的灵活性和协作性能。陈爱君等对协同设计中的文件版本控制机制进行了探索。林彬等探讨了外部参照在建筑工程协同设计中的应用。清华大学的吴伟煜等在对建筑设计协同工作机制进行研究的基础上，提出了协同工作逻辑模型，并开发了应用平台，可实现设计资源版本管理、设计人员协同工作支持等功能。西南交通大学的何刚对支持协同设计的审图系统的研制进行了探索。清华大学的刘强等对分布式 CAD 设计系统中的协作冲突进行了研究，提出了冲突消解的 DCCM 模型。重庆理工大学的刘峰等提出在协同设计中使用中间基版本和相邻增量相结合的多版本存储模型。韶关学院的付喜梅对基于 STEP 标准的协同设计的版本控制策略进行了探讨。清华大学的孙家广等提出了一种在单机版本 CAD 系统的基础上构造协同设计平台，实现多机网络协同设计的方法。清华大学的史美林等开发了一个协同设计支撑原型系统，可提供协同设计中的虚拟绘画板、音频、实时视频及消息传送服务。清华大学的马智亮等针对建筑设计企业工程项目设计信息化管理的需要，建立了网络协同设计信息化管理系统框架，开发了工程项目图档协同管理系统 EPIMS。

在商业应用领域也出现了大量协同设计管理软件。如 Autodesk 公司的 Buzzsaw、Inventor、Streamline，GraphiSoft 的 ArchiCAD TeamWork，CoCreate 公司的 OneSpace Solution、Matrix PLM Platform，UGS 公司的 PLM Solution 等。国内如北京探索者软件股份有限公司、深圳斯维尔科技有限公司、鸿业软件、北京北纬华元软件科技有限公司等建筑软件厂商也推出了自主产权的协同设计管理软件，但与国外主流软件相比尚有一定的差距。

目前，在建筑设计中主流的 BIM 设计软件 Revit Architecture、ArchiCAD 等都提供协同设计环境，设计人员可以基于同一个 BIM 模型进行工程设计。协同设计是基于 BIM 的工程设计主要特征之一，基于 BIM 模型的协同设计已成为协同设计发展的新动向。

1.3.5 综述小结

通过对国内外相关研究的调研和分析，可以获取以下小结：

（1）基于 BIM 的工程设计是提升建筑工程设计质量和效率的有效途径。目前，BIM 的应用主要局限于设计阶段的局部领域的应用，单个软件的 BIM 设计相对比较成熟，软件之间信息共享与协同设计存在机制、标准、技术等方面的障碍。尤其是对于基于 BIM 的结构施工图设计，需要在设计方法、工作流程、应用软件方面进行一系列研究。

（2）建筑信息交换标准为不同建筑应用软件系统之间信息交互搭建了信息交流的桥梁，可有效解决建筑领域的“信息孤岛”问题。IFC 标准作为国际上通用的建筑信息交换标准，已经成为构建 BIM 的数据基础。在结构设计领域，IFC 的模型体系不能完全满足设计数据的描述需求，需要进行相关模型扩展的研究。

（3）目前，建筑设计业正处于由基于 2D-CAD 的计算机辅助设计向基于 BIM 的正向设计的过渡阶段。因此，将 BIM 技术应用到结构施工图的设计中，利用 BIM 模型实现对施工图纸的自动生成、更新、维护具有较大的工程应用价值。

（4）经过 20 多年的发展，协同设计在协作机制、工作模式、应用平台等方面都有了大量的研究成果。但是在建筑设计领域，缺乏统一设计模型的支持使得协同设计应用并不理想。随着 BIM 技术的发展，协同设计将衍生出新的工程设计模式——基于 BIM 的协同设计模式，预期可大幅度提高工程设计的效率和质量。

1.4 研究内容

本项目的研究工作是在清华大学张建平教授课题组已有相关研究成果之上开展的。其中，曹铭博士对基于 IFC 标准的建筑信息模型的描述、基于 AutoCAD 的信息建模与 IFC 文件的解析进行了研究。刘雪松和刘强在曹铭开发的基于 IFC 的信息建模系统的基础上，扩展了系统对 IFC 实体的支持数量，简化了建模流程。张洋博士系统地研究了基于 BIM 的工程信息管理体系与架构、基于 IFC 的 BIM 信息描述及模型扩展机制、BIM 子模型的提取与集成等问题，并开发了基于 BIM 的建筑工程信息集成与管理平台。胡振中博士面向建筑施工管理需求，研究了自动提取设计阶段的模型信息，应用于施工阶段的冲突和安全分析的方法和技术，建立了 4D 施工安全信息子模型，并开发了相应的系统。张旭磊在模板工程中，对现有的 IFC 标准进行了实体扩展，建立了面向模板工程子领域的 IFC 扩展模型，并开发了基于 IFC 的模板支撑辅助建模系统。林佳瑞对 IDM 定义及构建机制、描述方法、信息交换需求模型视图的生成方法进行了研究，建立信息交换需求模型视图自动生成模块，进行了模型信息的自动提取。

上述研究对建筑信息模型的体系架构、信息建模与信息集成、基于 IFC 的信息描述与扩展等内容进行了系统研究，然而对于基于 BIM 的结构施工图设计在设计方法、工作流程、管理机制等方面有大量的关键技术问题需要解决，本项目的整体研究路线如图 1-4 所示。

本项目的主要研究内容如下：

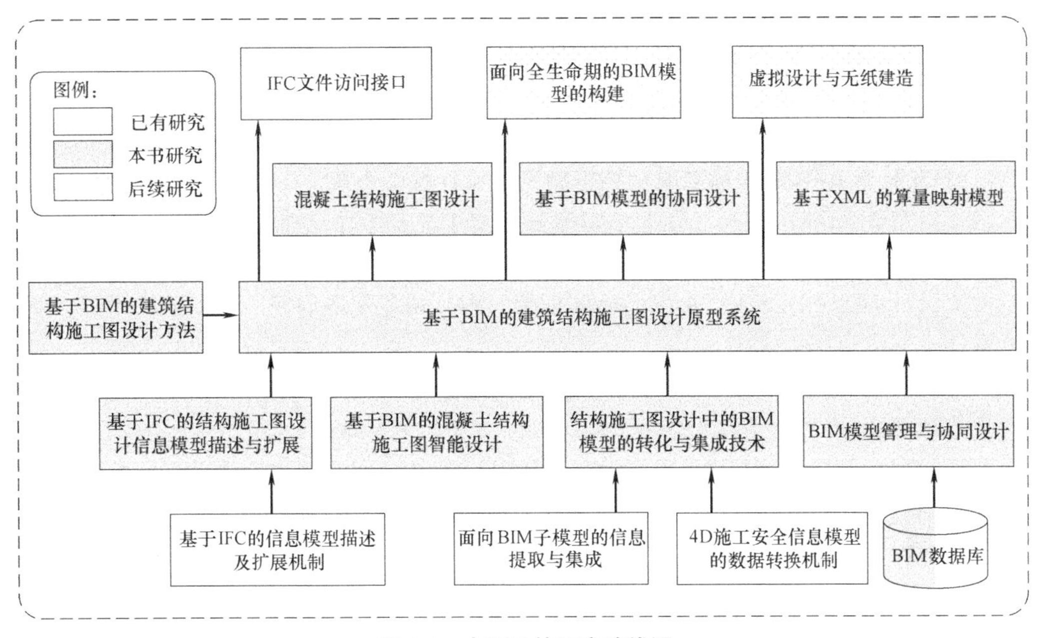

图 1-4　本项目的研究路线图

1. 基于 BIM 的建筑结构施工图设计方法

（1）通过对建筑结构施工图设计的业务流程、设计方法和应用软件的现状进行调查和分析，总结当前建筑结构施工图设计中面临的问题，获取相关研究需求。

（2）研究基于 BIM 的工程设计方法、模式和流程，对传统模式下的工程设计与基于 BIM 的工程设计进行对比分析，在此基础上提出基于 BIM 的建筑结构施工图设计整体解决方案。

2. 基于 IFC 的建筑结构设计信息模型的描述与扩展

（1）研究基于 IFC 标准的建筑结构施工图设计 BIM 模型的体系与结构，包括 IFC 标准的模型结构、数据定义、关联机制和扩展机制。

（2）应用 IFC 的实体扩展和属性集扩展，建立面向钢筋混凝土结构施工图设计的 IFC 扩展模型。

3. BIM 模型的转化与集成技术

（1）研究利用 IFC 标准实现建筑设计模型与施工图设计基本模型的转化。

（2）研究利用 e2k 工程数据文件实现 ETABS 结构分析模型的自动生成。

（3）利用结构构件相似度匹配方法，实现结构分析结果与施工图设计基本模型的集成。

（4）利用基于 XML 的工程算量通用映射模型，实现工程算量模型的自动生成。

4. 基于 BIM 的结构施工图智能设计技术

（1）研究施工图设计模型的模型检查和构件归并。其中，模型检查的内容包括模型完整性检查、模型一致性检查和模型拼装检查。

（2）研究基于施工图设计 BIM 模型的施工图配筋设计、配筋优化以及规范自动校验。

（3）研究结构施工图的生成技术，具体包括图纸生成、智能布图、联动修改等。

5. 基于网络的 BIM 模型管理与协同设计

（1）研究 BIM 模型的管理机制，包括用户权限管理、模型版本管理、模型状态管理。

（2）研究基于 BIM 模型的协同设计机制，包括冲突消解、增量模型技术、施工图档管理、用户通信管理等。

6. 开发基于 BIM 的钢筋混凝土结构施工图设计原型系统

（1）对基于 BIM 的钢筋混凝土结构施工图设计需求进行分析，建立基于 BIM 的建筑结构施工图设计系统（BIM-SDDS-RC）的功能模型。

（2）设计 BIM-SDDS-RC 系统的整体框架，包括功能模块划分、逻辑结构设计、物理结构设计、网络应用模式等。

（3）设计结构施工图设计 BIM 模型的数据存储结构，建立 BIM-SDDS-RC 系统的数据组织与存储模型。

（4）使用面向对象程序设计方法开发 BIM-SDDS-RC 原型系统，并进行应用测试。

7. 基于 BIM 的钢筋混凝土结构施工图设计与管理实践

以某实际多层钢筋混凝土框架结构工程为例，对基于 BIM 的结构施工图设计原型系统（BIM-SDDS-RC）进行系统测试，对研究成果的可行性与有效性进行验证。

1.5 关键技术

本项目研究主要解决了以下关键技术：

（1）探索和研究基于 BIM 的工程设计方法、工作模式与设计流程，建立基于 BIM 的建筑结构施工图设计整体解决方案。

（2）基于 IFC 标准的建筑结构施工图设计 BIM 模型的体系与结构，研究模型实体之间、模型与图纸之间的数据关联机制。

（3）研究以施工图设计信息模型为中心，基于 IFC 和非 IFC 标准模型接口的 BIM 模型提取、转换与集成技术。

（4）研究基于 BIM 的结构施工图智能设计技术，具体包括基于规则库的规范校验、基于改进遗传算法的配筋优化等。

（5）建立基于 BIM 模型的协同设计机制，具体包括模型状态管理、版本管理、用户权限管理、设计冲突消解策略、增量模型技术等。

1.6 研究方法与技术路线

研究方法是人们在从事科学研究过程中不断总结、提炼出来的，用以揭示事物内在规律的工具和手段。本项目的研究工作要以科学的研究方法为指导，本项目研究按照以下研究方法进行。

1. 调查研究

通过问卷调研、结构工程师访谈等方式，获取国内相关设计单位结构设计中的工作模式、软件应用、面临问题等情况。通过文献检索与调研，追踪建筑信息模型、建筑信息交换标准、建筑结构施工图设计、协同工作与协同设计等技术在国内外的研究现状与发展趋势，以及在建筑结构施工图设计中的应用需求。以此为基础，确定基于 BIM 的结构施工图设计解决方案。

2. 理论与技术研究

系统地学习结构施工图设计、协同设计、信息模型技术等的理论和方法，以及 IFC 标准的数据描述、关联机制、扩展机制和相关软件开发技术。在调查研究和理论学习的基础上，对基于 BIM 的结构施工图设计方法进行研究分析。通过研究 IFC 数据描述标准、基于网络的 BIM 模型管理与协同设计，探索出基于 BIM 的结构施工图设计方法。具体工作涉及以下技术要素：

（1）研究基于 IFC 标准的结构施工图设计模型描述方法，包括结构施工图设计 BIM 模型的描述需求、IFC 标准的数据描述方法与扩展机制等。

（2）研究基于 BIM 的结构施工图涉及的模型转换技术，通过基于 IFC 和非 IFC 的模型接口的 BIM 模型的提取、转换与集成，构建结构施工图设计的建筑信息模型。

（3）研究基于施工图设计 BIM 模型的施工图智能设计技术，包括模型检查、构件归并、配筋优化、规范校验、施工图生成、关联修改等。

（4）研究 BIM 模型的管理与协同设计工作模式，包括模型状态管理、版本管理、用户权限管理、设计冲突消解策略、增量模型技术、图档管理、用户通信管理等。

3. 系统设计与开发

按照软件工程的软件开发方法进行基于 BIM 的混凝土结构施工图设计系统的软件架构设计，使用面向对象的方法开发原型系统。在系统开发过程中，注重结合工程设计人员的反馈，使软件既符合实际设计工作的需要，又能够充分挖掘基于 BIM 的工程设计潜能。

4. 应用测试

选取实际的钢筋混凝土框架结构项目，对研制的基于 BIM 的钢筋混凝土结构施工图设计系统进行应用测试，并根据测试结果对原型系统进行修改和完善。

5. 理论总结

对本项目的研究过程和成果进行归纳总结，从中提炼出基于 BIM 的结构施工图设计的通用方法、流程，为结构设计阶段的 BIM 应用提供参考。

1.7 本书章节构成

本书共分成 9 个章节，按照总-分-总的逻辑结构：首先介绍设计方法（第 1、2 章），再介绍相关关键技术研究（第 3～6 章），其次进行系统开发与实例验证（第 7、8 章），最后进行总结展望（第 9 章），见图 1-5。

第 1 章介绍本项目的整体情况，包括研究背景、目的与意义、相关研究综述、研究内容、关键技术等。

第 2 章调查研究现有建筑结构施工图设计模式、工作流程、存在问题等，并对传统模式下的工程设计与基于 BIM 的工程设计进行对比分析，在此基础上提出基于 BIM 的建筑结构施工图设计整体解决方案。

第 3 章研究基于 IFC 标准的 BIM 模型的描述与扩展机制，面向混凝土结构施工图设计，建立基于 IFC 的建筑结构施工图设计信息模型。

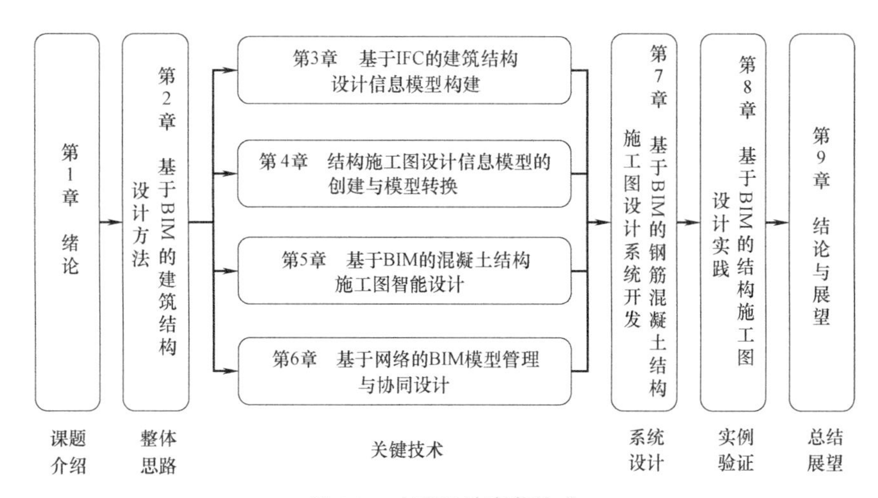

图 1-5 本项目的章节构成

第 4 章解决结构施工图设计 BIM 模型创建的问题，包括 BIM 模型的转化、集成与补充定义。以三层框架结构为例，介绍建筑设计模型、结构分析模型、结构施工图设计模型、工程算量模型的转化。

第 5 章介绍基于施工图设计 BIM 模型的施工图智能设计，包括模型检查与归并、配筋设计与优化、规范校验、施工图纸自动生成与关联修改等。

第 6 章介绍基于网络的 BIM 模型的管理与协同设计，提出基于 BIM 模型的协同设计机制，通过对用户权限管理、模型版本管理、模型状态管理、设计冲突消解、增量模型、施工图档管理、用户通信管理等的研究，实现基于网络的多用户结构施工图协同设计。

第 7 章介绍 BIM-SDDS-RC 原型系统的整体设计方案，是前面各章节的主要理论、方法和技术方案的系统实现。

第 8 章以实际钢筋混凝土框架结构为例，介绍 BIM-SDDS-RC 系统各个主要功能模块的使用方式和执行流程，并对原型系统的各项功能进行验证。

第 2 章
基于BIM的建筑结构设计方法

当前，我国建筑工程设计主要还是传统的二维设计模式，各专业之间信息交互以二维图纸为媒介，设计成果展现主要是提交工程图纸和设计文档。尽管随着工程 CAD 技术的普及应用，大幅度提高了建筑工程设计的效率和质量，但是建筑工程设计业仍面临严峻的发展瓶颈：设计过程中信息协同共享性差、工程设计人员花费大量时间在工程模型建立和工程图纸绘制、修改、对图等工作。以 BIM 为代表的新一代信息技术的出现为上述问题提供了有效的解决手段，但目前基于 BIM 的工程设计在应用工具、设计方法、工作流程上还不成熟，尚有大量的技术和管理问题需要研究解决。本章将对传统工程设计模式与基于 BIM 的正向设计模式进行对比分析，在此基础上探索提出基于 BIM 的建筑结构一体化设计方法，为实现基于 BIM 的结构正向设计提供可行的技术路线参照。

2.1 我国建筑结构设计的现状

建筑结构设计是指利用力学原理模拟分析建筑物或构筑物的承载能力，设计出满足其功能要求的结构形式，并配合相关专业完成建筑整体的设计。建筑结构设计一般分为方案设计、技术设计、施工图设计三个阶段，建筑结构施工图作为建筑结构设计的主要成果，是指导建筑施工的重要依据。本节将对现有建筑结构设计的现状进行梳理。

2.1.1 现有建筑结构设计流程

在国内，目前结构施工图纸还是结构工程设计过程的主要交付成果，基于二维图纸的工作模式还是主流设计模式。以钢筋混凝土结构为例，建筑结构设计主要流程如图 2-1 所示，主要分成结构建模、结构分析、施工图设计三个阶段。

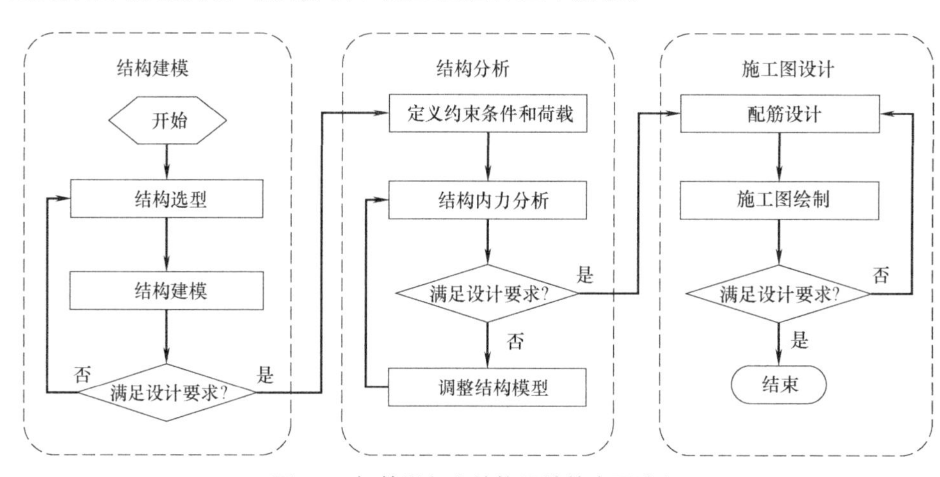

图 2-1 钢筋混凝土结构设计的主要流程

（1）结构选型：获取建筑设计图纸，结构设计人员参照建筑设计方案进行结构选型，在结构设计软件中建立结构整体分析模型，进行结构整体分析，如果设计方案不满足结构设计的要求，调整结构布置。

（2）结构建模及内力分析：对已确定的结构设计模型定义结构约束条件和荷载工况，进行结构内力分析和构件设计，将结构设计结果反馈给建筑设计人员，协商进行结构设计模型的调整，直至满足建筑设计要求。

（3）配筋设计：根据结构内力分析结果进行结构配筋设计，包括梁、板、柱、墙、基础、楼梯等结构构件的配筋设计。

（4）施工图绘制：按照配筋设计结果进行结构施工图的绘制。

（5）施工图纸送审、提交和存档。

2.1.2 建筑结构施工图设计现状

1. 建筑结构施工图的表达方法

建筑结构施工图纸作为指导建筑施工的主要依据之一，在今后一段时间内仍将是建筑结构设计信息表达的重要方式。20 世纪 90 年代兴起的“平面整体表示法”（以下简称平法）成为国内钢筋混凝土结构施工图的表达标准。在平法中，建筑结构施工图主要由设计说明部分、基础设计图、结构平面施工图、结构构件详图 4 部分组成，详细信息如图 2-2 所示。

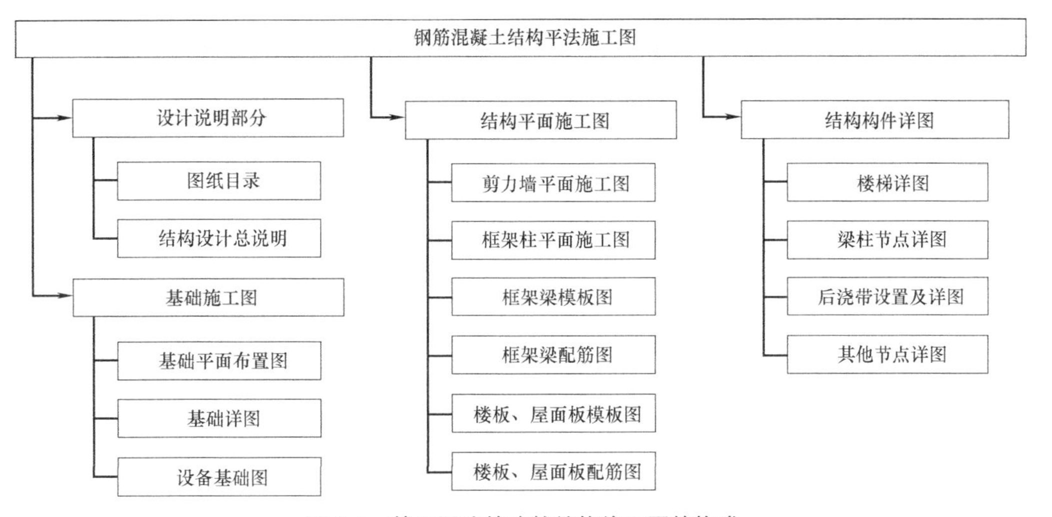

图 2-2 基于平法的建筑结构施工图的构成

（1）设计说明部分：主要包括图纸目录、结构设计总说明两部分内容。图纸目录是对结构图纸建立编号索引，按照结构从下到上、从平面到详图的顺序给出的图纸列表，主要包括图纸表序号、图号、图纸名称、图幅、备注等内容。结构设计总说明是对结构施工图设计信息进行分类说明，主要包括工程概况、设计依据、设计条件、图纸说明、建筑分类等级、荷载取值、设计计算程序、结构材料、基础及地下室工程、钢筋混凝土工程、检测与观测、施工要求等内容。

（2）基础设计图：主要包括基础平面布置图和基础详图两部分内容，对于存在大型机械设备的建筑通常还包括设备基础图。基础平面布置图主要用于整体定位结构基础的轴网、位置、标高、编号等基本信息。基础详图则表达基础构件的平面、剖面、配筋、施工构造、尺寸定位等信息。

（3）结构平面施工图：主要包括剪力墙平面施工图、框架柱平面施工图、框架梁模板图、框架梁配筋图、楼板模板图、楼板配筋图等内容。剪力墙平面施工图主要描述墙柱、墙肢、连梁等构件的定位、编号及相关配筋信息；框架柱平面施工图主要描述框架柱的轴网定位、编号、截面配筋等信息；框架梁的模板图主要描述各框架梁的竖向及水平定位信息；框架梁的配筋图则描述各框架梁的配筋信息，对于简单的建筑结构常将框架梁模板图与配筋图合并；楼板模板图描述楼板的编号、定位、竖向位置信息；楼板的配筋图则表达各楼板的配筋信息。

（4）结构构件详图：主要包括楼梯详图、梁柱节点详图、后浇带设置及详图、其他节点详图等。其中，楼梯详图包括楼梯平面布置图和楼梯配筋构造图两部分内容；梁柱节点详图主要描述在平法平面图中无法描述清楚的梁柱节点配筋构造；后浇带的设置及详图描述后浇带的设置及构造。

2. 建筑结构施工图常用设计软件

建筑结构施工图设计离不开相关应用软件的支撑，国内建筑结构施工图设计应用软件可分为以下四类：图形平台类软件、辅助绘图类软件、结构设计软件后处理类软件、基于 BIM 的设计类软件，见图 2-3。

建筑结构施工图设计软件
- 图形平台类：AutoCAD、MicroStation、ZWCAD、CAXA
- 辅助绘图类：TSSD、天正结构、理正结构工具箱
- 结构处理类：YJK－D、PKPM 施工图模块、广厦结构CAD、3D3S
- BIM 设计类：Revit Structure、Tekla Structures

图 2-3　常用建筑结构施工图设计软件分类

其中，图形平台类软件是指提供施工图绘制基本操作的图形支撑类软件，主要包括 AutoDesk 公司的 AutoCAD 和 Bentley 公司的 MicroStation，以及我国广州中望龙腾软件股份有限公司的 ZWCAD 和北京数码大方公司的 CAXA 等；辅助绘图类软件则是在图形平台类软件的基础上集成了快速参数化绘图功能，主要包括 TSSD、天正结构、理正结构工具箱等国产 CAD 辅助绘图软件；结构设计后处理类软件则是读取结构设计软件的设计结果，自动生成结构设计施工图的 CAD 应用软件，该类软件一般为结构设计软件的后处理模块，具有与结构设计软件衔接接口、设计自动化程度高的优点，但生成的图纸需要进行大量的手动修改才能满足出图要求，该类软件主要包括北京盈建科软件有限责任公司的结构施工图设计模块、PKPM 软件的结构施工图模块、广厦结构 CAD、3D3S 等；基于 BIM 的设计类软件是新一代的建筑结构设计软件，主要包括 Revit Structure 和 Tekla Structures 等，目前该类软件已体现出强大的功能优势，但实践应用中尚需结合工程实际需求进行大量的改进和完善。

3. 建筑结构施工图设计现状调研

为获取建筑结构施工图设计的业务发展现状，笔者曾经对国内 8 家大型设计院进行了问卷调研。调研对象主要是具有 3 年以上工作经验的结构工程师，共发放调研问卷 96 份，回收有效问卷 92 份，调研问卷见附录 A，问卷样本分布情况见图 2-4。

通过统计整理，将反映最集中的施工图设计面临的问题列举如下：

（1）建筑设计信息很难在结构设计过程中重用，结构设计人员需要参照建筑设计图纸重新建立结构设计模型，建模过程既占用设计人员大量宝贵的工作时间，又造成建筑、结构模型不一致的隐患。

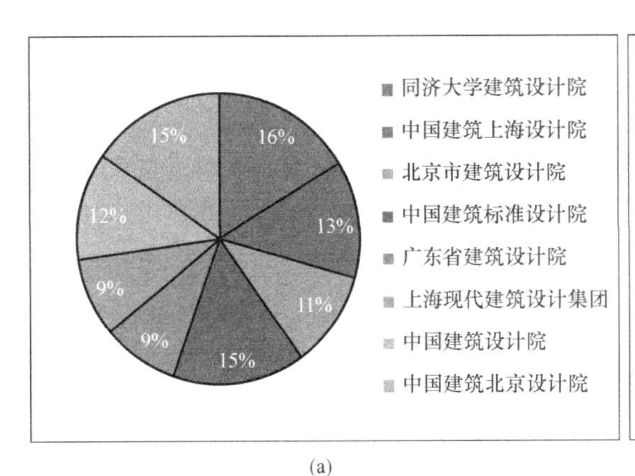

(a)

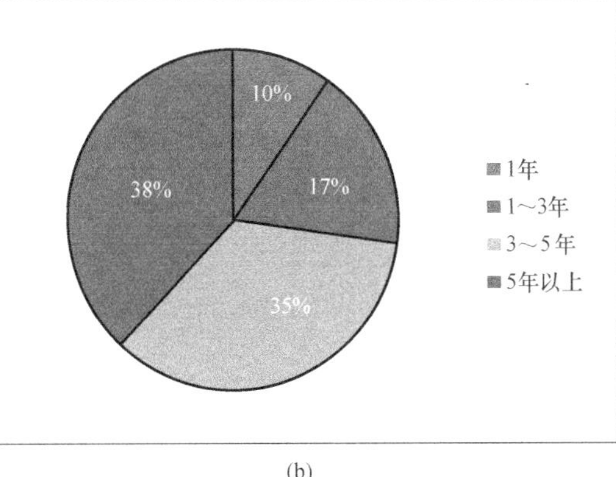

(b)

图 2-4　结构施工图设计问题调研问卷样本分布情况

(a) 调研单位组成分布；(b) 调研人员工作年限分布

(2) 结构施工图的绘制占用结构设计人员70%以上的时间，虽然TSSD等辅助绘图工具的使用提高了绘图速度，但无法让结构设计人员从“机械”式的绘图过程中解放出来。

(3) 设计变更往往造成相关图纸的全面更新，修改过程极容易出现漏改、错改现象，目前缺乏相应机制来保证图纸的一致性。

(4) 结构设计人员通常只能根据项目分工，在自己单机的结构设计模型上进行设计工作，设计人员之间缺少协同设计保障机制。

(5) 对于复杂结构，利用二维图纸很难表达清楚，缺少相应手段对相应内容进行表达。

(6) 结构设计成果以建筑结构施工图纸的方式提交，设计信息在工程后续阶段信息重用和共享困难。

2.2　基于BIM的建筑工程项目设计模式

2.2.1　BIM的内涵与特征

BIM的理论基础来源于机械制造业的计算机集成制造系统（CIMS，Computer Integrated Manufacturing System）、基于产品数据管理（PDM，Product Data Management）与STEP标准的产品信息模型。清华大学张建平教授在多年对BIM进行系统研究的基础上，总结出BIM的主要特征如下：

1. 模型信息的完整性

BIM中的模型信息除了工程对象的物理模型信息外，还包括与之相关的完整的工程信息描述，诸如材质、荷载、内力、配筋等设计信息，施工工序、成本、进度、质量等工程建造信息等。

2. 模型信息的关联性

BIM中的模型信息具有可识别和相互关联的属性，相关系统能够自动对模型信息进行分析和汇总，并根据该信息模型生成施工图纸和工程文档。当调整 BIM 模型中的某对象时，与该对象关联的所有对象都会随之调整，以保证模型信息的完整性和一致性。

3. 模型信息的一致性

在基于 BIM 的工程设计和模型管理中，模型信息在整个过程中是前后一致的，而且动态更新、自动演化。模型对象在工程设计的不同阶段无须重复输入，这些模型的转换和提取通过程序自动实现，保证了 BIM 模型信息的一致性。

2.2.2 基于 BIM 的工程设计模型重构

BIM 的理论研究只有同工程实践相结合才能产生强大的生命力，在综合国内外相关研究的基础上，笔者认为基于 BIM 的工程设计信息模型的构建需要以下信息要素的支撑，如图 2-5 所示。

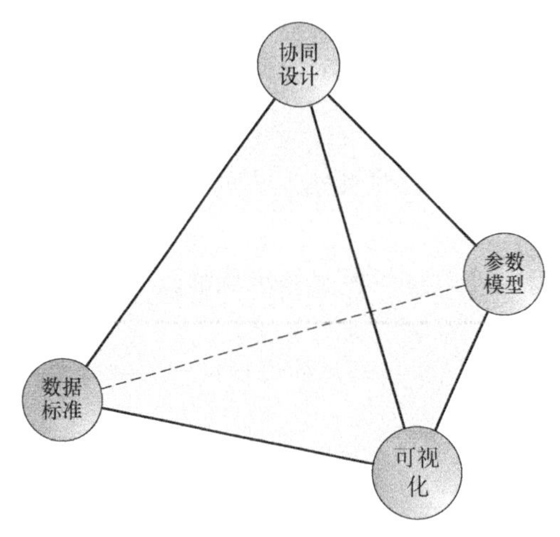

图 2-5 构建基于 BIM 的工程设计模型四要素

其中，数据标准是构建 BIM 的数据支撑，随着建筑工程复杂度的提高，工程设计已经不能依靠一两个设计软件来完成，不同软件系统之间的信息交互需要通用的信息标准来支撑，如 IFC、CIS/2 标准等；参数化模型是构建 BIM 的模型支撑，参数化建模技术为 BIM 应用提供了数据模型，离开参数化建模，BIM 的构建将失去数据之源，当前主流的 BIM 建筑设计软件 Revit、ArchiCAD、CATIA 等都可以通过参数化模型建立建筑设计 BIM 模型；可视化是构建 BIM 的图形支撑，基于图形的工程设计已经成为建筑工程设计软件的共同属性，BIM 多维信息的呈现也要通过可视化的图形来表达；协同设计是构建 BIM 的管理支撑，协同设计是基于 BIM 的工程设计的内在要求，基于 BIM 的协同设计是建筑设计业的重要发展方向。

2.2.3 对工程项目产生的影响分析

1. BIM 对建筑生命期信息流的影响

在我国项目管理理论中，将建筑物的生命期划分为策划决策、工程设计、工程施工、运营维护 4 个阶段。如图 2-6 所示，在传统的信息传递过程中，每个阶段均采用“抛过墙”的工作模式，即项目各参与方主要关注自身对工程信息的使用，造成各阶段之间出现“信息断层”现象。以工程设计与工程施工之间的信息交互为例，工程设计阶段交付成果是大量的二维施工图纸，施工方通常需要根据施工图纸重新在工程造价、项目进度计划管理等软件中录入工程数据并建立专业模型，进行相关分析和管理工作。而基于 BIM 的工程信息传递，在建筑全生命期中，共享和传递该 BIM 模型，而且该模型是一个动态建立、不断演化的过程，从根源上解决“信息断层”和“信息孤岛”问题。

2. BIM 设计对建筑项目成本的影响

美国 HOK 公司首席执行官帕里克-麦克利麦（Patrick Macleamy）提出了基于 BIM

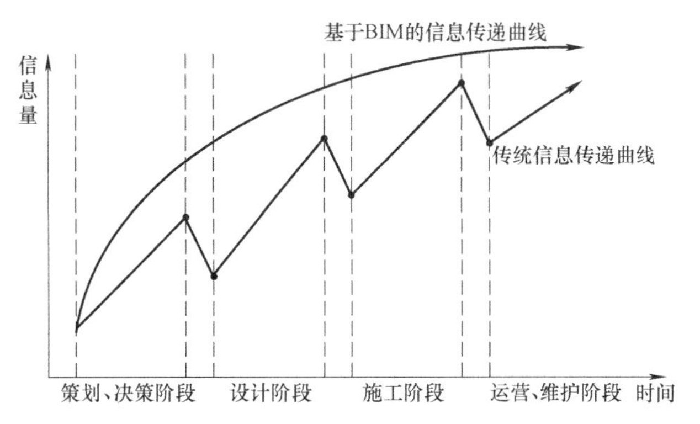

图 2-6　基于 BIM 的信息传递与传统信息传递曲线对比

设计与传统设计的成本需求曲线，如图 2-7 所示。

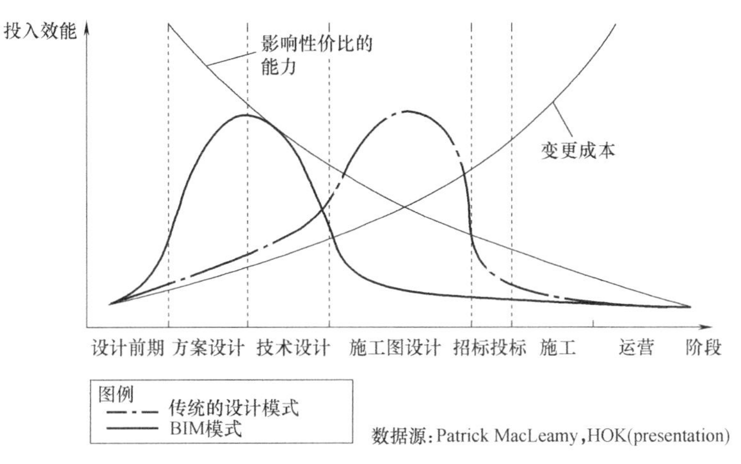

图 2-7　BIM 设计与传统设计的成本需求对比

在传统的建筑设计模式下，工作量投入最大的是施工图设计阶段，但是这个阶段对于影响性价比的能力已经非常小，工程变更的成本通常比较大；在基于 BIM 的设计模式下，大量的设计工作主要集中在方案设计和技术设计阶段，因此只要建好 BIM 设计模型，后续的设计工作都是基于该模型进行的，由于设计原因引起的工程变更会大幅度减少，从而提升影响性价比的能力，减少设计变更成本。

2.2.4　工程项目各参与方的协作机制

建筑工程项目是一项多参与方参加的工程建设活动，在基于 BIM 的工程项目中主要参与方包括政府机构、建设机构、设计机构、施工机构、工程造价咨询机构、项目管理机构、运营机构，见图 2-8。

项目各参与方在 BIM 应用中扮演的角色如下：

（1）政府机构。政府机构在工程建设中可以扮演三种角色：建设工程主体、行业管理部门、行政管理部门。对应地，政府部门的 BIM 应用划分为三个层次：第一个层次是政府在城市公共基础设施建设中，将 BIM 应用于具体的建设工程；第二个层次是政府部门颁布相应的政策、法规，引导 BIM 技术的应用；第三个层次是政府在工程项目 BIM 应用

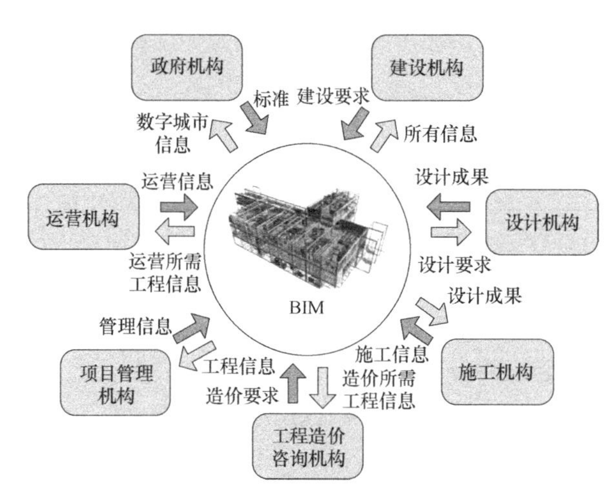

图 2-8　BIM 与项目各参与方的信息传递

的基础上，形成城市 BIM 数据库，构建智慧城市，为城市公共设施管理提供决策支持。

（2）建设机构。通常把建设工程的投资方、开发方、使用方统称为建设机构。按照核心业务的性质不同，可以将建设机构分为专业型建设机构、项目型建设机构两类。由于建设机构工作贯穿项目生命期的各个阶段，因此是 BIM 应用最有力的推动者和最大受益者。

（3）设计机构。设计机构是对工程勘察、民用与工业建筑设计以及各类专项设计咨询服务机构的总称。典型的民用建筑设计机构包括建筑、结构、给水排水、暖通空调、电气等专业。设计机构是 BIM 应用重要的实践者，BIM 应用在满足自身设计需要的基础上，可为后续施工、运营阶段提供 BIM 工程模型。

（4）施工机构。施工机构是指各类从事房屋建筑、公路、水利、电力、桥梁、矿山、工厂等土木工程施工的建筑企业。施工内容包括建筑施工、设备安装、建筑装饰装修、地基与基础工程、土石方工程、机械施工等。

（5）工程造价咨询机构。工程造价咨询为建筑工程项目提供投资估算、设计概算、施工图预算、竣工结算、财务决算等咨询服务。传统的工程造价分析按照建筑施工图纸，进行工程算量统计和成本分析。随着 BIM 技术的应用，工程量信息可以从 BIM 设计软件中直接获取，省去了重新建模的过程，只需套用相应的工程量清单或定额就可实现工程成本分析。

（6）项目管理机构。在我国，项目管理机构的职能由建设机构、设计机构、施工机构的项目管理部门承担。传统的项目管理通过文字、图表的方式进行项目管理，对于大型、复杂项目信息的维护、管理比较困难。BIM 相关技术的应用，极大地提高了项目各参与方对项目信息的理解，提高项目管理的质量和效率。

（7）运营机构。运营机构是指建筑物业运营管理的部门或机构，目前工程运营管理主要以设计机构提供的施工图纸和施工机构提供的竣工图纸为基础信息，由于这些图纸专业性强、信息分散，运营过程中查阅困难、影响工作效率。BIM 模型直观表达和信息高度集成的特点，可以极大地改善运营管理的效率和质量。

BIM 模型作为一种新的工程信息的载体，贯穿工程项目全生命期的各个阶段，链接工程项目各参与方，它在项目各参与方之间不断地被创建、使用、修改和更新。

2.2.5 对工程设计带来的机遇与挑战

BIM 的应用不是简单的设计工具从二维向三维的升级，而是引起整个建筑业的产业格局、职业结构、建造方式、工作模式等方面的深刻变革，BIM 应用将为工程建设业带来一系列的机遇与挑战。

1. BIM 带来的机遇

BIM 作为新兴的设计方法和技术，将有力地推动工程设计业加快信息化进程，改变工程设计业粗放的生产模式，走向精细化、智能化的设计。具体而言，BIM 对工程设计业带来的机遇主要表现在以下几个方面：

（1）BIM 将在设计手段上使工程设计更加便捷、高效，将虚拟设计、工程模拟、碰撞检测等理念带入工程设计中，使工程设计人员更加直观、形象地进行工程设计。

（2）BIM 将在数据共享上打破“信息孤岛”和“信息断层”，通过国际通用信息交换标准，实现相关 BIM 应用系统之间的无缝衔接，形成覆盖工程建设全过程的信息流。

（3）BIM 将使复杂工程设计成为可能，现代建筑工程向着超大、超高、非线性等趋势发展，传统的工程设计方法已经无法胜任日益复杂的工程设计需要，基于 BIM 的智能设计可以有效克服上述难题，提升设计水平。

（4）BIM 将对我国建筑设计业打入国际建筑市场提供机遇，新的技术变革往往带来新的产业格局变化，我国建筑设计业应该牢牢抓住应用 BIM 设计这一机遇，争取在国际竞争中实现追赶与超越。

2. BIM 引起的挑战

正如所有的事物都有着两面性，BIM 应用在给我国工程设计业带来机遇的同时，也将引起一系列的挑战：

（1）对传统工程设计模式的冲击。BIM 正向设计将逐步颠覆传统的基于二维图纸的设计模式，工程设计人员需要在完成繁重设计任务的同时逐步完成向基于 BIM 的工程设计模式过渡。

（2）基于 BIM 的工程设计应用工具尚不成熟。目前基于 BIM 的设计软件以 AutoDesk、Bentley 等国外软件厂商的相关应用软件为主，并主要覆盖建筑设计领域，在建筑结构设计等领域还没有产生成熟的应用系统。需要国内外建筑行业软件厂商加快相关软件的研发。

（3）支撑落地应用的 BIM 应用、交付标准缺失。近些年欧美国家政府和相关机构已制定了各层面的 BIM 标准，对 BIM 的应用起了很好的推动作用。我国在 BIM 标准制定方面，陆续出台了《建筑信息模型分类和编码标准》GB/T 51269—2017、《建筑信息模型存储标准》GB/T 51447—2021、《建筑信息模型设计交付标准》GB/T 51301—2018 等 BIM 应用、交付标准，但是从应用情况来看尚不能支撑实际的 BIM 设计实践，亟须相关部门抓紧推进支撑 BIM 设计落地应用的相关标准的制订工作。

（4）BIM 专业人才缺乏。基于 BIM 的工程设计需要大量的 BIM 专业人才作为支撑，除了工程设计单位现有人员培训外，高等院校需顺应行业发展需求，将最新的 BIM 前沿理论纳入专业培养体系中。

2.3 基于BIM的建筑结构施工图设计整体解决方案

针对建筑结构设计的现状与存在的问题，结合基于BIM的建筑工程设计应用需求，笔者提出了基于BIM的建筑结构施工图设计整体解决方案。该方案既是本书的整体研究框架，也是整体研究技术路线，后续章节均围绕该研究路线进行。

基于BIM的建筑结构施工图设计系统主要包括应用平台软件、模型转化接口、施工图设计信息模型、施工图智能设计、模型管理与协同设计5个部分，如图2-9所示，将分别对各部分内容进行详细描述。

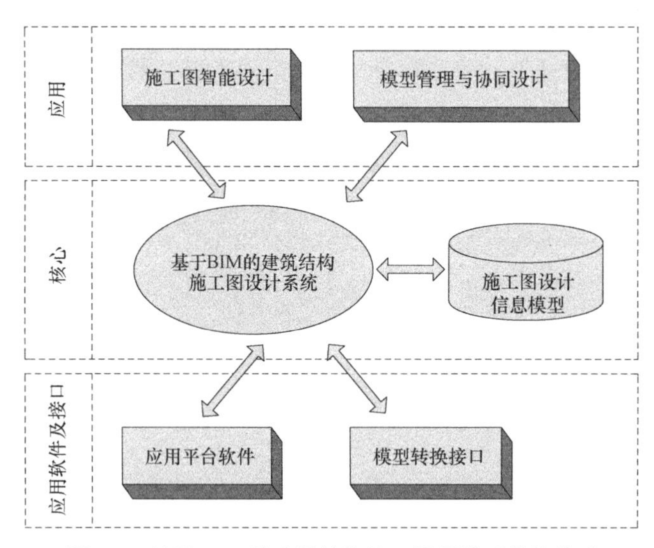

图2-9 基于BIM的建筑结构施工图设计系统的构成

2.3.1 应用软件平台

基于BIM的建筑结构施工图设计系统需要利用相关应用软件系统或平台，实现对设计模型和数据进行转换、分析、集成和展现。这些应用系统和平台包括基于BIM的施工图设计平台、参数化BIM建模系统、建筑结构设计软件、工程算量软件。

1. 基于BIM的施工图设计平台

建立一个基于BIM的建筑结构施工图设计平台，提供结构模型转化、结构施工图设计、基于BIM模型的协同设计管理等基本功能。同时，基于IFC和非IFC的模型转化接口，提供结构分析模型和工程算量模型的自动生成等辅助功能。

2. 参数化BIM建模系统

随着基于BIM的建筑设计软件日趋成熟，大量的建筑工程设计中开始采用应用Revit Architecture、ArchiCAD、CATIA等BIM建模软件进行建筑设计与分析。笔者将采用Revit Architecture软件建立建筑设计模型，利用IFC转换接口实现建筑设计模型向结构施工图设计基本模型的转化。

3. 建筑结构设计软件

建筑结构分析与构件设计是施工图设计的前提和基础，国际主流的建筑结构分析、设计软件都提供了开放的数据接口，支持结构设计模型的动态创建与结构设计结果的导出。笔者综合考虑结构设计软件的通用性、设计结果的可导出性等因素，选取 ETABS 软件进行结构设计。

4. 工程算量软件

工程算量是工程计价的基础，基于 BIM 的建筑结构施工图设计模型可以为工程算量分析提供精确的数据模型，而且支持模型信息的动态更新，是工程算量软件最佳的数据源。本项目选取国内应用比较广泛的广联达 BIM 土建计量软件（以下简称 GTJ 软件）作为衔接结构施工图设计模型的工程算量软件。

2.3.2 模型转换流程与接口方案

基于 BIM 的结构施工图设计需要解决多个软件系统之间的模型转换问题。本项目涉及的工程数据模型主要包括建筑设计模型、施工图设计模型、结构分析模型、工程算量模型。笔者提出了基于结构施工图设计信息模型的模型转化流程，如图 2-10 所示。

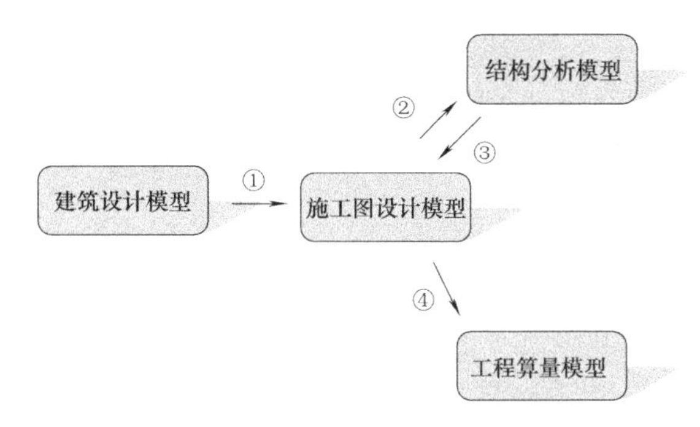

图 2-10 建筑结构设计模型转化流程

该模型转化流程以施工图设计模型为中心，首先通过 IFC 数据接口实现建筑设计模型中结构设计信息的提取，建立施工图设计模型中的结构构件模型（①），由于结构构件模型中不包含非结构设计信息，不能由结构模型反向映射出建筑模型，因此该转化过程具有单向性；然后通过本项目开发的结构分析模型导出接口，自动将结构构件模型转化为结构分析模型（②），进行结构分析与设计；再通过结构分析模型导入接口，将结构设计结果与系统的结构构件模型集成，形成完整的施工图设计模型（③），进行结构施工图设计；最后通过 XML 模型转化接口，将包含配筋设计结果的施工图设计模型转化为工程算量模型（④），进行工程算量分析与统计。

本项目开发的基于 BIM 的建筑结构施工图设计原型系统，提供基于 IFC 的建筑设计模型导入接口、ETABS 结构分析软件转换接口、工程算量模型 XML 导出接口，可实现结构施工图设计模型与建筑设计模型、结构分析模型、工程算量模型的自动转换，模型转换接口方案如图 2-11 所示。

1. 基于 IFC 的建筑模型导入接口

IFC 标准的描述范围覆盖建筑全生命期，尤其是在建筑设计阶段对建筑几何模型信息的描述比较完善，国际主流的建筑设计软件 Revit Architecture、ArchiCAD、Bentley Architecture 等都可以将各自的建筑模型导出为 IFC 文件，基于 IFC 描述的建筑设计整体模

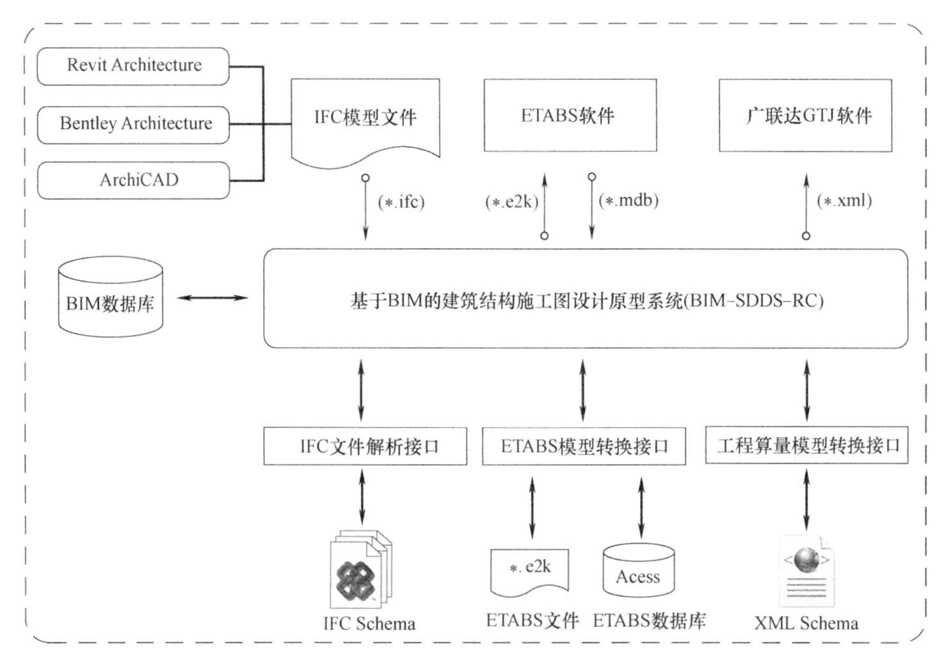

图 2-11　BIM-SDDS 的模型转换接口方案

型为结构施工图设计基本模型的自动生成奠定了基础。从建筑设计模型生成的结构施工图设计基本模型主要以几何模型为主，而在建筑设计模型中结构构件的识别是整个转化工作的关键。本项目采用清华大学张建平教授课题组自主开发的 IFC 解析接口进行 IFC 文件的解析，通过预定义模型子视图控制模型提取的内容，实现基于 IFC 的建筑设计模型向结构设计模型的自动转化。

2. ETABS 结构分析模型转化接口

结构分析是结构设计的主要环节之一，本项目通过结构分析模型的转换接口，实现结构分析模型的自动生成和结构分析结果的回传。由于国际通用结构有限元分析软件大多采取公开的数据模型格式，实现这一过程并不困难。本项目选取 ETABS 软件为转换载体，实现结构施工图设计基本模型向 ETABS 模型文件（*.e2k）的转化，以及 ETABS 软件设计结果通过 Access 数据库文件与结构施工图设计基本模型集成，形成结构施工图设计模型。

3. 工程算量模型 XML 导出接口

经过配筋设计之后的结构施工图设计模型包含工程算量模型的全部信息，是工程算量模型最直接的数据源。目前国内三维图形算量软件都没有支持 IFC 等国际数据交换标准，只能开发专用接口实现模型数据的转换。本项目选用广联达 GTJ 软件，采用 XML 映射模型的方式实现从结构施工图设计模型到工程算量模型的转化。

2.3.3　施工图设计信息模型

1. 施工图设计信息模型的构成

面向建筑结构施工图设计的结构设计信息模型以结构三维模型为核心，除包括结构物理模型外，还包括模型属性信息、模型关联信息、模型管理信息等，如图 2-12 所示。

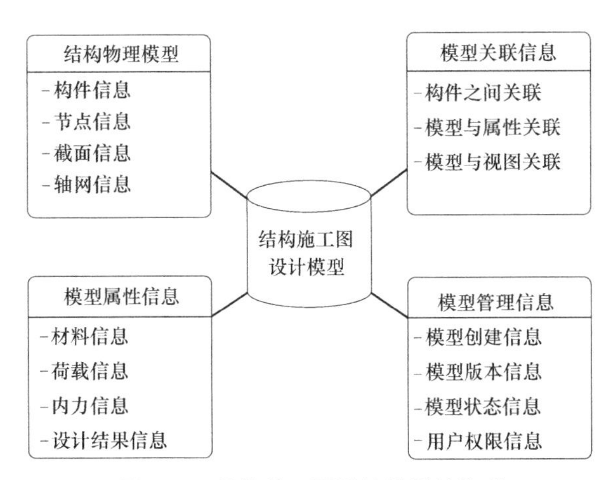

图 2-12 结构施工图设计模型的构成

其中，结构物理模型信息包括构件信息、节点信息、截面信息、轴网信息等。模型属性信息包括材料信息、荷载信息、内力信息、设计结果信息等。模型关联信息包括构件之间关联关系、模型与属性关联关系、模型与视图关联关系等。模型管理信息包括模型创建信息、模型版本信息、模型状态信息、用户权限信息等。

2. 施工图设计信息模型的关联机制

本项目采用 IFC 标准对建筑结构施工图设计 BIM 模型进行数据封装，利用 IFC 的模型关联关系实现施工图设计信息模型的关联机制。施工图设计信息模型的关联关系主要包括模型构件之间的关联、模型与属性的关联、模型与视图的关联。

如图 2-13 所示为基于 IFC 的构件实体关联模型，模型构件实体之间可以通过节点关联实体（IfcRelConnectsElements）建立关联。例如梁实体（IfcBeam）与柱实体（IfcColumn）通过 IfcRelConnectsElements 实体建立共享节点关联，保证相关实体的关联修改。模型与视图的关联通过关联关系实体（IfcRelAggregates）建立三维模型构件（IfcBuildingElement）与二维图形构件实体（_IfcBuildingElement2D）的关联实现，并且同一个三维构件实体可以与多个二维图形实体建立关联，与模型与图纸的一对多关系相一致。关于模型与属性的关联机制在第 3 章中作详细阐述。

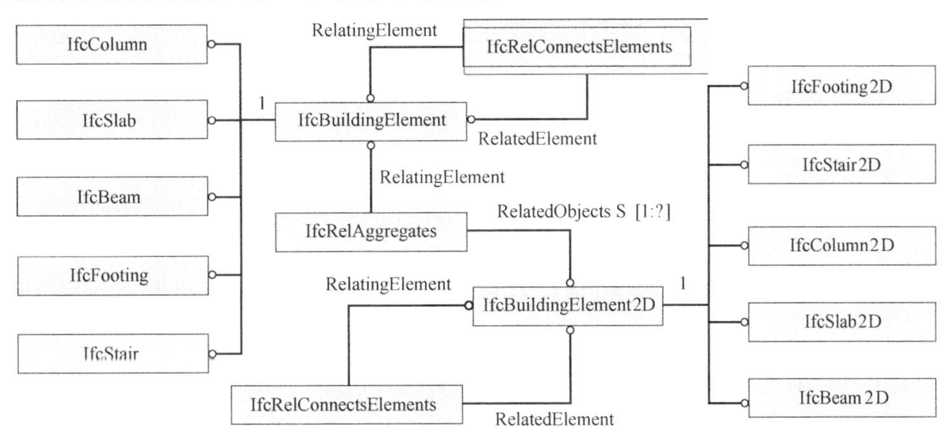

图 2-13 基于 IFC 的实体关联模型

2.3.4 施工图智能设计

基于BIM的建筑结构施工图设计在设计模式上完全不同于传统的基于二维图纸的设计方法，整个设计工作都是基于结构施工图设计BIM模型进行。通过系统研究后，本项目探索出以下结构施工图设计流程，如图2-14所示。

首先，将结构设计结果通过模型转换接口导入结构施工图设计系统，与系统的结构施工图设计基本模型关联，形成建筑结构施工图设计BIM模型；其次，对施工图设计BIM模型进行模型检查、调整和补充定义；再次，进行智能配筋设计、配筋优化和规范校验，形成完整的施工图设计信息模型；最后，在该信息模型的基础上进行结构施工图的生成、布图、修改与发布。整个设计过程主要由系统自动完成，而且设计过程中融入大量的智能算法，充分体现出BIM应用软件智能化、自动化程度高的优点。

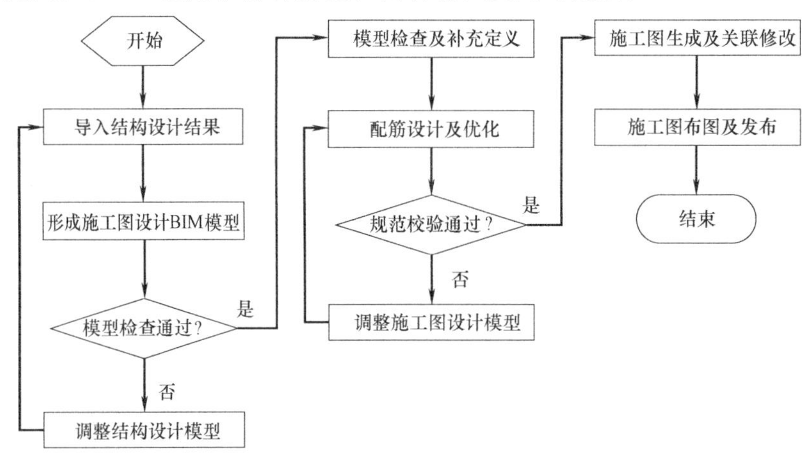

图2-14 基于BIM的建筑结构施工图设计流程

2.3.5 模型管理与协同设计

在传统的工程设计模式下，协同设计由于缺少对核心工程模型的控制机制，只能达到对工程图档级别的管理，本质上是一种协同工作环境。本项目的协同设计建立在施工图设计信息模型的基础上，通过对该模型的管理实现对整个设计过程的协同设计管理。该协同设计方案主要包括BIM模型管理和协同设计管理两部分内容，具体内容详见第6章。

2.4 本章小结

基于BIM的建筑结构施工图设计是BIM技术与结构施工图设计的深度融合，是对新的工程设计方法、模式、流程和技术的探索。本章首先对结构施工图设计的现状进行了调研和归纳总结。在此基础上，对BIM的内涵和特征、BIM对建筑工程项目的影响、工程项目各参与方的协作、BIM给工程设计业带来的机遇与挑战进行了研究，提出了基于BIM的建筑结构施工图设计整体解决方案。本章内容概括了本项目的整体研究思路和技术路线，后续章节将按照本章的技术路线，对基于IFC的模型描述与扩展、施工图设计BIM模型的创建、施工图智能设计、协同设计与管理5个方面分别进行论述。

第3章
基于IFC的建筑结构设计信息模型构建

实现建筑结构的 BIM 正向设计，其结构 BIM 模型的构建是核心关键。BIM 模型创建的基本条件是对模型信息的标准化表达，IFC（Industry Foundation Classes）标准正是国际上公认的实现 BIM 的数据描述和交换标准。IFC 标准涵盖了建筑全生命期各个阶段和领域的模型信息，还提供了可根据用户需求进行标准扩展的方法和机制。本章通过对现有的 IFC 标准的模型描述体系进行剖析，研究基于 IFC 标准的结构施工图设计信息模型描述与扩展机制，并结合钢筋混凝土结构施工图设计的模型描述需求，对现有的 IFC 模型进行扩展，建立了面向建筑结构施工图设计的 IFC 扩展模型。

3.1 IFC 标准的模型体系

3.1.1 IFC 标准的模型架构

IFC 作为建筑行业国际公认的数据描述和交换标准，它实际上提供的是建筑项目工程实施过程所处理的各种信息描述和定义的规范。这里的信息既可以描述一个真实的物体，如一个建筑物的构件，也可以表示一个抽象的概念，如空间、组织、关系和过程等。IFC 标准给出了在定义这些信息时所应遵循的数据结构规则，按照 IFC 标准的数据定义规范描述的信息数据可以在不同系统之间进行交换和共享。

IFC 标准基于面向对象的设计思想，采用“实体”（Entity）作为信息和数据定义的基本元素。实体是一种数据类型，表示一类具有共同特性的对象，对象特性在实体定义中用属性和规则来表达，每一个实体说明构成一个“类”。在工程项目实施过程中，这些类的对象实例的组合，就构成了工程管理的信息对象模型。对象模型表示用于交换和共享的信息内容和结构。

一个完整的 IFC 模型由类型定义、函数、规则及预定义属性集等组成。其中，类型定义是 IFC 模型的主要组成部分，包括定义类型（Defined Type）、枚举类型（Enumeration）、选择类型（Select Types）和实体类型（Entity Types）。其中，实体类型采用面向对象的方式构建，与面向对象种类的概念对应。实体实例是信息交换与共享的载体，而定义类型、枚举类型、选择类型以及实体实例的引用作为属性值出现在实体实例中。IFC 模型对常用的属性集进行了定义，称为预定义属性集。另外，IFC 模型中的函数及规则用于计算实体的属性值，控制实体属性值需满足的约束条件，以及用于验证模型的正确性等。

IFC 标准的模型结构在逻辑上可以划分为 4 个功能层次，从上到下分别为领域层、交互层、核心层和资源层，见图 3-1。

IFC 标准的模型体系由类型定义（Type Definition）、函数（Functions）、规则（Rules）、属性集（Property Sets）组成。其中，类型定义又包括实体（Entity Types）、枚举（Enumeration）、定义（Defined Types）、选择（Select Types）4 种数据类型。IFC2×3 标准的模型元素在各功能层中的分布如表 3-1 所示。

在各功能层中 IFC 模型元素的分布　　表 3-1

数据元素	资源层	核心层	交互层	领域层
Defined Types	117	0	0	0
Enumeration	41	14	39	72
Select Types	43	0	0	3
Entity Types	352	98	96	114
Functions	35	1	1	1
Rules	1	1	0	0
Property Sets	0	57	81	172

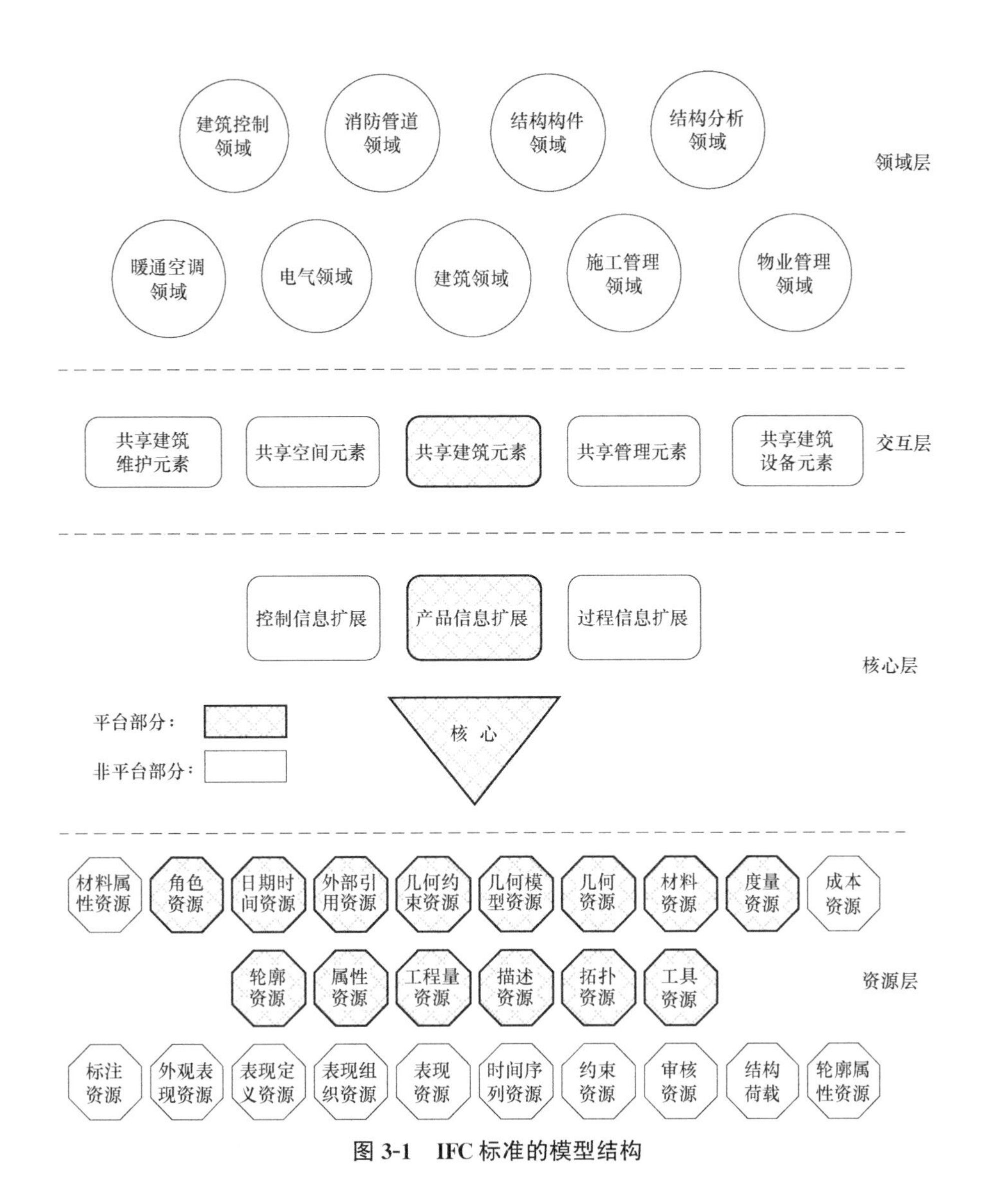

图 3-1 IFC 标准的模型结构

其中，实体类型是 IFC 模型中最重要的数据类型，是实现信息描述和交换的载体。IFC 标准中的实体类型采用面向对象的结构组织，所有的 IFC 实体（资源层实体除外）均派生自 IfcRoot 实体。如图 3-2 所示，IfcRoot 实体是一个抽象基类型实体，派生了 IfcObjectDefinition、IfcPropertyDefinition、IfcRelationship 3 个实体。其中，IfcObjectDefinition 实体及其派生实体描述具体的对象信息；IfcPropertyDefinition 实体定义 IFC 的属性集信息；IfcRelationship 实体定义各类实体之间的关联关系。

3.1.2 IFC 的模型数据定义

IFC 标准采用 EXPRESS 语言进行建筑产品模型的定义，它是一个基于面向对象的数据模型体系。EXPRESS 语言提供 EXPRESS 文本方式和 EXPRESS-G 图形方式两种模型描述方式。EXPRESS 文本方式更便于计算机的读取，可用于 IFC 模型文件的解析。EX-

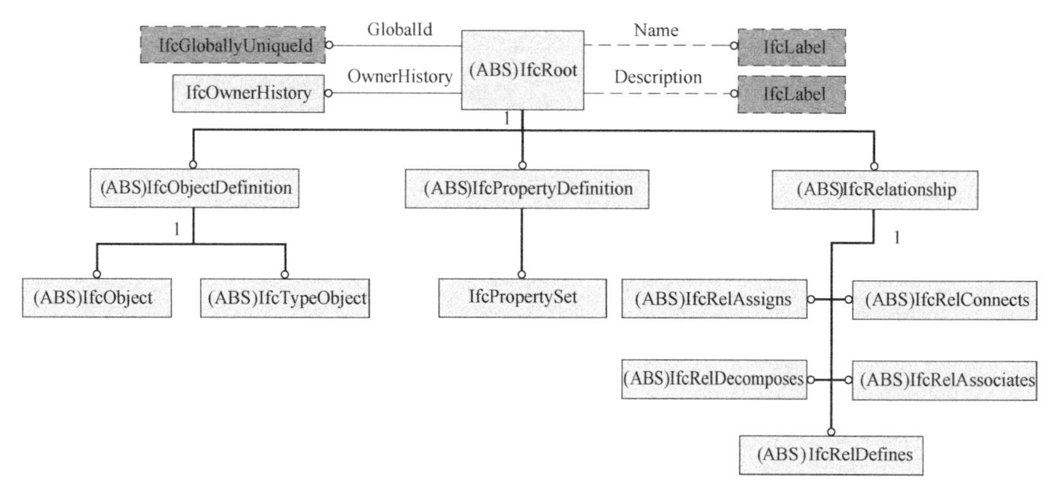

图 3-2 IFC 模型中的主要实体派生关系

PRESS-G 图是 EXPRESS 模型的子集，可以通过图形的方式更加形象地展现实体之间的派生、关联关系。两者结合使用，更好地完成 IFC 模型的定义。EXPRESS 语言的语法定义可参见 EXPRESS 语言参考手册，EXPRESS-G 图的相关符号表述方法详见附录 B。

以 IfcActor 实体为例，介绍 EXPRESS 模型的定义，如图 3-3 所示，IfcActor 实体派生自 IfcObject 实体，IfcActor 实体是 IfcOccupant 实体的父类型实体，IfcActor 实体具有选择类型属性 TheActor。选择类型属性 TheActor 的取值从 IfcOrganization、IfcPerson、IfcPersonAndOrganization 实体中选取。而 IfcPerson 实体的属性包括 Id、FamilyName、GivenName、MiddleNames、PrefixTitles、SuffixTitles、Roles、Addresses 等，各属性均为可选属性，属性值可以为空。IfcActor 实体的子类型实体 IfcOccupant 具有枚举类型属性 PredefinedType。

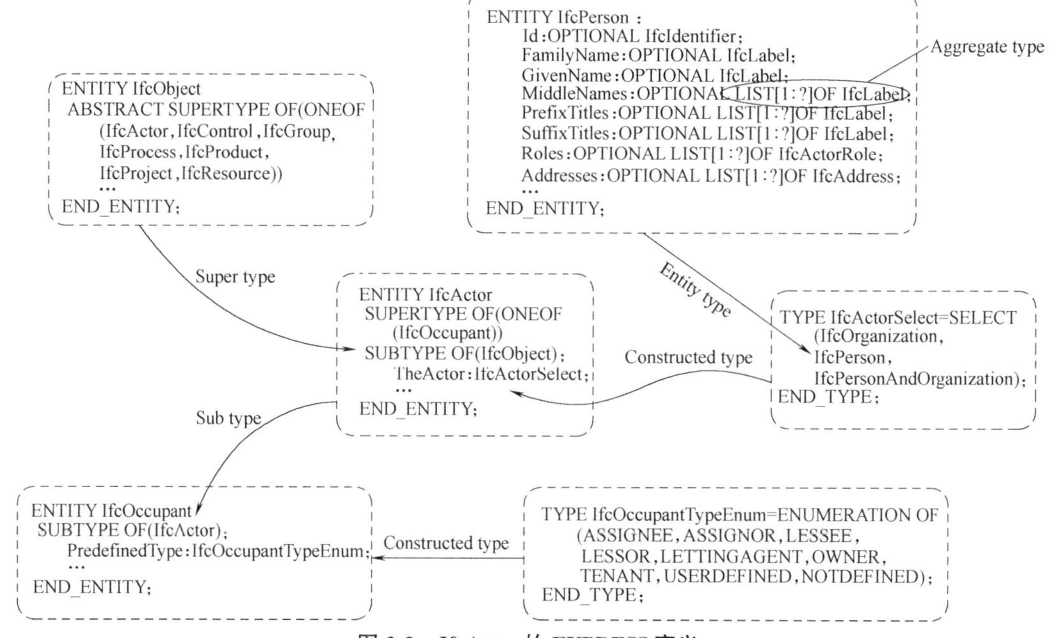

图 3-3 IfcActor 的 EXPRESS 定义

如图 3-4 所示为与 IfcActor 的 EXPRESS 定义相对应的 EXPRESS-G 图定义。从图中可以直观地表现出实体之间的派生、关联关系。由于 EXPRESS-G 图是 EXPRESS 模型的子集，EXPRESS-G 图不能表达复杂的属性限定关系，且不能被 SDAI（STEP Data Access Interface）工具自动识别，与 EXPRESS 一起成为 IFC 模型定义的工具。

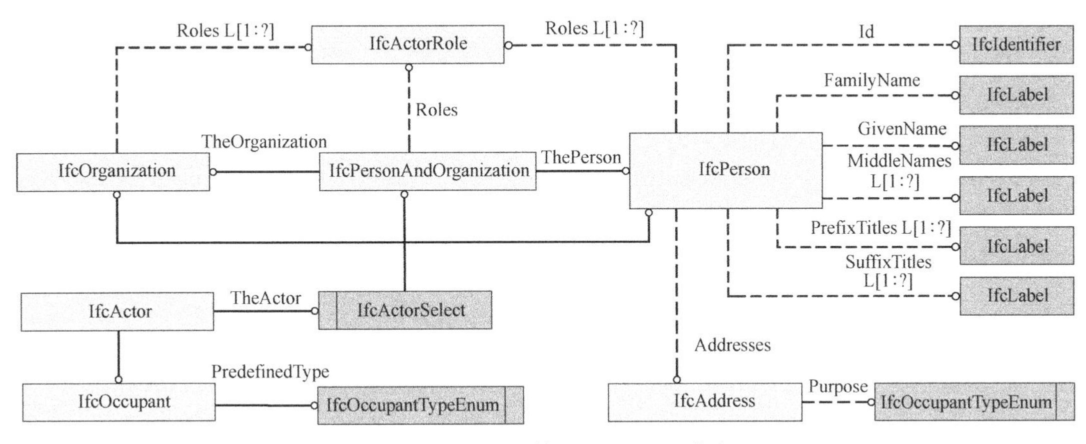

图 3-4 IfcActor 的 EXPRESS-G 定义

3.1.3 IFC 的模型关联机制

关联性是 BIM 模型的基本特性之一，关联性保证了 BIM 模型的完整性与一致性。IFC 标准提供了完整的模型关联机制：基于实体的关联、基于类型实体的关联、基于属性集的关联、基于 IFD 的关联。

1. 基于实体的模型关联

IfcRelationship 实体是 IFC 模型中建立实体关联关系的辅助实体。IfcRelationship 实体派生了 IfcRelAssigns、IfcRelDefines、IfcRelConnects、IfcRelDecomposes、IfcRelDefines、IfcRelAssociates 5 类实体。与本项目相关的实体关联包括构件实体关联、构件与洞口的关联、构件与材料的关联、构件与文档的关联，如图 3-5 所示。图 3-5（a）表示的是构件实体之间关联关系的建立，IfcRelConnectsElements 实体通过 RelatingElement 和 RelatedElement 属性建立 IfcBuildingElement 实体之间的关联。图 3-5（b）表示的是构件与洞口的关联关系，IfcRelVoidsElement 实体通过 RelatingBuildingElement 属性关联 IfcBuildingElement 实体，通过 RelatingOpeningElement 属性关联 IfcOpeningElement 实体。图 3-5（c）表示的是构件与材料属性的关联，IfcRelAssociatesMaterial 实体通过 RelatingObjects 属性关联 IfcBuildingElement 实体，通过 RelatingMaterial 属性关联 IfcMaterial 实体。图 3-5（d）表示的是构件与文档的关联，IfcRelAssociatesDocument 实体通过 RelatingObjects 属性关联 IfcBuildingElement 实体，通过 RelatingDocument 属性关联 IfcDocumentInformation 实体。

2. 基于类型实体的模型关联

类型实体是 IFC 模型中抽象了一类实体特征的实体，可用来定义相同类型多个实体的属性。在 IFC 模型中，类型实体都派生自 IfcTypeObject 实体，通过 IfcRelDefinesByType 实体建立 IfcTypeObject 实体与 IfcObject 实体的关联。IfcRelDefinesByType 实体的

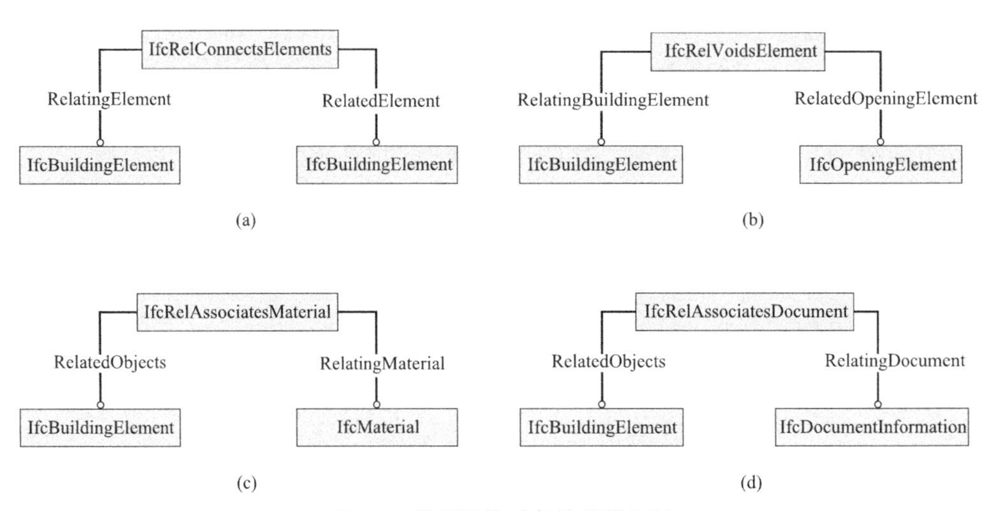

图 3-5　基于实体对象的关联机制

（a）构件实体关联；（b）构件与洞口的关联；（c）构件与材料的关联；（d）构件与文档的关联

RelatingType 属性关联 IfcTypeObject 实体，RelatedObjects 属性建立与多个 IfcObject 实体关联。IfcTypeObject 实体通过 HasPropertySets 可选属性对 IfcObject 实体附加属性集信息，如图 3-6 所示。

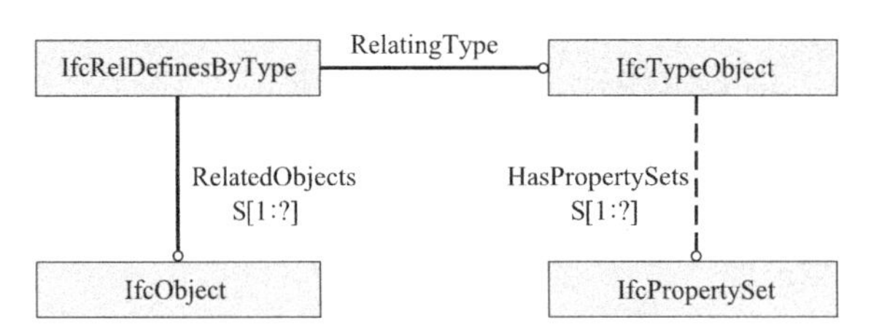

图 3-6　基于类型实体的关联机制

3. 基于属性集的模型关联

属性集可以理解为属性的集合，是 IFC 标准中除 IFC 实体之外另一类重要的信息描述载体。IFC 的属性集按照定义方式的不同可分为预定义属性集和自定义属性集。其中预定义属性集是现有 IFC 标准中已经定义的属性集，自定义属性集是用户根据自身应用需要动态定义的属性集，自定义属性集为用户扩展 IFC 模型提供了途径。

基于属性集的模型关联可以通过 IfcRelDefinedByProperties 实体建立属性集与建筑实体的关联，如图 3-7 所示，IfcRelDefinedByProperties 实体通过 RelatingPropertyDefinition 属性建立与 IfcPropertySet 实体的关联，通过 RelatedObjects 属性建立于 IfcObject 实体的关联。

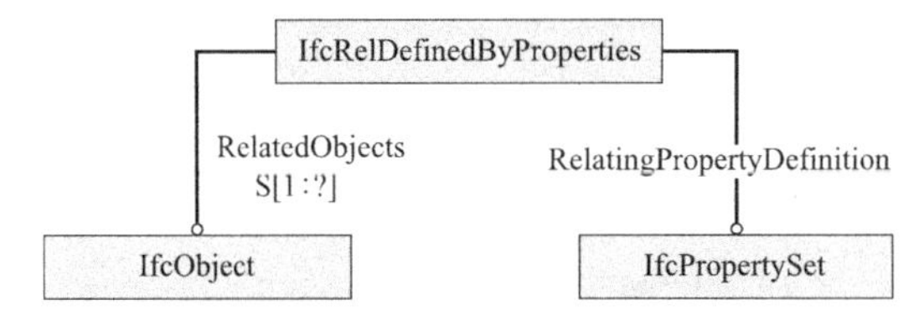

图 3-7　基于属性集的关联机制

4. 基于 IFD 的模型关联

国际术语框架库（IFD，International Framework for Dictionaries）是 buildingSMART 开发的用于概念和术语统一定义的术语标准。该标准通过全球唯一标识符的机制，识别不同国家多种语言的领域术语，解决 IFC 数据的交换问题。

IFD 通过 IfcRelDefinedByProperties 实体建立 IFD 术语与 IFC 实体的关联，如图 3-8 所示，IfcRelDefinedByProperties 实体通过 RelatingLibrary 属性关联 IfcLibraryInformation 实体，通过 RelatedObjects 属性建立于 IfcObject 实体的关联，实现 IFC 模型对多术语标准的支持。

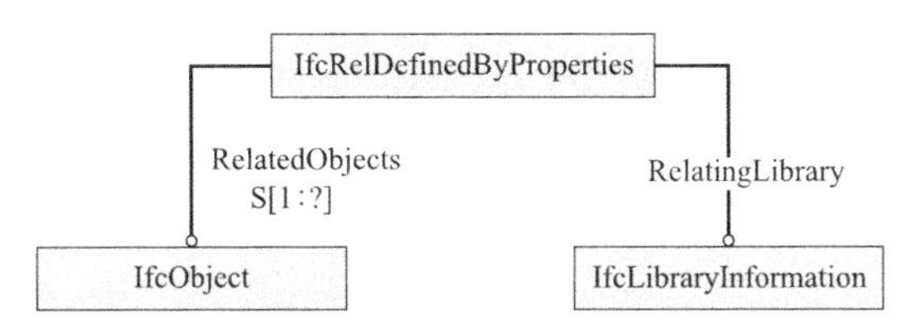

图 3-8　基于 IFD 的关联机制

3.1.4　IFC 的模型扩展机制

由于建筑设计本身具有的工程对象的多样性、工程信息的复杂性等特征，IFC 模型无法涵盖建筑设计中的所有数据描述。因此，作为开放的标准体系，IFC 标准每一次新版本的推出，都会对标准的 IFC 模型进行大量的扩充。如表 3-2 所示为 IFC2×3 与 IFC2×4 版本标准的模型信息统计对比，在 IFC2×3 版本标准中，共定义实体类型数据 653 个，预定义属性集 312 条；而在 IFC2×4 版标准中，实体类型数据增加了 122 个，属性集增加了 106 条，并增加了数量集的定义。

IFC2×3 与 IFC2×4 模型信息的对比　　表 3-2

对比项	IFC2×3	IFC2×4
定义类型	117	122
枚举类型	164	206
选择类型	46	62
实体类型	653	775
函数	38	42
规则	2	2
属性集	312	418
数量集	0	91

注：IFC2×4 的模型信息来自 IFC2×4RC3。

通过研究发现，IFC 标准主要提供了实体扩展、属性集扩展和基于 IfcProxy 实体的扩展 3 种方式对模型进行扩展。

1. IFC 实体扩展

IFC 实体扩展方式是在原有 IFC 模型框架上增加新的实体或改变实体属性，是对现有 IFC 标准模型体系的扩充。由于实体扩展方式具有数据封装性好、运行效率高的优点，IFC 标准的版本升级主要采用实体扩展方式对模型实体进行扩展。IFC 实体扩展又分为 IFC 实体属性的扩展和 IFC 实体的增加两类。

IFC 实体属性的扩展包括增加属性、修改属性、删除属性等。图 3-9 是通过对空间实体（IfcSpace）改变实体属性实现实体扩展的实例。IfcSpace 实体在 IFC2×3 中包含 LongName、CompositionType 两个属性，而在 IFC2×4RC3 中新增了 ElevationWithFlooring 属性，取消了 LongName 属性，将 CompositionType 属性改为非强制性属性，并且改名为 PredefinedType。

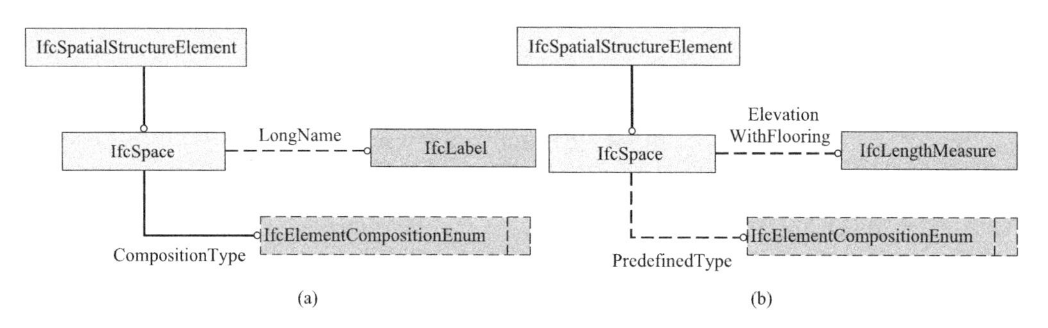

图 3-9　实体属性改变实例

（a）IFC2×3；（b）IFC2×4RC3

通过增加 IFC 实体是扩展 IFC 模型最直接的方法。例如资源类型实体（IfcTypeResource）是 IFC2×4RC3 中新增的实体（图 3-10），通过增加该实体来描述资源类型的信息。该实体通过资源关联实体（IfcRelAssignsToResource）与资源实体（IfcResource）建立关联，实现对资源信息的描述。

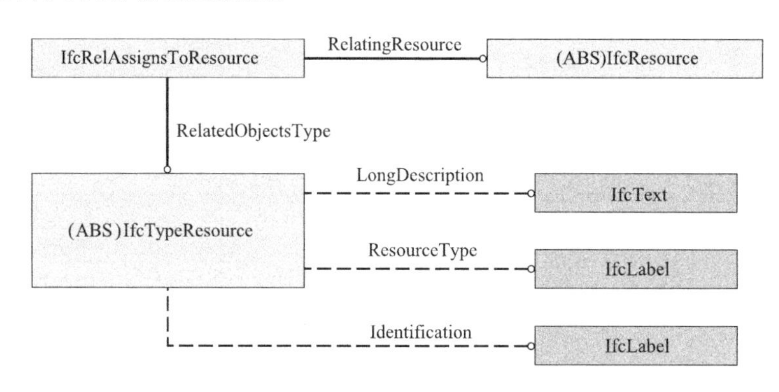

图 3-10　IFC2×4RC3 新增实体实例

采用实体扩展方式进行标准扩展，需要将新扩展的实体与原有实体建立派生或关联关系，在原有实体中需增加与新增实体的派生或关联属性，从而避免由于新增实体引起模型体系的歧义和冲突。

2. IFC 属性集扩展

在 IFC 标准中，模型信息可以封装在 IFC 实体中，还可以定义为 IFC 属性集。通过属性集里的属性信息，可以实现对模型信息的描述。通过自定义属性集，可以实现在不破坏现有 IFC 模型结构的情况下对 IFC 标准进行用户自定义扩展。

如图 3-11 所示为利用属性集扩展模型信息的实例，门板、门洞、玻璃窗、门把手样式等多个属性被封装在属性集（IfcPropertySet）中，可以通过属性关系实体（IfcRelDefinedByProperties）对 IfcPropertySet 与 IfcDoor 实体建立关联关系，即可通过增加属性集实现对门实体属性的扩展。属性集的扩展具有不破坏原有 IFC 模型结构、灵活性好等优点。

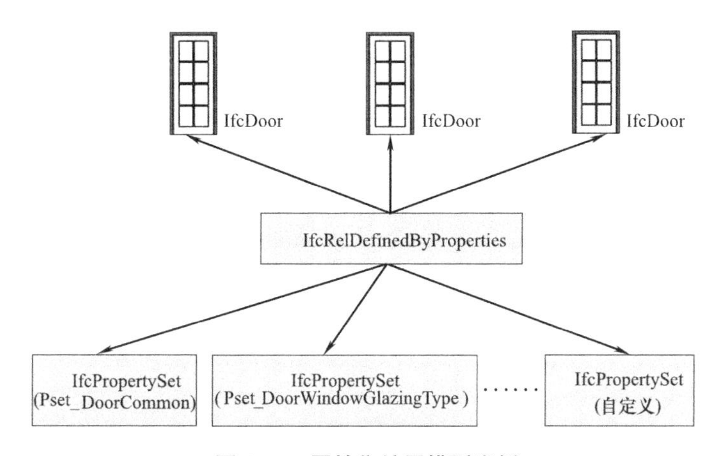

图 3-11 属性集扩展模型实例

3. 基于 IfcProxy 实体的扩展

该扩展方式是 IFC 标准提供的一个用户自定义模型接口。通过该实体类的实例化 IfcProxy 实体，设置该实体的 ProxyType 属性和 Tag 属性可实现对新定义的实体信息进行描述。其中，ProxyType 为 IfcObjectTypeEnum 枚举类型数据，Tag 属性用于描述新定义实体的属性值。如图 3-12 所示为利用 IfcProxy 实体定义“L 形墙柱”的实例。将 IfcProxy 实体的 ProxyType 属性选取为“Product”类型，Tag 属性赋值为“L 形墙柱”，通过 ObjectPlacement 属性设置墙柱的坐标，通过 Presentation 属性定义墙柱的形体，实现墙柱对象描述。

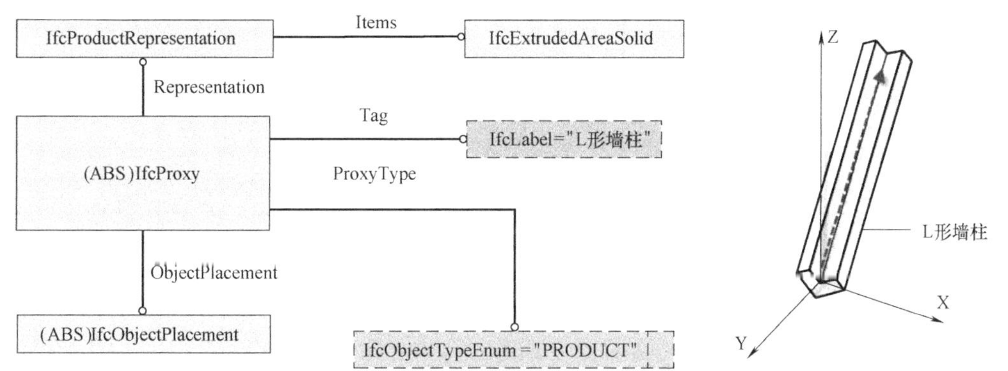

图 3-12 基于 IfcProxy 实体的扩展实例

3.2 基于IFC的建筑结构设计信息模型描述

面向建筑结构设计的信息模型，除包括基本结构物理模型信息外，还包括模型属性信息、模型关联信息、模型管理信息等。结构物理模型信息包括构件信息、节点信息、截面信息、轴网信息等。模型属性信息包括材料信息、荷载信息、内力信息、设计结果信息等。模型关联关系信息包括构件之间关联关系、模型与属性关联关系、模型与视图关联关系等；模型管理信息包括模型创建信息、模型版本信息、模型状态信息、用户权限信息等。

在建筑结构设计中，现行的IFC标准可以对结构设计信息模型中的结构构件、构件属性、构件关联关系、荷载工况等进行完整的描述。

3.2.1 结构构件的实体定义

结构构件是结构设计信息模型的核心内容，其他模型信息都是围绕结构构件模型进行定义。在IFC模型中，已经建立了比较完整的建筑结构构件描述体系，可以描述柱、梁、板、墙、基础、楼梯等结构构件，这些结构构件实体均派生自建筑构件实体（IfcBuilding Element），如图3-13所示。

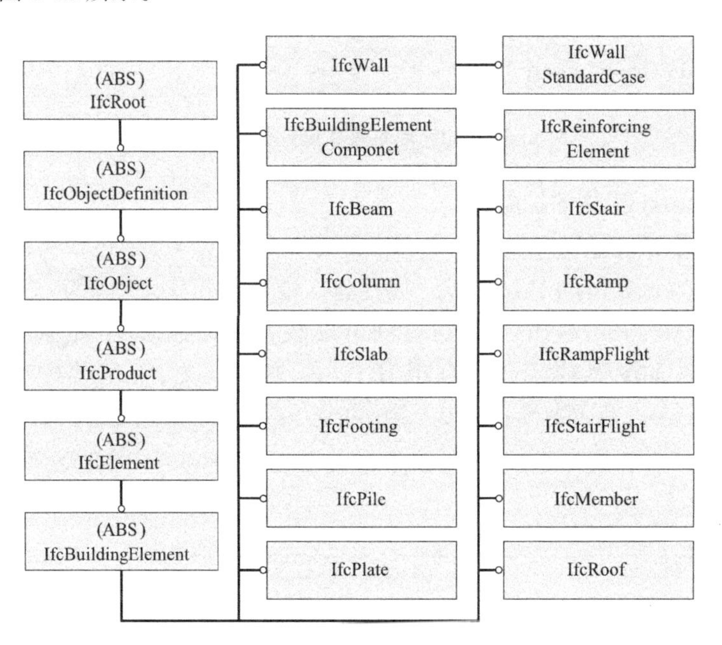

图3-13 IFC模型中结构构件的空间结构

以墙体构件为例（图3-14），介绍IFC模型中结构构件的定义。在IFC模型中，在结构构件的定义之前，首先需要定义建筑实体（IfcBuilding）；然后通过集合关联实体（IfcRelAggregates）建立建筑实体与楼层实体（IfcBuildingStory）的关联；最后定义墙体实体（IfcWall），通过空间结构关联实体（IfcRelContainedInSpatialStructure）建立墙体实体与楼层实体的关联，实现墙体模型的定义。

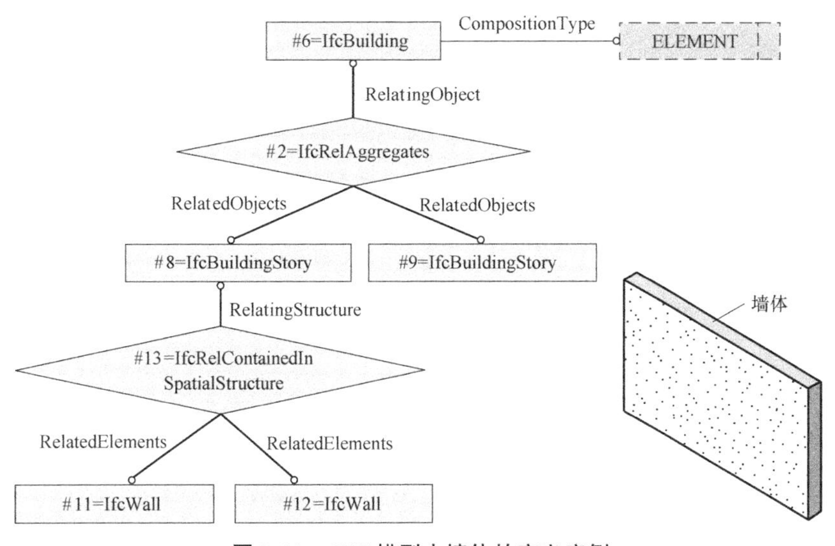

图 3-14　IFC 模型中墙体的定义实例

3.2.2　结构构件的属性定义

结构构件具有诸多的工程属性，例如几何、材料、成本、力学性能、建造信息等。现有的 IFC 模型支持几何、材料、配筋等属性定义。

1. 材料属性

材料属性是结构设计必需的物理属性之一，在 IFC 模型中，除了支持构件单一的材料属性外，还支持构件多层材料属性的定义。材料模型的定义可参见图 3-15。首先，通过材料实体（IfcMaterial）定义材料属性；然后，可以通过材料分层实体（IfcMaterial-Layer）、材料层集合实体（IfcMaterialLayerSet）和材料层集合使用实体（IfcMaterial-LayerSetUsage）定义分层材料模型；最后，通过材料关联实体（IfcRelAssosiatesMateri-

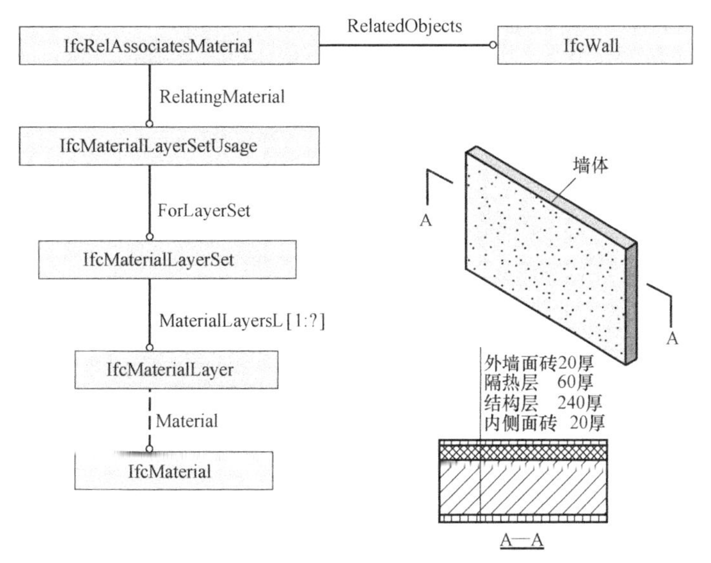

图 3-15　IFC 模型中材料属性的定义

al）建立墙体与墙体材料的关联。

2. 截面属性

截面属性是结构构件重要的几何属性，结构构件常见的截面形式包括矩形、圆形、工字形、T形、环形、L形等，见图3-16。在IFC模型中，除支持上述常见的构件截面类型的定义外，还支持用户自定义组合构件、异型构件等。构件截面属性的定义采用面向对象的机制，通过建筑构件（IfcBuildingElement）实体的Representation属性建立与描述实体（IfcRepresentation）的关联；通过该实体的Items属性建立与参数化截面定义（IfcParameterizedProfileDef）实体的关联；最后通过参数化截面定义实体结构构件的截面信息。

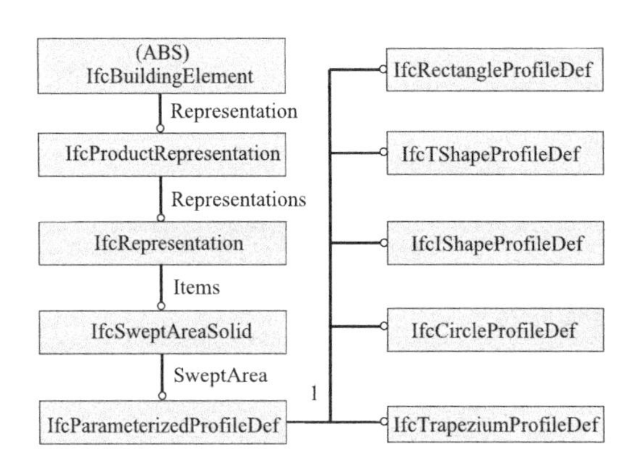

图3-16　IFC模型中构件截面的定义

3. 钢筋属性

配筋信息是钢筋混凝土结构重要的结构设计结果，在现有的IFC模型中提供了比较完整的钢筋描述机制，见图3-17。主要通过钢筋构件实体（IfcReinforcingElement）及其派生的钢筋实体（IfcReinforcingBar）、网状板钢筋实体（IfcReinforcingMesh）、预应力钢筋实体（IfcTendon）、预应力锚索实体（IfcTendonAnchor）实现构件配筋信息的描述。最后，通过关联实体（IfcRelAggregates）建立建筑构件与配筋信息的关联。

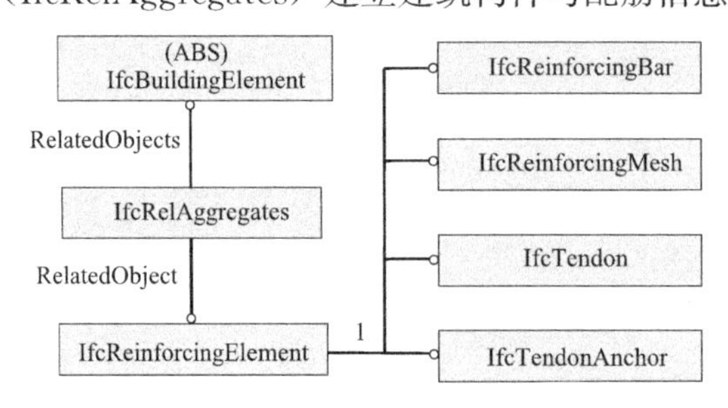

图3-17　IFC模型中构件钢筋的定义

3.2.3　关联关系的定义

关联关系的存在保证了信息模型修改后信息的一致性和完整性，是BIM的基本特性之一。在IFC模型中，构件之间的关联关系可以分成非对称性关联、对称性关联两类。

1. 非对称性关联

非对称性关联是指相关联的两个实体处于主从关系，主实体的修改会引起从实体的相应改变，而从实体的改变不会造成主实体的本质改变。以墙体实体和洞口实体为例，洞口实体（IfcOpeningElement）依存于墙体实体（IfcWall）而存在。对墙体进行删除操作，洞口会随之删除；而对洞口进行删除操作，墙体不会进行改变，而仅断开墙体与该洞口的关联关系。图 3-18 给出了墙体与洞口的关联关系，通过洞口关联实体（IfcRelVoidsElement）建立墙体实体与洞口实体的关联。同一段墙体可以与多个洞口建立关联，但是每一个洞口只能关联到一段墙体。

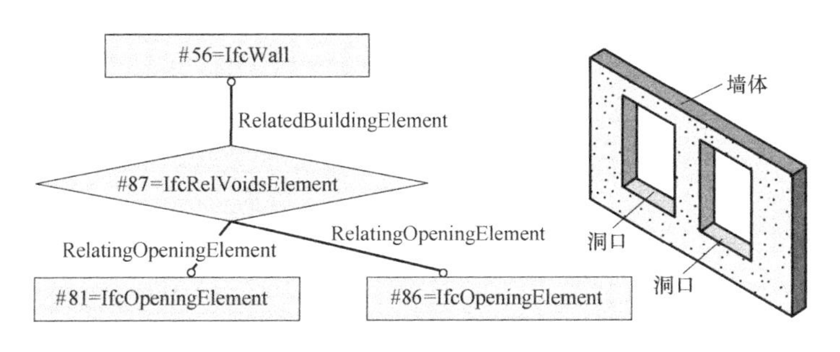

图 3-18　非对称性关联关系实例

2. 对称性关联

对称性关联是指相关联的两个实体处于对等关系，所关联的实体中任一实体的改变都会造成与之关联的对应实体的改变。例如以梁、柱构件的关联为例，在 IFC 模型中，梁实体（IfcBeam）与柱实体（IfcColumn）通过节点构件关联实体（IfcRelConnectsElements）建立关联（图 3-19）。

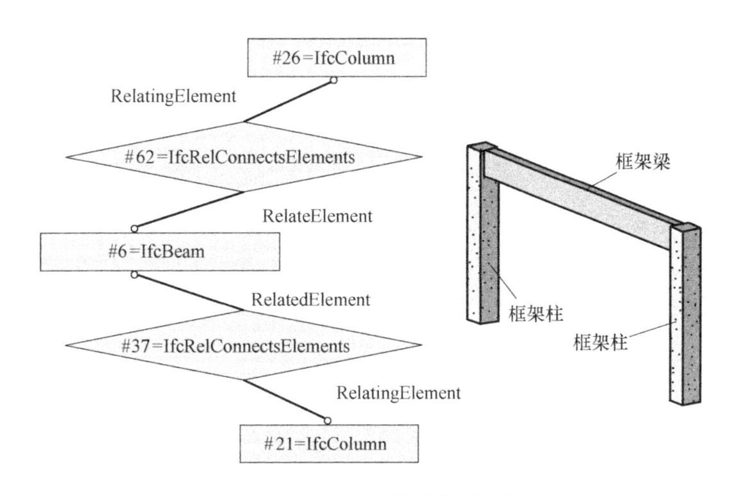

图 3-19　对称性关联关系实例

当梁实体进行调整时（如改变梁端的位置），通过梁、柱共用节点的机制和构件关联实体，与梁实体关联的柱实体会更新实体的定义信息，实现柱的关联修改。反之，柱的修改亦会引起关联梁的修改。

3.2.4 结构荷载的定义

建筑结构荷载是指作用在工程结构上的直接效应和间接效应的总称。其中，直接效应包括结构或构件的内力、应力、位移、应变、裂缝等引起的效应，间接效应包括温度变化、材料收缩和徐变、地基变形、地面运动等引起的效应。

在 IFC 标准中，已经定义结构静态荷载和荷载组合的模型，如图 3-20 所示。结构荷载实体（IfcStructuralLoad）派生了结构静态荷载实体（IfcStructuralLoadStatic），IfcStructuralLoadStatic 又派生了线性荷载（IfcStructuralLoadLinearForce）、平面荷载（IfcStructuralLoadPlanarForce）、结构集中荷载（IfcStructuralLoad-SingleForce）、结构位移引起的荷载（IfcStructuralLoadSingleDisplacement）、结构温度荷载（IfcStructuralLoad-Temperature）5 个子实体。IfcStructuralLoad 实体通过结构作用实体（IfcStructuralAction）建立与荷载组合实体（IfcStructuralLoadGroup）的关联，形成结构荷载模型。

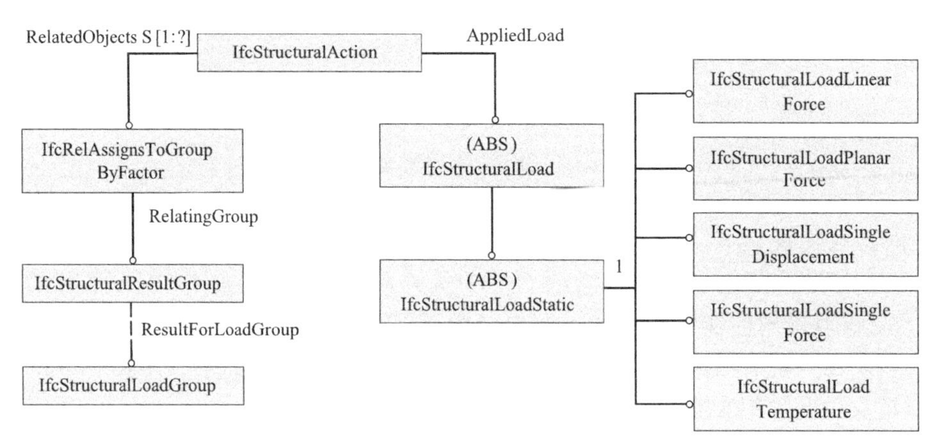

图 3-20　IFC 模型中结构荷载的定义

3.3 结构设计信息模型的扩展

笔者在 IFC2×3 版本标准的基础上建立了面向混凝土结构施工图设计的 IFC 扩展模型（图 3-21）。在 IFC 标准原有模型的基础上，扩展了施工图档、模型管理、结构荷载和内力信息 4 部分信息。

3.3.1 结构荷载扩展模型

在 IFC2×3 版本标准中，已经包括荷载组合、静态荷载的模型描述。本节在原有模型基础上增加了两个实体和两个枚举类型数据，分别是结构动力分析实体（_IfcStructuralDynamicAnalysis）、结构动力荷载实体（_IfcStructuralLoadDynamic）、结构荷载类型（_IfcStructuralLoadTypeEnum）、动力分析方法类型（_IfcDynamicAnalysisMethodEnum）。其中，结构动力分析实体用于描述结构体系的动力分析方法、过程和结果，结构动力荷载实体用于描述有时变特性的动力荷载。荷载扩展模型如图 3-22 所示，为区别表示，新增实体以下划线开头，详细的扩展实体定义参见附录 C.1.1。

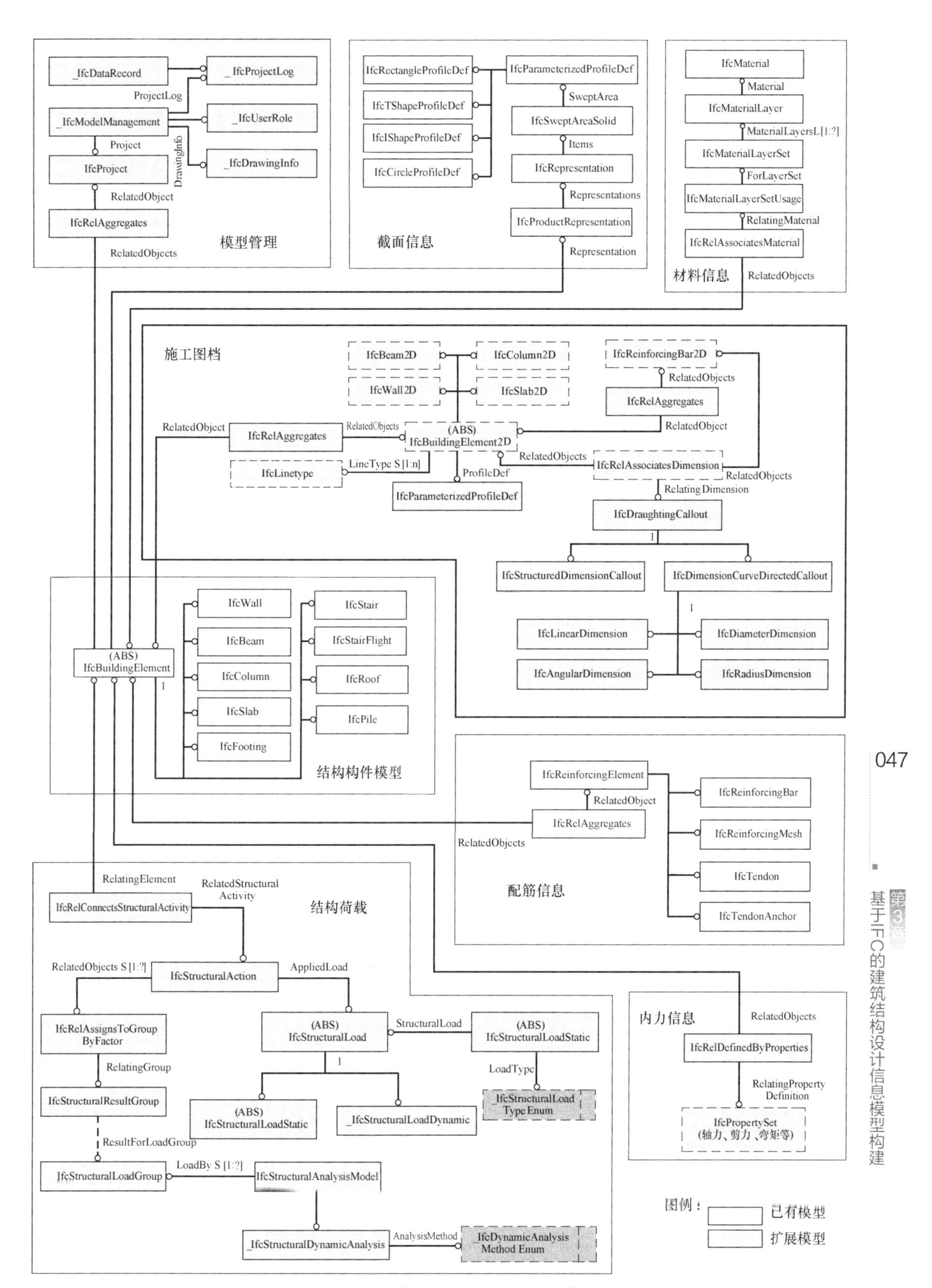

图 3-21　结构施工图设计 IFC 扩展模型

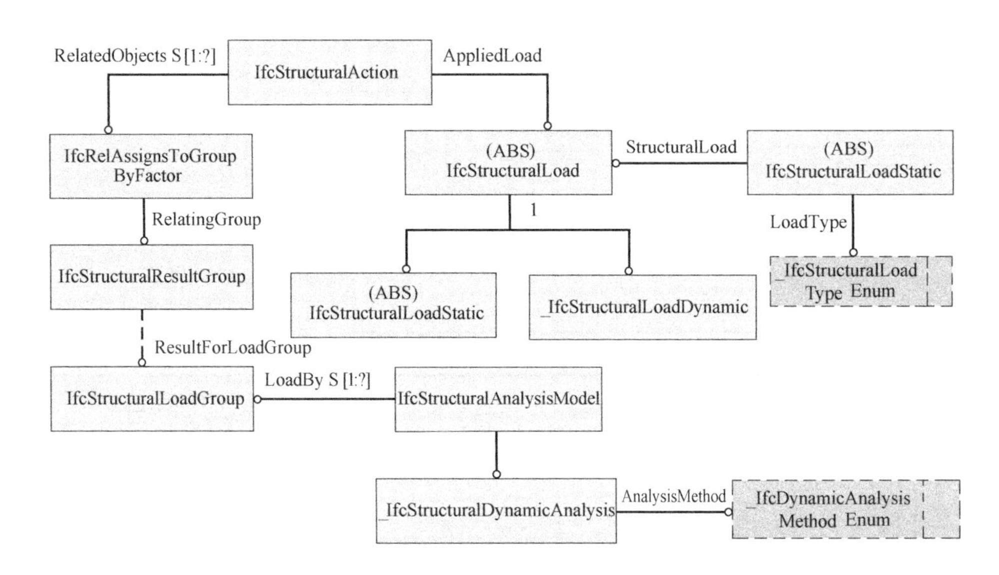

图 3-22　基于 IFC2×3 的结构荷载扩展模型

3.3.2　施工图档扩展模型

由于建筑结构施工图设计过程中模型信息需要大量地调用操作，所交付的是符合国家图形标准的施工图纸，本项目采用 IFC 实体扩展方式建立了施工图档扩展模型。首先增加了二维结构构件实体（_IfcBuildingElement2D），并派生二维梁（_IfcBeam2D）、楼板（_IfcSlab2D）、柱（_IfcColumn2D）、剪力墙（_IfcWall2D）等子实体，通过标注关联实体（IfcAssociatesDimension）建立二维构件与标注信息的关联。最后，通过关联（IfcRelAggregates）实体建立二维构件与对应的结构构件模型的关联关系，如图 3-23 所示，详细的扩展实体定义参见附录 C. 1. 2。

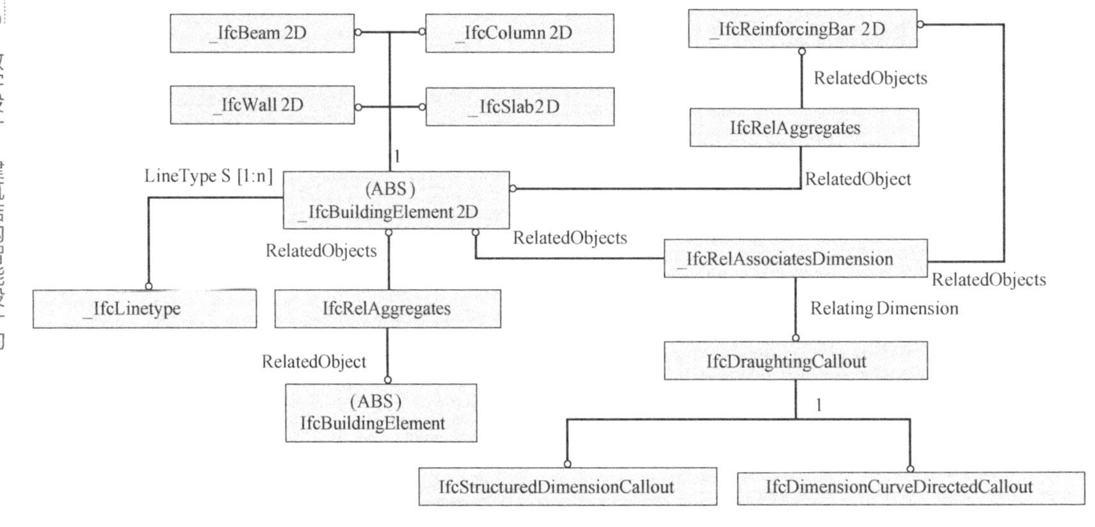

图 3-23　基于 IFC2×3 的施工图档扩展模型

3.3.3 模型管理扩展模型

根据协同设计过程中模型管理的需要，建立了模型管理 IFC 扩展模型，如图 3-24 所示。该模型主要扩展了数据记录（_IfcDataRecord）、项目日志（_IfcProjectLog）、用户角色（_IfcUserRole）、图档信息（_IfcDrawingInfo）、模型管理（_IfcModelManagement）5 个实体，用户类型（_IfcUserRoleEnum）、操作类型（_IfcOperationTypeEnum）、文档状态（_IfcDocumentStatusEnum）3 个枚举类型。其中，_IfcModelManagement 实体通过 Project 属性建立与 IfcProject 实体的关联，通过 ProjectLog 属性建立与_IfcProjectLog 实体的关联……建立与_IfcUserRole 实体的关联，通过 DrawingInfo 属性建……联，详细的扩展实体定义见附录 C.1.3。

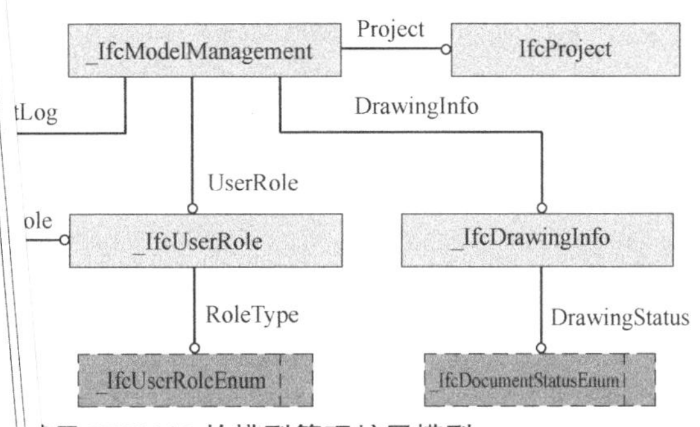

……于 IFC2×3 的模型管理扩展模型

3.3.……

……构件的轴力、剪力、弯矩、扭矩等。该部分信息相互之间……本项目利用自定义属性集方式进行该部分模型扩展。在本项……ment、Pset_TorsionMoment、Pset_AxisForce、Pset_Shear……。详细的属性集扩展信息参见附录 C.2.1。

……力信息属性集扩展列表　　表 3-3

编号		扩展属性
1		Case、AxisForce
2		Case、ShearX、ShearY Case、MxTop、
3		MxBotom、MyTop、MyBotom
4		Case、TorsionTop、TorsionBotom

3.4 ……

本章……构设计信息模型体系，提出了基于 IFC 标准的建筑结构施……，应用 IFC 的模型扩展机制，创建了面向钢筋混凝土结构施工图设计的 IFC 扩展模型，为建立我国建筑工程设计信息模型分类和编码标准提供参考。

第 4 章
结构施工图设计信息模型的创建与模型转换

BIM 的应用实践离不开相关专业应用软件的支撑，目前通过 buildingSMART 组织 IFC 认证的 BIM 软件已经达到百余款。在基于 BIM 的工程正向设计中，涉及多个设计专业、多个应用系统之间的模型信息的交换与集成。本章内容主要解决结构施工图设计 BIM 模型创建的问题，其中涉及的模型操作包括建筑设计模型与结构施工图设计基本模型的转换（①）、结构分析模型的自动生成（②）、结构分析结果与结构施工图设计基本模型的集成（③）、施工图设计 BIM 模型的补充定义（④）、基于 XML 的工程算量通用映射模型的生成（⑤）5 部分内容，如图 4-1 所示。

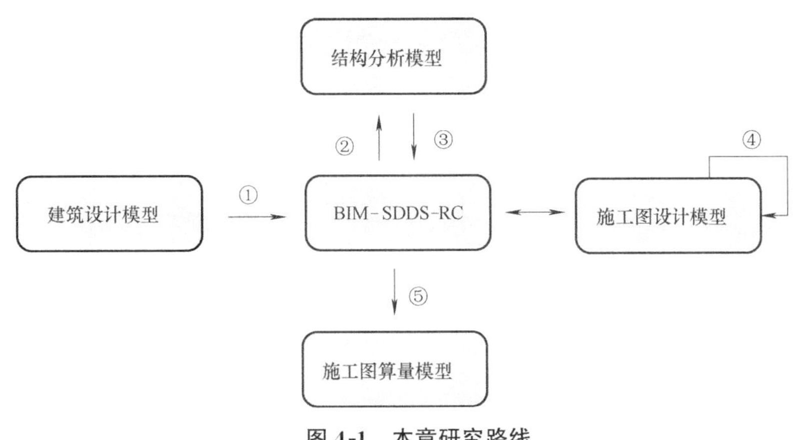

图 4-1　本章研究路线

4.1　基于 IFC 的建筑设计模型与施工图设计基本模型的转化

在建筑工程设计中，结构、设备等专业的设计工作都依据建筑设计的成果进行。在传统的工程设计模式下，结构设计人员基于建筑设计图纸进行结构布置、内力分析和结构施工图纸的绘制等。在这一过程中，仅能依靠二维图元识别的方法获取建筑轴网和主要墙、柱构件的定位等基本结构布置信息，存在大量繁杂的工程建模工作。随着基于 BIM 的建筑设计软件的应用与普及，从建筑设计模型中提取相关模型信息，自动构建结构设计模型成为一种可能。目前，大多数主流的建筑设计 BIM 软件都提供了基于 IFC 标准的数据接口，为建筑设计模型的导出与结构设计模型的转化奠定了数据基础。

IFC 标准的内容覆盖建筑全生命期，尤其是在建筑设计阶段对建筑模型几何信息的描述比较完善，国际主流的建筑设计软件 Revit Architecture、ArchiCAD、Bentley Architecture 等都可以将各自的建筑设计模型导出为 IFC 数据文件。IFC 标准定义的工程模型具有构件可识别性好、构件之间存在关联性等优点，为结构构件的自动识别与模型转化的实现提供了有利条件。从建筑设计模型生成的结构设计模型主要以几何模型为主，并包含部分构件的材料属性。实现基于 IFC 的建筑设计模型与结构设计模型的转化需要解决多版本 IFC 文件的解析、模型中结构构件的提取两个关键技术问题。

4.1.1　多版本 IFC 文件解析

由于 IFC 标准正处于快速发展阶段，平均每两年就有一个新版本标准的推出。作为国际通用的 BIM 数据描述与交换标准，保证对各版本 IFC 模型的兼容性是应用 IFC 标准首先要解决的问题。目前，支持 IFC 标准的商业 BIM 应用软件大多仅提供对某一版本 IFC 标准的支持。例如，Revit Architecture 2010 提供了 IFC2×3 格式模型的输出，ArchiCAD R14 则只支持 IFC2×2 版本的模型。为提高系统的兼容性与健壮性，需要通过对 IFC 标准的版本自动识别，实现对多版本 IFC 标准的自动解析。

在每个新版本的 IFC 标准中，都会对原有模型信息做一定量的扩充和调整。在 buildingSMART 每次发布 IFC 标准的同时，都提供对应于该版本标准的 EXPRESS 模型定义文件。该文件为 IFC 文件的解析提供元模型定义，可利用源代码自动生成技术将 EXPRESS 模型直接映射程序数据模型，用于该版本 IFC 文件的解析。本项目在清华大学张建平课题组开发的 IFC 解析接口 IFC2×3Lib 的基础上，增加了 IFC 版本的自动识别功能，主要算法流程如图 4-2 所示，可自动解析各版本的 IFC 标准。

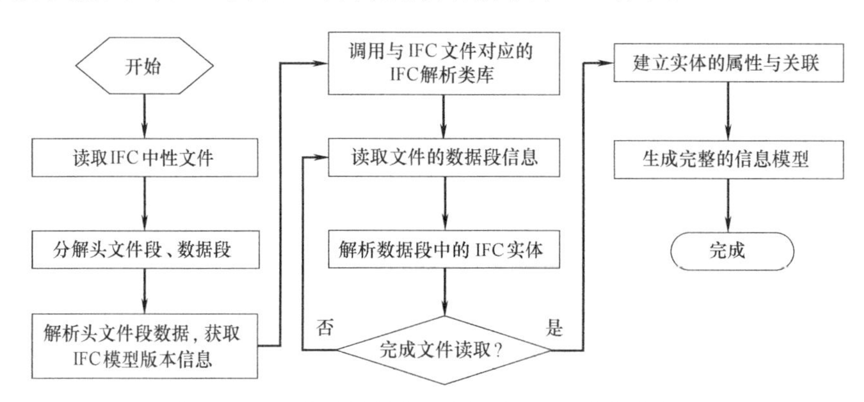

图 4-2　IFC 文件的版本自动识别与解析的算法流程

IFC 文件的版本自动识别与解析的主要流程如下：

（1）根据所选路径打开 IFC 中性文件，根据头文件段和数据段标记符号将 IFC 文件分解成头文件段和数据段两部分。

（2）解析头文件段数据，生成头文件数据模型，获取 IFC 文件版本信息（IFC2×3、IFC2×2、IFC2×4RC2 等）。

（3）根据读取到的 IFC 版本信息（以 IFC2×3 为例），调用对应该版本的 IFC 解析类库（如 IFC2×3Lib）。

（4）调用 IFC 解析类库中的 EntityPool 实体类的 IFCParser 函数，解析 IFC 文件中数据段中的实体。

（5）查询实体的属性和关联信息，建立实体的属性定义与关联关系，形成完整的 IFC 信息模型。

4.1.2　基于子模型视图的施工图设计模型提取

BIM 模型能够集成建筑工程全生命期的规划、设计、施工、使用和维护等各个阶段的数据、过程和资源，它是对工程对象的完整描述。然而由于 BIM 包含来自生命期各个阶段、多参与方和多专业的海量信息，其建立过程涉及数据标准以及分布式异构工程数据的集成、转换和迁移等问题，体系架构和建模技术均非常复杂，存在涉及领域范围广、建模及模型维护时间跨度长、信息数据多而杂等各种困难，目前整体建模还无法一步到位，因此在建筑生命初期便将完整的 BIM 模型建立完毕是不现实的。由于在不同阶段，建筑行为所关注的问题不同，例如在建筑设计阶段，一般不考虑建筑的耐久性，或具体的施工方法，或使用维护时的实时监测，抑或是各种灾害以后的结构反应等，因此实际上也不需要在早期便将完整的 BIM 模型建立起来。

建筑设计模型是构建结构设计模型最直接的数据源。实现从建筑设计模型到结构设计模型的转化，需要建立两种模型之间的映射关系。如图 4-3 所示为一段墙体从建筑设计模型到结构施工图设计模型的映射转换示例。

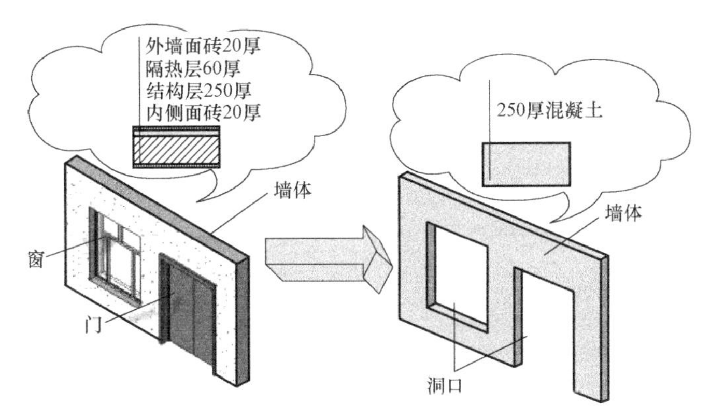

图 4-3　建筑墙体与结构墙体的转化示例

从图 4-3 可以看出，建筑设计模型中的墙体除包括结构层外，还包括结构层两侧的保温层和装饰层等。此外，建筑设计模型的墙体还包含门、窗等非结构构件。而该墙体的结构模型为仅包含单一结构层的混凝土构件，建筑墙体的门、窗构件则转换为墙体的洞口。

IFC 模型采用面向对象的数据模型结构为建立建筑设计模型到结构设计模型的映射提供了机制上的保障。如图 4-4 所示为基于 IFC 的墙体模型定义。图中 A 部分为墙体与门、

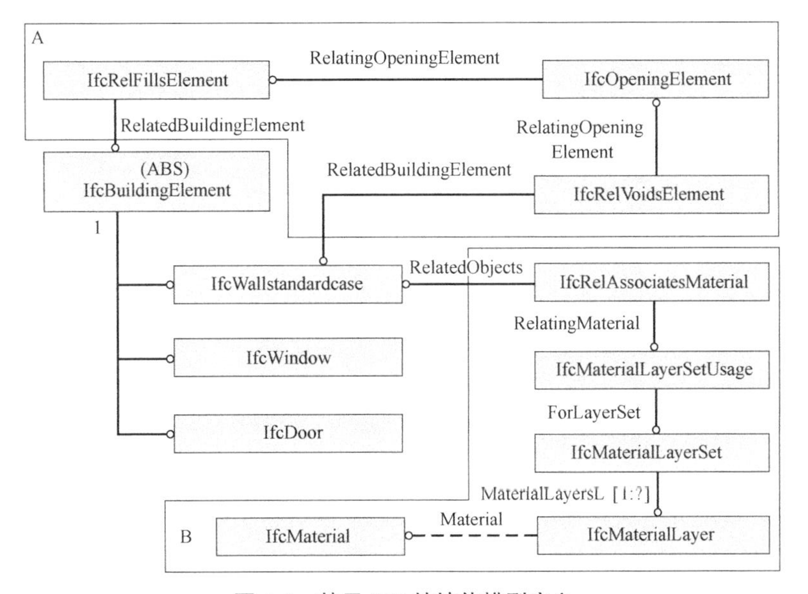

图 4-4　基于 IFC 的墙体模型定义

窗关联模型的定义，通过洞口关联实体（IfcRelVoidsElement）和洞口关联实体（IfcRelFillsElement）分别建立墙体实体（IfcWallstandardcase）与门实体（IfcDoor）、窗实体（IfcWindow）的关联。对于结构设计模型，通过墙体实体与洞口实体（IfcOpeningElement）的关联实现结构墙体的描述。图中 B 部分为墙体的材料模型定义，通过材料关联实体（IfcRelAssociatesMaterial）和多层材料定义实体（IfcMaterialLayerSetUsage）可以定义建筑墙体多层材质模型。对于结构设计模型，可以通过对材料实体（IfcMaterial）的识别实现。

```
 ...
<IFCEntity name="IfcWallStandardCase" >
    <IFCAttribute name="GlobalId" accessMode="ReadOnly">
    <IFCAttribute name="OwnerHistory" accessMode="ReadOnly">
    <IFCAttribute name="Name" accessMode="ReadOnly">
    <IFCAttribute name="Description" accessMode="ReadOnly">
    <IFCAttribute name="ObjectType" accessMode="ReadOnly">
    <IFCAttribute name="ObjectPlacement" accessMode="ReadOnly">
    <IFCAttribute name="Representation" accessMode="ReadOnly">
   </IFCEntity>
<IFCEntity name="IfcOpeningElement" >
   <IFCAttribute name="GlobalId" accessMode="ReadOnly">
    <IFCAttribute name="OwnerHistory" accessMode="ReadOnly">
    <IFCAttribute name="Name" accessMode="ReadOnly">
    <IFCAttribute name="Description" accessMode="ReadOnly">
    <IFCAttribute name="ObjectPlacement" accessMode="ReadOnly">
    <IFCAttribute name="Representation" accessMode="ReadOnly">
    <IFCAttribute name="HasFillings" accessMode="ReadOnly">
</IFCEntity>
 ...
```

图 4-5　墙体的子模型视图定义

清华大学张建平教授课题组对基于子模型视图的 BIM 模型提取方法在理论、技术与应用流程上进行了深入研究，开发了基于 IFC 的 BIM 模型的集成与服务平台。该平台通过定义基于 XML 的子模型视图实现面向不同应用的 BIM 子模型的提取。本节通过定义结构施工图设计子模型视图实现建筑设计模型中柱、梁、板、墙等结构构件的提取。图 4-5 所示为结构墙体的子模型视图数据片段，该数据段主要定义了墙体实体（IfcWallStandardCase）和洞口实体（IfcOpeningElement）的相关提取属性的定义。

为实现基于结构设计子模型视图的结构施工图设计基本模型自动生成，本项目在课题组基于 IFC 的 BIM 模型的集成与服务平台的基础上，增加了根据建筑设计模型中构件的材料分层定义自动修正结构构件几何尺寸的算法，如图 4-6 所示。

该算法按实现功能的不同可以划分为两个阶段：左边部分实现基于子模型视图的结构设计模型的提取；右边部分通过按楼层和构件类型遍历提取后模型的各结构构件，根据构件的材料分层情况，提取构件的结构层几何信息，对结构构件的几何尺寸进行自动修正。最终实现基于 IFC 的建筑设计模型与结构设计模型的转化。

4.1.3　结构设计模型转化算例

为检验基于 IFC 的建筑设计模型与结构设计模型转化效果，选取 3 层钢筋混凝土框架结构模型进行测试。该框架结构的首层层高 3.3m，二、三层层高均为 3m，横、纵向柱轴网间距均为 6m，柱截面尺寸 600mm×600mm，梁截面尺寸 250mm×550mm，板厚 150mm，应用测试的主要流程如图 4-7 所示。

首先，在 Revit Architecture 软件中建立测试工程的建筑设计模型，见图 4-7（a）。通过 Revit 构件的族定义方法，在结构构件表面定义装饰面层形成建筑构件。此外，建筑设计模型除包括结构构件外，还包括门、窗、玻璃幕墙、台阶等非结构构件。利用 Revit Architecture 软件的 IFC 导出接口，将建筑设计模型导出为 IFC 文件。

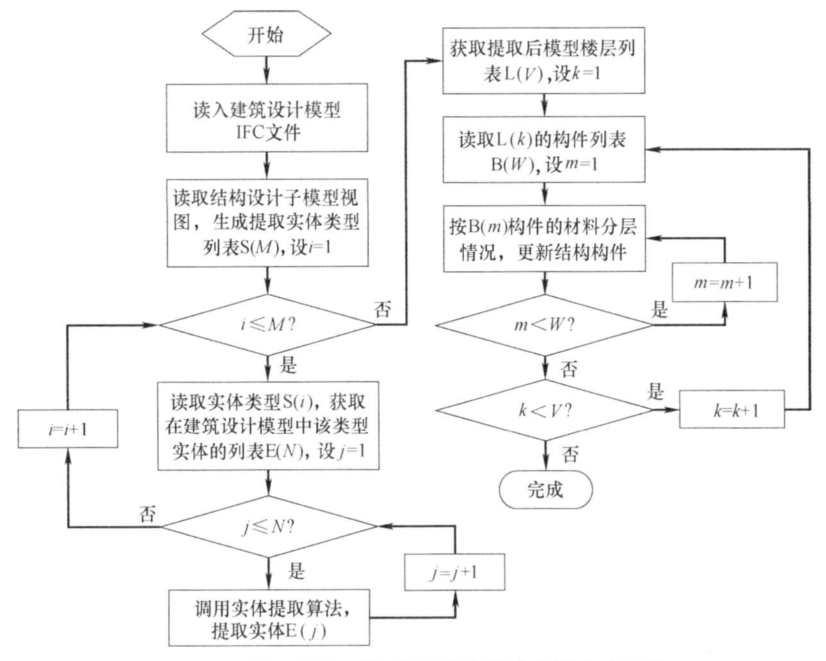

图 4-6　基于子模型视图的结构设计模型生成算法

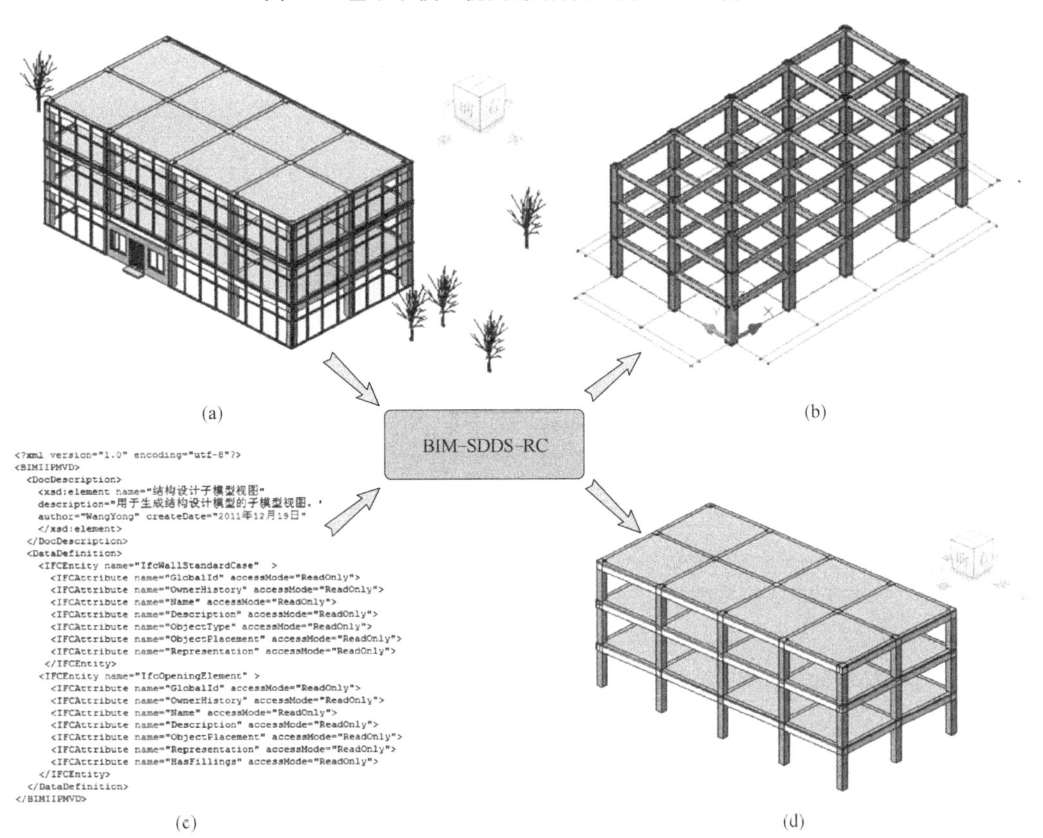

图 4-7　结构设计模型转化算例

(a) Revit 中的建筑设计模型；(b) 模型转化后生成的结构设计模型；

(c) 结构设计子模型提取视图；(d) 结构设计模型利用 IFC 接口输出

然后，通过本项目研发的 BIM-SDDS-RC 系统的 IFC 导入接口，读取建筑设计模型。在系统的子模型提取模块中，按照子模型提取视图的定义［图 4-7（c）］，进行结构构件的识别和自动转化，生成结构设计基本模型，见图 4-7（b）。

最后，通过 BIM-SDDS-RC 系统的 IFC 导出接口，将生成的结构设计模型导出为 IFC 文件，重新在 Revit Architecture 软件中加载，验证生成的建筑设计子模型的正确性，见图 4-7（d）。

4.2 结构分析模型的生成

在传统的结构设计模式下，结构分析模型的建立通常需要结构设计人员参照建筑布置手工进行，该过程不仅耗费工程设计人员大量的工作时间，而且常出现建筑设计模型与结构模型不一致的问题。如果能够直接由建筑设计模型自动生成结构分析模型，将大幅度提升结构设计的质量与效率。因此本节将对基于施工图设计 BIM 模型的结构分析模型自动技术生成进行研究。

4.2.1 结构分析软件的选取

表 4-1 给出了国内常用的几种结构设计软件的主要设计参数的对比。

常用结构设计软件的相关参数对比　　表 4-1

对比项	PKPM	ETABS	Midas	广厦结构 CAD
建模方式	二维	三维	三维	二维
基本设计假定	采用空间有限元壳元模型	框架单元、壳单元弹簧单元、连接单元、塑性铰单元等	梁单元、桁架单元、索单元、板单元、墙单元等	空间薄臂杆系、空间墙元杆系
适用结构形式	钢筋混凝土结构、钢结构、钢-混凝土组合结构	钢筋混凝土结构钢结构、钢-混凝土组合结构	钢筋混凝土结构、钢结构	混凝土结构、钢结构
施工图设计功能	是	是	否	是
算量分析功能	是	否	否	否
导入/导出接口	AutoCAD	导入：ProSteel、DXF、STAAD；导出：SAP2000、ProSteel、Access	导入：DXF、SAP2000、STAAD；导出：DXF	AutoCAD

其中，ETABS、SAP2000、Midas 软件为国外厂商开发的通用结构有限元分析软件，提供公开的数据模型格式；PKPM、YJK、广厦结构 CAD 软件为国内软件厂商开发，与国内相关结构设计规范结合更加紧密。本项目综合考虑软件的应用广度与数据模型接口的开放性两个因素，选取 ETABS 软件作为结构分析与设计软件，研究实现 ETABS 分析模型的自动生成。

4.2.2 ETABS 结构分析模型的生成

如上文所述，ETABS 软件提供了多种模型导入接口，如 ProSteel、DXF、STAAD、ETABS 工程文件等。其中，ETABS 工程文件为该软件支持程度最好的数据导入接口，因此选用生成 ETABS 工程文件（ *.e2k）的方式实现 ETABS 分析模型的建立。该方法生成的 ETABS 分析模型以结构几何信息为主，模型转化流程如图 4-8 所示。

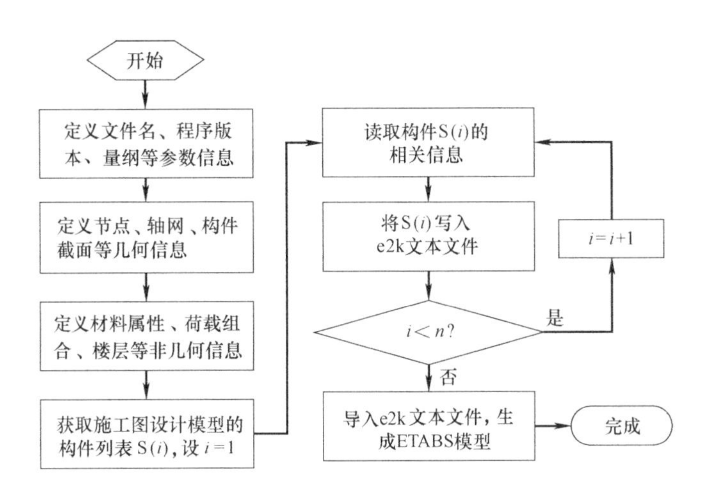

图 4-8　ETABS 结构分析模型的自动生成

ETABS 结构分析模型的自动生成的主要流程如下：

（1）根据 ETABS 工程文件模板生成 e2k 工程文件，并定义该模型文件中的基本参数信息，包括模型文件名称、分析程序版本、基本量纲设置等。

（2）根据 BIM-SDDS-RC 系统中结构施工图设计基本模型的几何参数信息，定义节点坐标、轴网、构件截面等信息。

（3）按照施工图设计基本模型中的非几何信息，定义材料属性、基本荷载组合、楼层等信息。

（4）遍历 BIM-SDDS-RC 系统施工图设计基本模型中的所有结构构件，将梁、板、柱、墙等构件定义写入 e2k 工程文件，完成 ETABS 结构分析模型的自动生成。

4.2.3 ETABS 模型生成算例

继续利用上节在 BIM-SDDS-RC 系统中建立的结构施工图设计基本模型进行 ETABS 结构分析模型生成测试。通过系统的 ETABS 工程文件生成接口，将结构设计基本模型导出为 e2k 文件，导入 ETABS 软件进行测试，如图 4-9 所示。

通过图 4-9 的测试算例可以看出，通过 e2k 工程文件由结构设计模型生成结构分析模型是精确、高效的工程建模方法。但是作为原型系统，目前该转化接口还有以下两个方面的内容需要完善：其一，转化接口支持的构件类型仅包括常用的梁、板、柱、墙等混凝土构件，后续应对接口的支持构件类型进行扩充。其二，转化接口未实现转换后模型的自动校验，设计人员需要手工进行转化后模型校核。

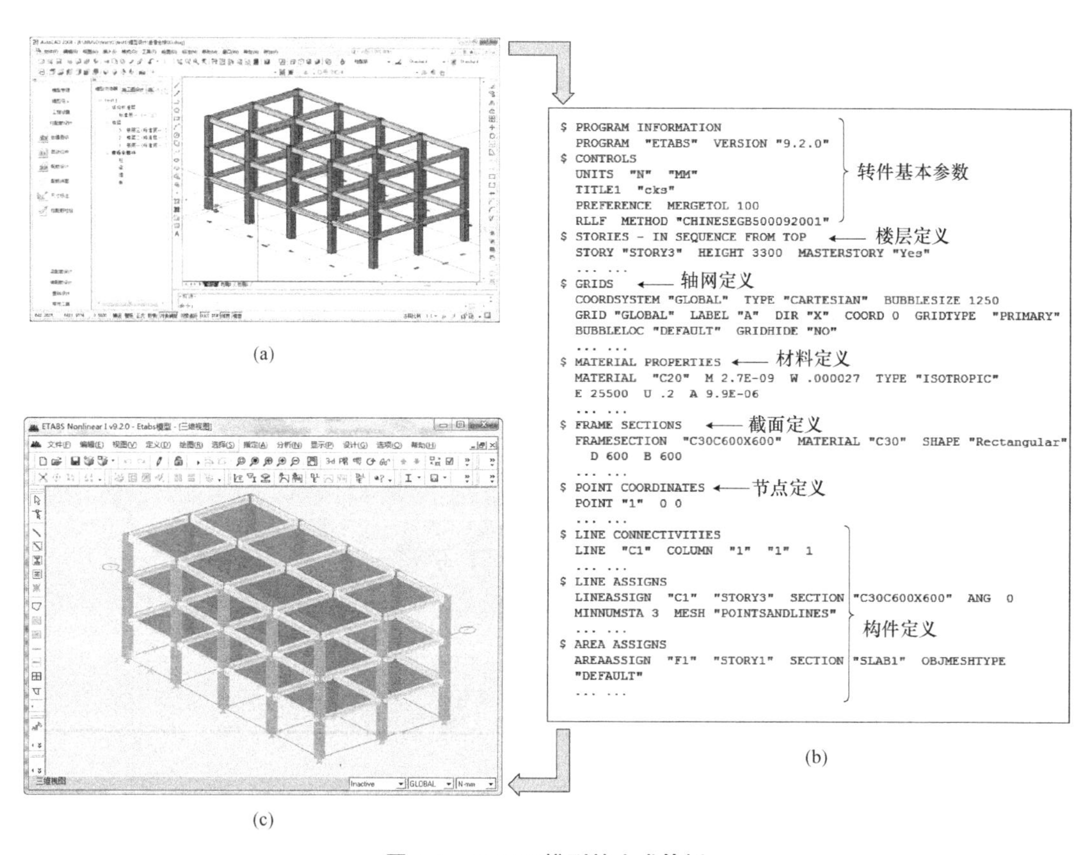

图 4-9　ETABS 模型的生成算例

（a）BIM-SDDS-RC 中的施工图设计基本模型；（b）生成的 e2k 工程文件；（c）生成的 ETABS 分析模型

4.3　结构分析结果与施工图设计模型的集成

经过配筋设计之后的结构设计模型是结构施工图设计最直接的数据源。但是在实际结构设计过程中，结构建模的目的主要是服务于结构分析，为了建模、分析的方便，通常在结构建模中对结构构件的偏心、转角、尺寸等进行简化处理。在结构施工图设计时，通常根据结构分析模型中的构件尺寸和建筑设计模型中的构件定位重新进行结构平面布置，如图 4-10 所示。

如果能够将结构分析软件中的设计结果与建筑设计模型生成的结构施工图设计基本模型相关联，可成为用于结构施工图设计最理想的数据源，将为结构施工图设计奠定坚实的模型基础。本节通过读取 ETABS 软件的 Access 数据库文件获取结构设计结果，利用构件相似度匹配算法，实现结构设计结果与结构设计模型的自动集成。

4.3.1　结构设计结果的数据模型

ETABS 软件可以通过 Access 数据库文件的方式导出结构分析模型及相关设计结果。该 Access 数据库文件包括上百张数据表，涉及结构分析模型的轴网、楼层、材料、构件、荷载、内力、配筋、设计参数等，主要数据表的定义如表 4-2 所示。

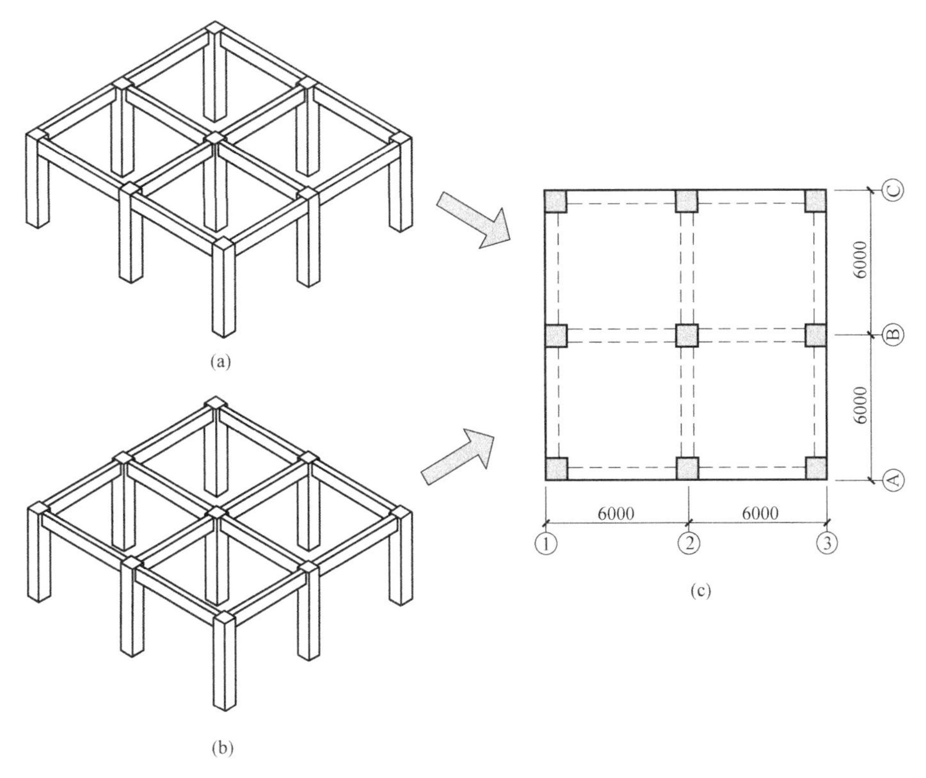

图 4-10　结构施工图的生成方法示例

(a) 建筑设计模型；(b) 结构分析模型；(c) 结构平面布置施工图

ETABS 软件中的主要数据表定义　　**表 4-2**

模型类别	ETABS 中对应的数据表
设计参数	Control Parameters、Concrete Frame Design、Dimensional、Output Decimals、Concrete Frame Design、Project Information
轴网信息	Coordinate Systems、Grid Lines
楼层定义	Story Data、Developed Elevations
材料信息	MaterialList By Element Type、MaterialList By Section、MaterialList By Story、Material Properties
构件定义	Point Coordinates、Column Connectivity Data、Beam Connectivity Data、Wall Connectivity Data、Concrete Column Properties、Concrete Beam Properties、Frame Offsets Assignments、Concrete Column Section Design Data、Concrete Beam Section Design Data
荷载信息	Static Load Cases、Response Spectrum Cases、Load Combinations、Auto Wind Loads to Storys、Special Seismic Data、Frame Distributed Loads Assignments
内力信息	Support Reactions、Story Shears、Column Design Forces、Beam Design Forces、Pier Forces、Spandrel Forces
位移信息	Point Displacements、Point Drifts、Story Drifts、Diaphragm Accelerations
配筋信息	Column Summary Data、Beam Summary Data、Joint Summary Data

以框架梁数据模型定义为例，介绍在 ETABS 中结构设计结果的数据模型的结构。如图 4-11 所示，在 ETABS 软件中框架梁的设计结果主要存储在 Beam Summary Data、MaterialList By Story、Beam Connectivity Data、Point Coordinates、Story Data 等 8 个数据

表中。其中，Beam Summary Data 是该数据存储模型的核心，该数据表定义钢筋混凝土结构框架梁配筋结果。该数据表通过 Story 属性建立与楼层数据表（Story Data）的关联，Story Data 又可以与按楼层材料定义表（MaterialList By Story）建立关联，从而实现框架梁楼层与材料的定义；同时，通过梁端点数据表（Beam Connectivity Data）、节点数据表（Point Coordinates）、构件截面属性表（Frame Section Properties）实现框架梁几何信息的定义；通过构件定位调整数据表（Frame Assignments Summary）实现框架梁偏心、转角的定义；此外，通过梁设计内力数据表（Beam Design Forces）实现框架梁内力的定义。

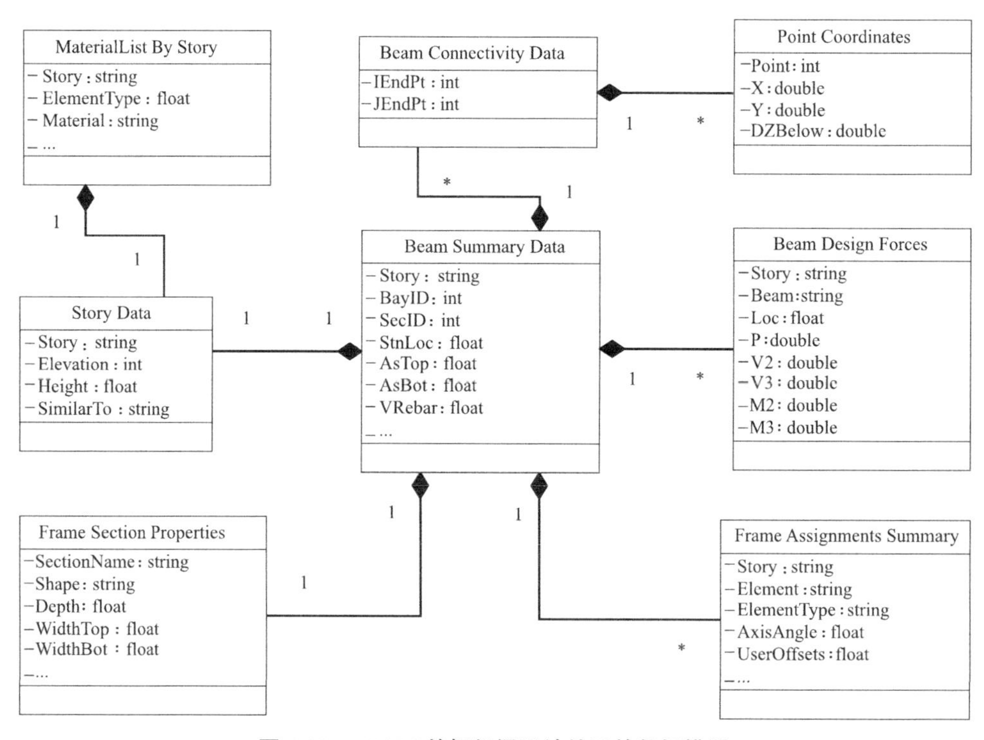

图 4-11 ETABS 的框架梁设计结果的数据模型

4.3.2 结构分析结果与施工图设计模型的集成

构建结构施工图设计 BIM 模型所需与结构分析相关的信息主要包括荷载信息、内力信息、位移信息、配筋信息 4 部分内容。如图 4-12 所示为框架梁构件主要结构分析结果的构成示例。

其中，荷载信息包括结构构件的杆件荷载、荷载工况和荷载组合信息，主要用于结构构件的补充计算及验算；内力信息包括结构构件的轴力、弯矩、剪力、扭矩等，主要用于结构构件的配筋设计；位移信息包括结构构件的节点位移和构件变形，主要用于构件的变形验算；配筋信息包括结构构件的各类钢筋的配置面积信息，主要用于结构施工图设计。

结构分析结果与结构设计模型集成的关键在于上述 4 类结构分析结果与结构设计模型关联的建立。本项目通过对结构分析模型与施工图设计模型运用构件自动匹配算法，实现结构分析结果与结构设计模型的集成，如图 4-13 所示为结构分析结果与施工图设计模型

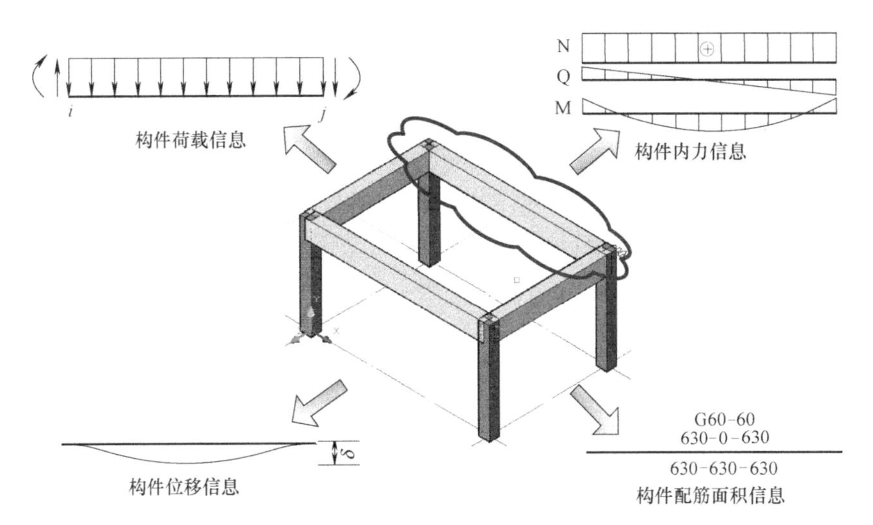

图 4-12　施工图设计所需结构分析结果的构成

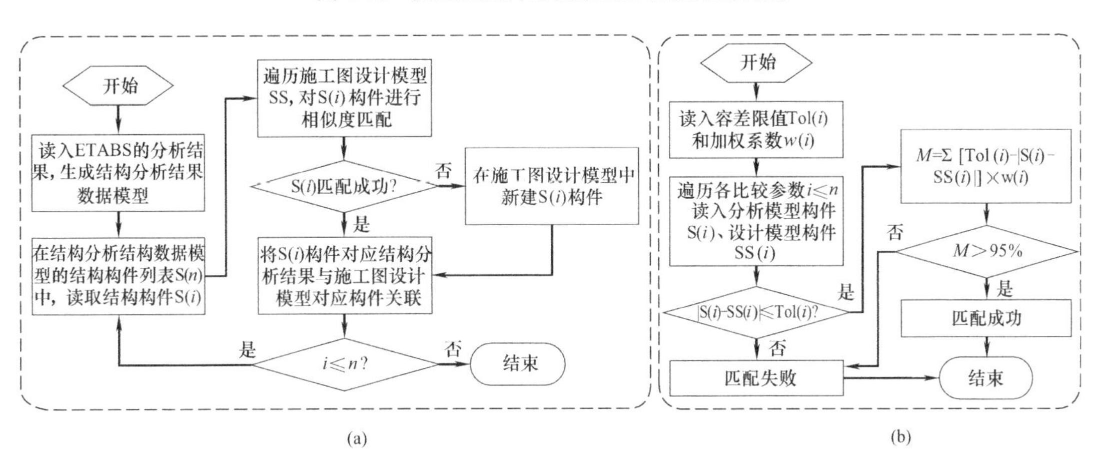

图 4-13　结构分析结果与施工图设计模型的集成算法

（a）结构分析结果与结构设计构件关联；（b）构件匹配核心算法

的主要集成算法流程。

结构分析结果与施工图设计模型的集成主要按以下步骤进行：

（1）将 ETABS 软件的结构分析结果导出为 Access 数据库文件。

（2）通过 BIM-SDDS-RC 系统的结构分析结果导入接口读入 Access 数据库文件，建立结构分析结果数据模型，该模型包括结构构件的几何信息、荷载信息、内力信息、位移信息、配筋信息，通过结构构件 Id 建立各项信息之间的关联映射。

（3）按楼层和结构构件类型对结构分析结果数据模型中的构件和施工图设计模型中的构件进行相似度匹配，匹配内容包括构件截面尺寸、构件长度、构件在模型中的相对位置等，详细的算法流程见图 4-13（b）。

（4）如果结构分析结果数据模型中的 S 构件与施工图设计模型中的 SS 构件匹配成功，则将 S 构件的分析结果与 SS 构件进行关联；如果 S 构件不能与施工图设计模型中的任何构件匹配，则对 S 构件信息以报表的形式输出，供人工进行调整参考。

（5）循环上述过程，实现结构分析结果与施工图设计模型的集成。

4.3.3 结构分析结果集成算例

本节仍延续上节算例进行，在 ETABS 软件对 3 层框架模型设置约束、定义荷载组合，并进行结构分析和配筋设计，设计结果见图 4-14（a）。将结构设计结果导出为 Access 数据库文件，利用 BIM-SDDS-RC 系统的结构分析结果导入接口，将结构分析结果集成到施工图设计模型中，见图 4-14（b）。

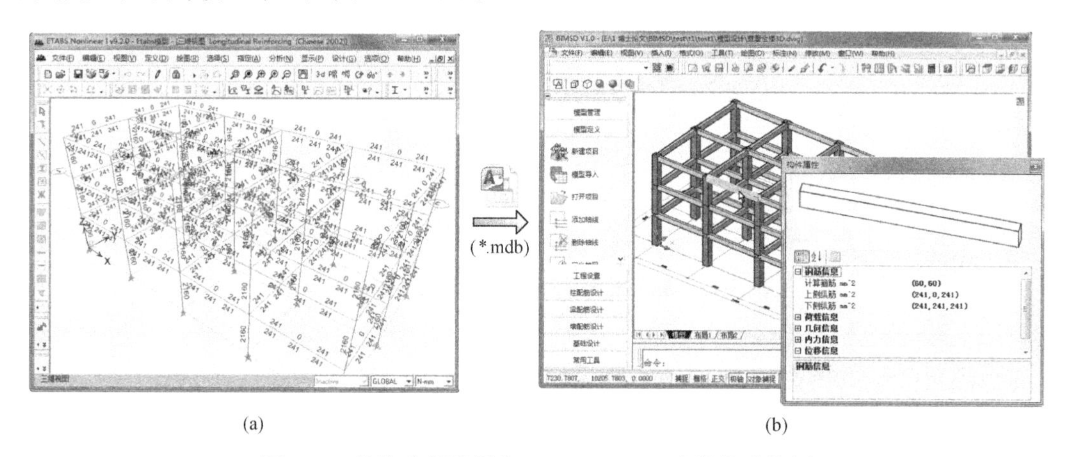

(a) (b)

图 4-14 结构分析结果在 BIM-SDDS-RC 中的集成算例

（a）ETABS 中的结构分析结果；（b）BIM-SDDS 中查询集成后的构件属性

通过该结构分析结果集成算例可以发现，结构构件相似度匹配算法具有较高的识别精度，可以准确地实现结构分析结果与结构设计模型中相应构件的关联，自动实现结构分析结果与结构设计模型的集成。

4.4 施工图设计模型的补充定义

在 ETABS 结构分析软件中对钢筋混凝土结构模型进行整体内力分析与配筋设计过程中，不包括基础、楼板、楼梯 3 类结构构件的分析与设计。但是这 3 类结构构件在结构施工图设计中是必不可少的有机组成部分。因此，在结构施工图设计之前，需要对上述 3 类构件在施工图设计 BIM 模型中进行补充定义。

4.4.1 基础模型的补充定义

在钢筋混凝土结构中，结构基础按布置形式的不同可分为：柱下独立基础、墙下条形基础、柱下交叉基础、筏板基础、箱形基础、桩基础等类型，如图 4-15 所示。由于各种类型基础的设计流程和计算方法基本相似，本节选取柱下独立基础的补充定义进行研究。

以钢筋混凝土结构柱下独立基础为例，介绍基础模型的补充定义与配筋设计，如图 4-16 所示，该过程共分为 5 个主要步骤。

步骤 1：读取基础设计参数。主要包括结构柱的柱底内力、场地的土层地质参数、构件的材性参数、基础埋深等。

步骤 2：确定基础承载力。按照规范公式 $f_a=f_k+\eta_d\gamma_m(d-0.5)$ 对地基承载力特征

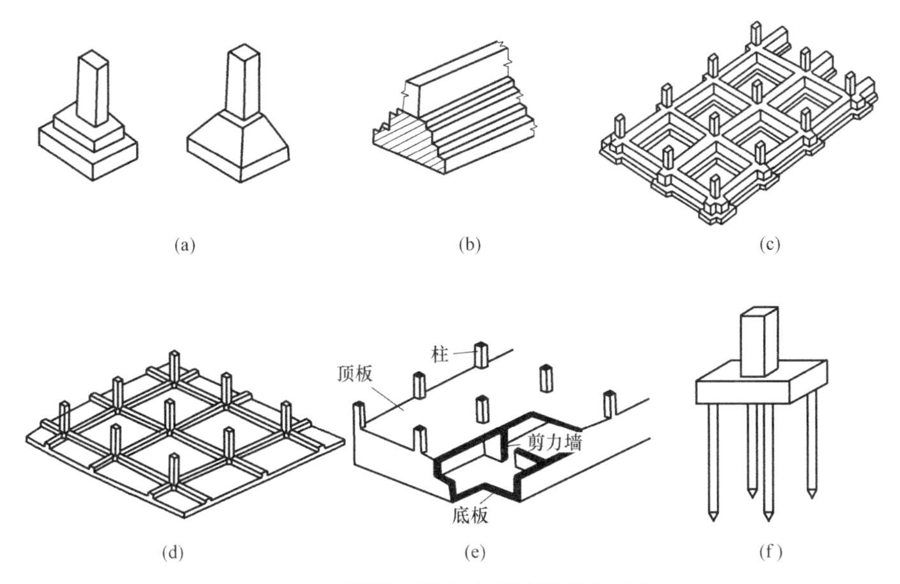

图 4-15 混凝土结构主要基础形式示意

(a) 柱下独立基础；(b) 墙下条形基础；(c) 柱下交叉基础；(d) 筏板基础；(e) 箱形基础；(f) 桩基础

值进行深度修正。

步骤 3：确定基础外形尺寸。该过程包括确定基础底面尺寸和基础竖向尺寸两部分内容。首先，按照公式 $A \leqslant F_{k}/(f_{a}-\gamma_{G}d)$ 选取基础底面尺寸，同时需要按公式 $p_{k\max} \leqslant 1.2f_{a}$ 对基底的最大应力进行校核。然后，按阶形基础的阶高为 300～500mm，阶宽不大于阶高确定基础的竖向尺寸。

步骤 4：基础抗冲切验算。利用公式 $F_{l} \leqslant 0.7\beta_{hp}f_{t}a_{m}h_{0}$ 对基础的柱根和变阶处进行冲切承载力验算，如不满足冲切条件则改变基础尺寸重复进行步骤 2 和步骤 3 的操作。

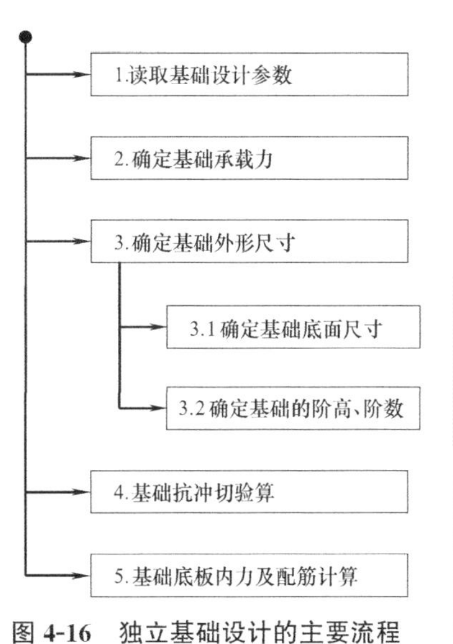

图 4-16 独立基础设计的主要流程

步骤 5：基础底板内力及配筋计算。对于阶形基础的台阶宽高比不大于 2.5 且偏心距小于等于 1/6 的基础，基础底板弯矩可由下列公式计算：

$$M_{1}=1/12a_{1}^{2}[(2l+a')(p_{\max}+p-2G/A)+(p_{\max}-p)l] \tag{4-1}$$

$$M_{2}=1/48(2l+a')^{2}(b+b')(p_{\max}+p-2G/A) \tag{4-2}$$

其中，M_{1} 为偏心荷载方向弯矩，M_{2} 为垂直偏心荷载方向弯矩。然后将两弯矩值代入公式 $A_{s}=M/(0.9h_{0}f_{y})$ 计算钢筋面积，选配底板钢筋。通过上述 5 个步骤可以实现基础模型的补充定义和配筋设计。

完成独立基础的模型补充定义之后，还需要建立基础模型与底层柱模型的关联，以便将新定义的基础纳入到现有结构施工图 BIM 模型体系中。在基于 IFC 的 BIM 模型体系中，柱实体（IfcCloumn）与基础实体（IfcFooting）可以通过节点关联实体（IfcRelConnectsElements）建立关联，如图 4-17 所示。

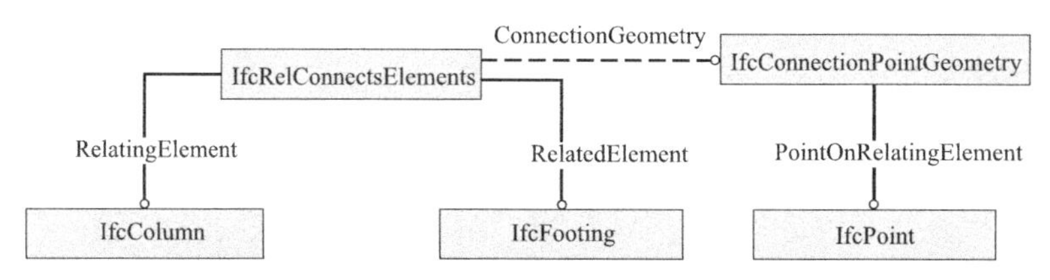

图 4-17　独立基础与底层柱的实体关联模型

在建立底层柱与独立基础关联的同时，需要根据独立基础的埋深反推出底层柱的柱底标高，对底层柱模型进行调整，实现独立基础与底层柱在空间上的搭接。通过一个简单算例对上述基础设计方法进行验证，如图 4-18 所示。

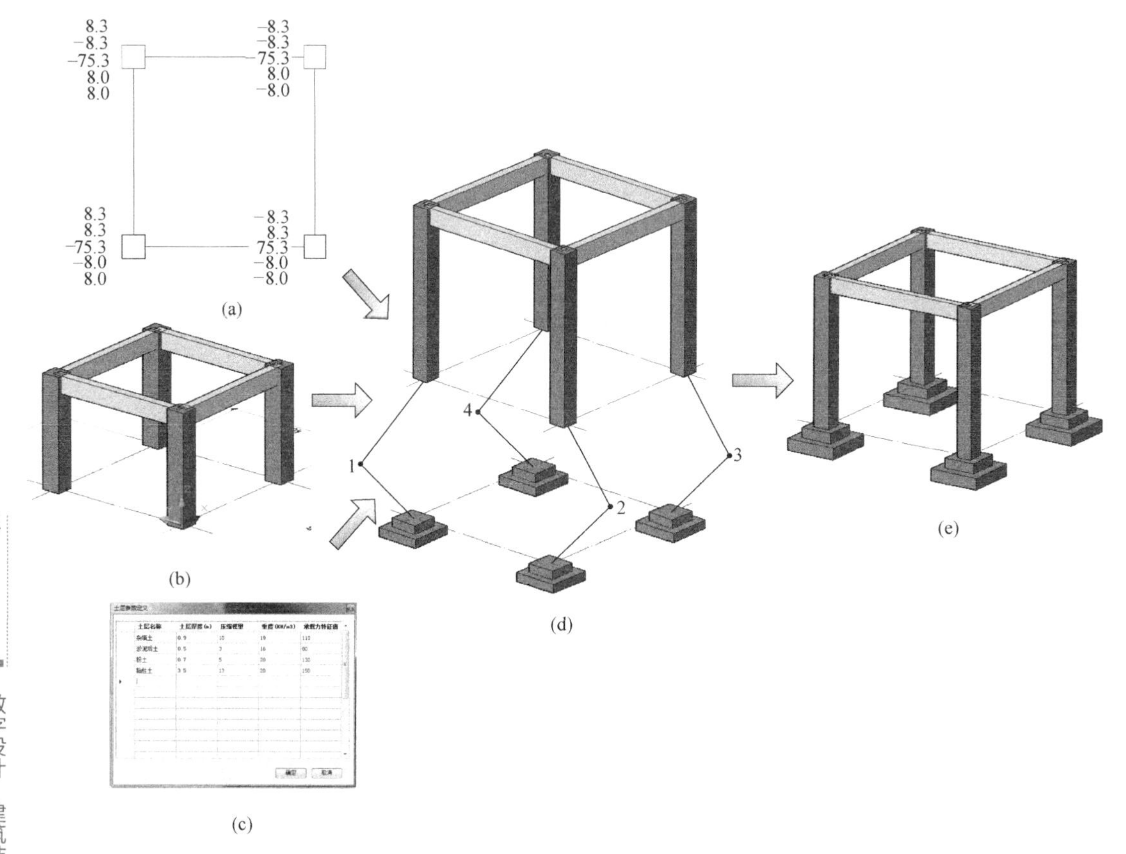

图 4-18　基础模型补充定义及配筋设计算例

（a）基底内力；（b）结构设计模型；（c）岩土参数定义；（d）基础与底层柱关联；（e）补充定义后的基础设计模型

在该算例中，通过在结构设计整体模型［图 4-18（a）］中补充定义场地土层的岩土参数［图 4-18（c）］，引用底层柱模型和基底内力［图 4-18（b）］，通过上文所述基础设计算法即可实现基础模型的补充定义以及与底层柱建立关联［图 4-18（d）］，形成完整的基础设计 BIM 模型［图 4-18（e）］。

4.4.2　楼板模型的补充定义

由于 ETABS 软件的结构整体分析不包括对楼板的内力分析，因此在结构施工图设计模型中，楼板模型仅包含基本的几何信息，无相关内力及配筋信息。在楼板模型的补充定义过程中，需要对楼板进行配筋设计。目前，国内结构设计人员对混凝土楼板的内力分析通常采用以下两种方法：单块板分析法、连续板分析法。其中，单块板分析法计算简便，计算精度一般可满足工程设计要求，但计算中未考虑连续板跨之间的变形协调；连续板分析法可提供高精度的分析结果，但计算过程复杂，不适合手工计算。本节采用弹性薄板小挠度理论的连续板简化计算方法对楼板进行内力计算。实现楼板模型的补充定义需要解决连续板支座类型识别、板跨内力计算两个技术问题。

1. 连续板支座类型识别

对于单个板跨而言，在内力分析时将板边界的支承情况分为剪支、固支、自由 3 种类型。其中，剪支边可按铰接处理，固支边可按固接处理，自由边按无支承处理。在实际混凝土结构中，楼板边的梁对楼板总会存在一定的约束作用，实际上既不是完全铰接也不是完全固接。通常按照楼板边的梁对楼板约束大小划分为剪支边和固支边。在基于 IFC 的 BIM 模型体系中，楼板实体（IfcSlab）与框架梁实体（IfcBeam）通过节点关联实体（IfcRelConnectsElements）建立关联，通过 IfcRelConnectsElements 实体的 ConnectionGeometry 属性确定相关联的公共板边，如图 4-19 所示。

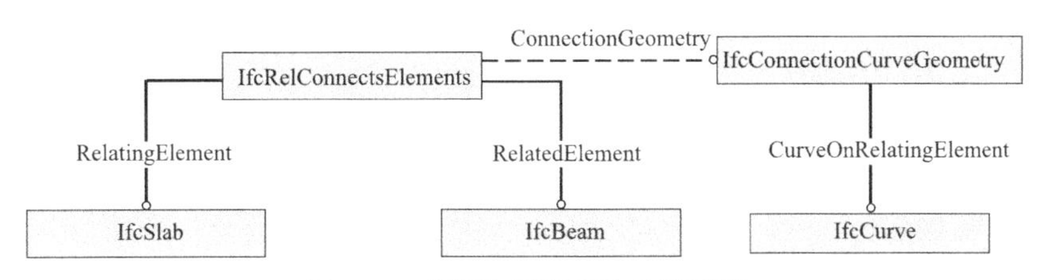

图 4-19　楼板与梁的实体关联模型

如图 4-20 所示为楼板与梁的关联关系模型示例。该算例包括两块矩形板，板跨边界由框架梁支撑，在基于 IFC 的 BIM 模型中的梁、板编号见图 4-20（a）。其中，板实体与梁实体之间的关联关系通过共享边界曲线实体（IfcCurve）实现，梁、板共享边界曲线的

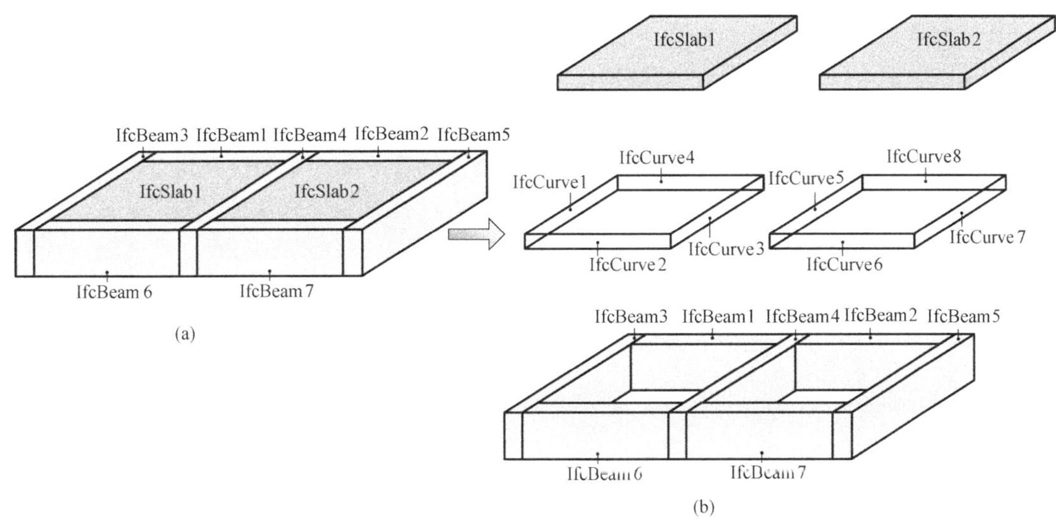

图 4-20　楼板与梁的关联关系模型示例

（a）楼板与梁关联模型；（b）关联模型分解

定义见图 4-20（b）。

如图 4-20 所示的梁、板关联关系模型建立关联关系列表（表 4-3）。以板跨实体 IfcSlab1 为例，通过实体 IfcCurve1 可以获取板跨左端与 IfcBeam3 支承，通过实体 IfcCurve2 可以获取板跨下端与 IfcBeam6 支承，通过实体 IfcCurve3 可以获取板跨下端与 IfcBeam4 支承，通过实体 IfcCurve4 可以获取板跨下端与 IfcBeam1 支承。

楼板与梁关联关系表 **表 4-3**

IfcSlab	IfcConnectionCurveGeometry	IfcBeam	IfcSlab	IfcConnectionCurveGeometry	IfcBeam
IfcSlab1	IfcCurve1	IfcBeam3	IfcSlab2	IfcCurve5	IfcBeam4
IfcSlab1	IfcCurve2	IfcBeam6	IfcSlab2	IfcCurve6	IfcBeam7
IfcSlab1	IfcCurve3	IfcBeam4	IfcSlab2	IfcCurve7	IfcBeam5
IfcSlab1	IfcCurve4	IfcBeam1	IfcSlab2	IfcCurve8	IfcBeam2

本项目利用 BIM 模型中板、梁构件之间的关联性，通过判断板边梁约束构件情况判断板跨边界支座的类型。连续板的支座判别规则如下：

（1）板边的关联构件列表中不存在梁构件，则定义该板边界为自由边。

（2）板边的关联构件列表中存在梁构件，且该梁构件的关联构件列表中只存在该板构件，则定义该板边界为剪支边。

（3）板边的关联构件列表中存在梁构件，且该梁构件的关联构件列表中存在该板构件以外的其他板构件，如果两板构件的高差 30mm 以上，则定义该板边界为剪支边，否则定义该板边界为固支边。

通过对连续板各个板跨的各板边界遍历进行上述操作，可完成对连续板支座类型的识别。

2. 板跨内力计算

按照《混凝土结构设计规范》GB 50010—2010 的规定：两对边支承的板按单向板计算；四边支承板，当长短边比小于等于 3.0 按双向板计算，当长短边之比大于 3.0 按单向板计算。对于单向板的弯矩可按以下公式计算：

两端铰接时，$M_{中}=gl^2/8$；两端固接时，$M_{中}=gl^2/24$，$M_{支}=gl^2/12$；一端铰接一端固接时，$M_{中}=9gl^2/128$，$M_{支}=gl^2/8$。

对于双向板的内力计算，可按照《建筑结构静力计算手册》中弹性理论计算模型进行计算。按板边支承条件的不同，可以将单块矩形板的计算模型分成 6 种，如图 4-21 所示。

将图 4-21 中各计算模型的计算表存入 BIM-SDDS-RC 系统的数据库，通过输入板跨尺寸、均布荷载值、板跨支承类型等参数，程序可自动计算出板跨的板边和跨中弯矩值。

以一块 3×3 跨连续板为例，介绍连续板的弯矩计算过程。连续板的平面布置如图 4-22 所示，设连续板承受的均布荷载标准值为恒载 $g=3.0\text{kN/m}^2$，活载 $p=4.0\text{kN/m}^2$。模型的等效荷载：$q=7.0\text{kN/m}^2$，$q'=5.0\text{kN/m}^2$，$q''=\pm2.0\text{kN/m}^2$。

连续板被混凝土梁分隔为 9 个板跨（A～I）。以板跨 A 为例，进行弯矩值的计算。

（1）计算跨中最大弯矩 M_x、M_y。

在 q' 作用下，按图 4-21（e）计算模型计算：

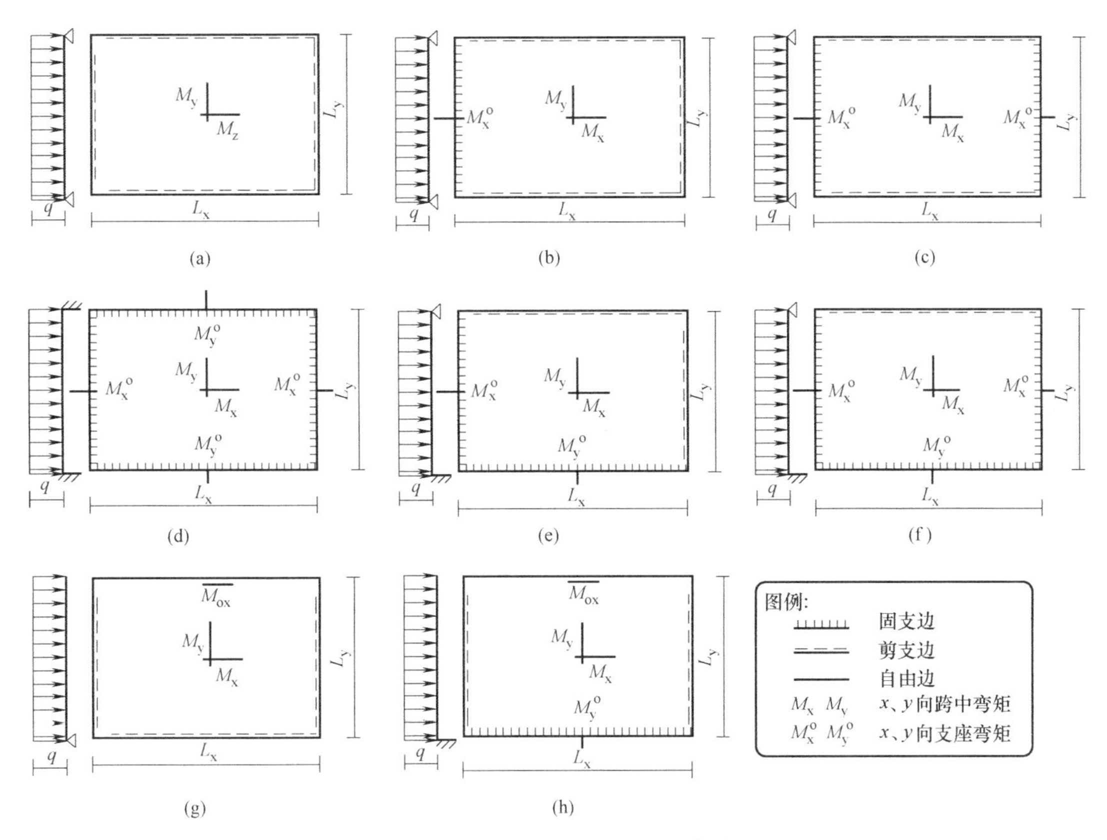

图 4-21　单块矩形板的内力计算模型

(a) 四边剪支；(b) 三边剪支一边固定；(c) 两边剪支两边固定（样式 1)；(d) 四边固定；
(e) 两边剪支两边固定（样式 2)；(f) 一边剪支三边固定；(g) 三边剪支一边自由；(h) 三边剪支一边自由一边固定

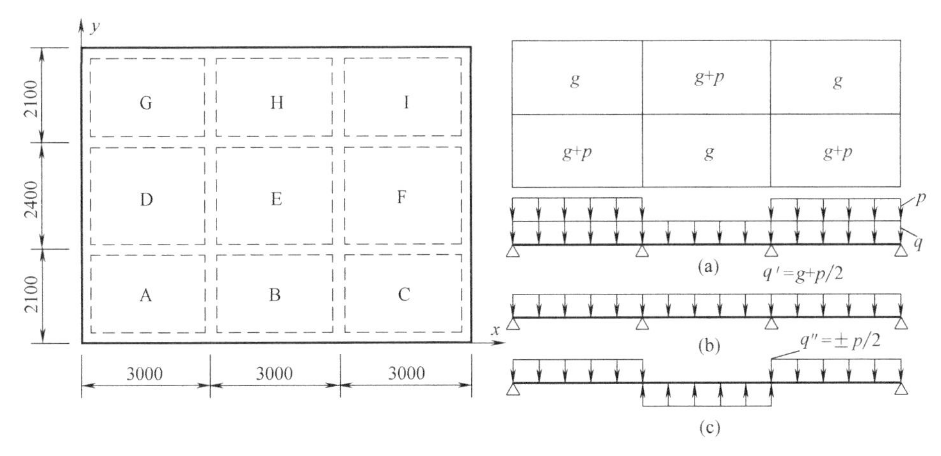

图 4-22　连续板的计算模型

$M_{xmax}=0.0195q'l_y^2=0.0195\times5.0\times2.1^2=0.43$（kN・m）；

$M_{ymax}=0.0432q'l_y^2=0.0432\times5.0\times2.1^2=0.95$（kN・m）。

换算成泊松比 $\mu=1/6$ 时的弯矩值：

$M_{x1}^{(\mu)}=M_x+\mu M_y=0.443+0.95/6=0.59$（kN・m）；

$M_{y1}^{(\mu)}=M_y+\mu M_x=0.95+0.443/6=1.02$（kN·m）。

同理计算在 q'' 作用下的跨中弯矩 $M_{x2}^{(\mu)}=0.36$kN·m，$M_{y2}^{(\mu)}=0.64$kN·m。

对 q'、q'' 作用下的弯矩值进行叠加：

$M_x=M_{x1}^{(\mu)}+M_{x2}^{(\mu)}=0.59+0.36=0.95$（kN·m）；

$M_y=M_{y1}^{(\mu)}+M_{y2}^{(\mu)}=1.02+0.64=1.66$（kN·m）。

跨中弯矩设计值 $1.35M_x=1.28$kN·m，$1.35M_y=2.24$kN·m。

（2）支座固端弯矩 M_x^0、M_y^0。

在 q 作用下按图 4-21（e）计算模型计算：

$M_x^0=-0.077q'l_y^2=-0.077\times7.0\times2.1^2=-2.38$（kN·m）；

$M_y^0=-0.0992q'l_y^2=-0.0992\times7.0\times2.1^2=-3.06$（kN·m）。

支座固端弯矩设计值 $1.35M_x^0=-3.21$kN·m，$1.35M_y^0=-4.13$kN·m。

同理可求得其他板跨的设计弯矩。为验证计算值的正确性，将本项目的计算结果与PKPM软件中SLABCAD程序的连续板有限元计算结果进行对比。由本算例结构布置的对称性可知，仅需对板跨A、B、D、E的弯矩值进行对比，结果如表4-4所示。

本项目计算结果与SLABCAD计算结果对比 表4-4

弯矩	板跨A			板跨B			板跨D			板跨E		
	本项目	PKPM	误差	本项目	PKPM	误差	本项目	PKPM	误差	本项目	PKPM	误差
M_x	1.28	1.2	6.3%	1.43	1.4	2.1%	1.28	1.2	6.3%	1.39	1.3	6.5%
M_y	2.24	2.0	10.7%	2.27	2.1	7.5%	2.15	2.1	2.3%	2.11	1.9	10.0%
M_x^0	−3.21	−3.3	2.8%	−3.11	−3.0	3.5%	−3.12	−3.2	2.6%	−3.12	−3.0	3.8%
M_y^0	−4.13	−4.3	4.1%	−3.93	−3.9	0.8%	−3.77	−3.8	0.8%	−3.87	−3.7	1.8%

通过表4-4中的计算结果对比可以发现，本项目的计算结果与SLABCAD的计算结果吻合性较好，最大偏差出现在板块A的 M_y 弯矩值，相对误差10.7%，其他项的误差基本在5%以内，完全满足工程设计精度要求。

4.4.3 楼梯模型的补充定义

楼梯是建筑结构中连接不同楼层、解决垂直交通问题的结构构件，一般由楼梯段和休息平台两部分构成。按照几何样式的不同可分为直上楼梯、曲尺楼梯、双跑楼梯、三跑楼梯、弧形楼梯、螺旋楼梯、剪刀式楼梯等。在钢筋混凝土结构中，最常见的是双跑楼梯和三跑楼梯，如图4-23所示为典型的双跑楼梯、三跑楼梯样式示例。

本节以规则双跑现浇钢筋混凝土板式楼梯［图4-23（a）］为研究对象，对图4-24中3层混凝土框架结构进行楼梯模型的补充定义和配筋设计。

1. 确定楼梯的几何参数

通过如图4-24所示结构整体模型，可以获取楼梯整体设计参数，包括楼梯间尺寸、楼梯类型、楼层信息、荷载信息等。对于双跑现浇钢筋混凝土板式楼梯，主要结构构件为楼梯板、休息平台板、休息平台梁、楼梯柱、基础地梁。确定楼梯的几何参数内容包括楼梯板的踏步个数及踏步高度、楼梯板厚度、休息平台板位置及厚度、休息平台梁的位置及

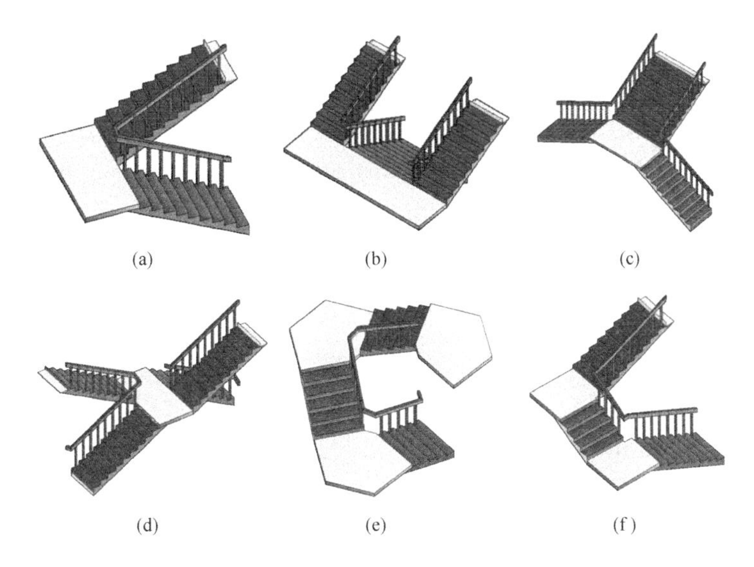

图 4-23　典型双跑楼梯、三跑楼梯样式示例

(a) 双跑楼梯；(b) 双分平行；(c) 双分转角；(d) 剪刀楼梯；(e) 三角楼梯；(f) 矩形转角

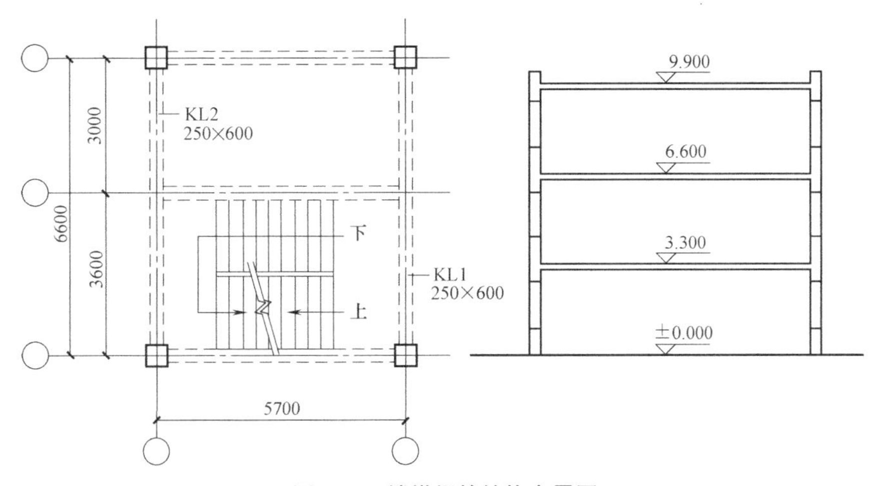

图 4-24　楼梯间的结构布置图

截面尺寸、楼梯柱的位置及截面尺寸等。

楼梯结构构件的主要设计原则包括：

(1) 楼梯板厚度一般按板跨的 1/25～1/30 取值，踏步宽度取值范围 250～300mm，踏步高度取值范围 150～180mm。

(2) 休息平台梁的截面高度按跨度的 1/12 取值，截面宽度按截面高度的 1/3～1/2 取值，注意模式取整和满足最小截面要求。

(3) 休息平台板的厚度按板跨的 1/25～1/30 取值。

(4) 楼梯柱的位置由平台梁的位置确定，截面尺寸按 300mm×300mm 设置，配筋按图集 21G101-2 构造要求选配。

本算例的楼梯几何参数选取：楼梯板厚度 140mm，踏步宽度 300mm，踏步高度 165mm；休息平台梁截面尺寸 250mm×350mm；休息平台板的厚度 100mm，休息平台板宽度 1850mm。

2. 楼梯设计模型的生成

按照上文设置的楼梯构件几何参数，BIM-SDDS-RC 系统的楼梯补充定义模块自动生成基于 IFC 的楼梯设计 BIM 模型（图 4-25），在楼梯的一层起踏步处自动生成地梁 IfcBeam1，在标高 1.650m、4.950m 处的休息平台踏步内侧自动生成休息平台梁 IfcBeam2、IfcBeam4。

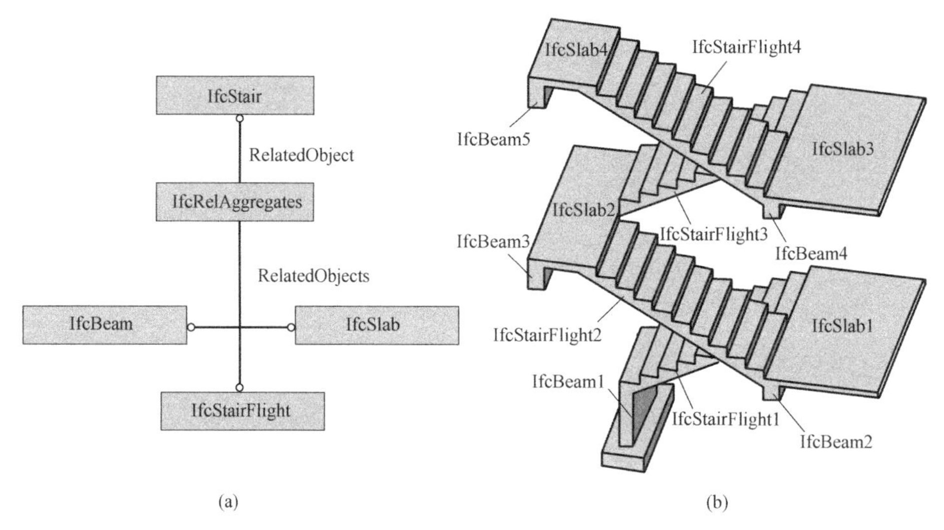

图 4-25 基于 IFC 的楼梯设计模型

（a）楼梯的关联关系模型；（b）算例中的楼梯模型

如图 4-25（a）所示为基于 IFC 的楼梯关联关系模型。在该模型中，楼梯实体（Ifc-stair）通过集合关联实体（IfcRelAggregates）建立与楼梯踏步段实体（IfcStairFlight）、休息平台板实体（IfcSlab）、休息平台梁实体（IfcBeam）的关联关系。图 4-25（b）给出了算例模型中各结构构件的定义。

3. 楼梯的内力及配筋计算

对于楼梯的结构内力计算，可以层间休息平台为界划分为梯板段和休息平台段两部分。对于形状规则的楼梯可以分别对两部分简支梁模型进行弯矩计算，如图 4-26 所示为

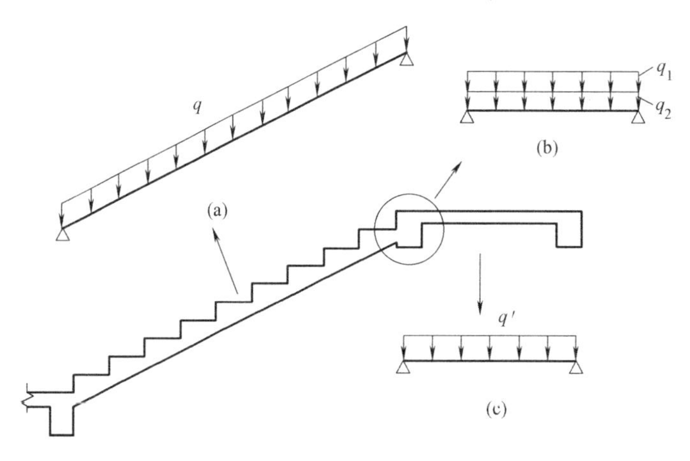

图 4-26 典型楼梯板的结构计算模型

（a）梯板计算模型；（b）平台梁计算模型；（c）平台板计算模型

典型楼梯板的结构计算模型。

对于图 4-26 中各子计算模型荷载的确定：楼梯板采用单位宽度梯板的恒载与活载的组合设计值，平台梁采用梯板和平台传递荷载的设计值，平台板采用单位宽度平台板跨的恒载与活载的组合设计值。

确定局部等效值后，可按公式 $M=ql_n^2/10$ 计算楼板的跨中弯矩值。然后按照公式 $A_s=M/(\gamma_s f_y h_0)$ 计算楼板跨中配筋，其中 γ_s 可按 0.9 取值。支座负筋可按构造选配。

在本算例中，楼梯间的荷载按恒载 4.0kN/m^2、活载 2.0kN/m^2 取值，混凝土强度等级采用 C30。程序可自动完成结构构件的配筋设计，结果如表 4-5 所示。

算例的配筋设计结果 **表 4-5**

结构构件	截面尺寸(mm)	上部纵筋	下部纵筋	分布钢筋/箍筋
IfcStairFlight1	100	Φ 12@100	Φ 12@200	Φ 8@200
IfcStairFlight2-4、IfcSlab2、IfcSlab4	140	Φ 12@100	Φ 12@100	Φ 8@200
IfcSlab1、IfcSlab3	100	Φ 12@100	Φ 10@200	Φ 8@200
IfcBeam1	250×900	2 Φ 16	—	2 Φ 8@200
IfcBeam2-3	250×350	2 Φ 16	2 Φ 16	2 Φ 8@200

按照本算例计算模型和荷载取值，利用 TSSD 软件的板式楼梯构件设计程序进行配筋设计，将设计结果与本项目计算结果进行对比发现，两者内力计算和配筋设计结果吻合性较好，从而验证了本书提出的设计方法的正确性。

4.5 工程算量模型的生成

目前，现有的工程算量分析都面临“二次建模”问题，而且工程算量模型的建模占据工程算量过程中大部分的时间。工程算量模型的构建需要以结构施工图为依据，而经过配筋设计后的结构施工图设计 BIM 模型包含结构施工图的全部信息，它是建立工程算量模型最理想的模型数据源。本节通过构建基于 XML 的工程算量通用映射模型，实现结构施工图设计 BIM 模型与工程算量模型的自动转化。本节工作是结构施工图设计模型的扩展应用，是由结构施工图信息模型向施工管理信息模型转化的应用探索。

4.5.1 工程算量模型的构建

1. 工程算量模型的转化流程

当前国内三维图形算量软件都没有提供支持 IFC 等国际数据交换标准的数据接口，只能开发专用数据转换接口实现模型数据的转换。本项目通过定义基于 XML 的工程算量通用映射模型实现结构施工图设计模型与工程算量模型的转换。由于相关算量软件的数据转化接口尚未完全公开，目前仅实现了广联达工程算量模型的自动生成，模型转化流程如图 4-27 所示。

2. 基于 XML 的工程算量通用映射模型

实现结构施工图设计模型与工程算量模型的转化，关键在于实现基于 XML 的算量映

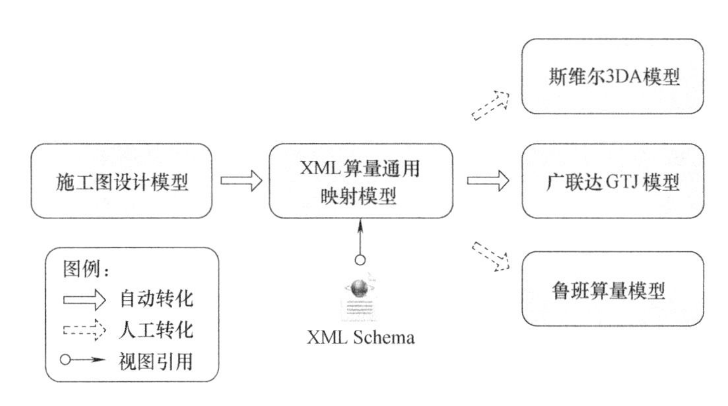

图 4-27　基于 BIM 的工程算量模型转化流程

射模型的构建。XML 语言提供了元语言定义 XML 模型的机制，可以通过文档类型定义（Document Type Definition，DTD）和模式定义（XML Schema）两种方式定义 XML 模型的模板。与 DTD 方式相比，XML Schema 方式具有与 XML 文档语法一致性好、可扩展性强、数据声明方式灵活等优点。本项目采用 XML Schema 方式进行 XML 模型模板的定义。图 4-28 给出了主要算量映射模型的 UML 定义。

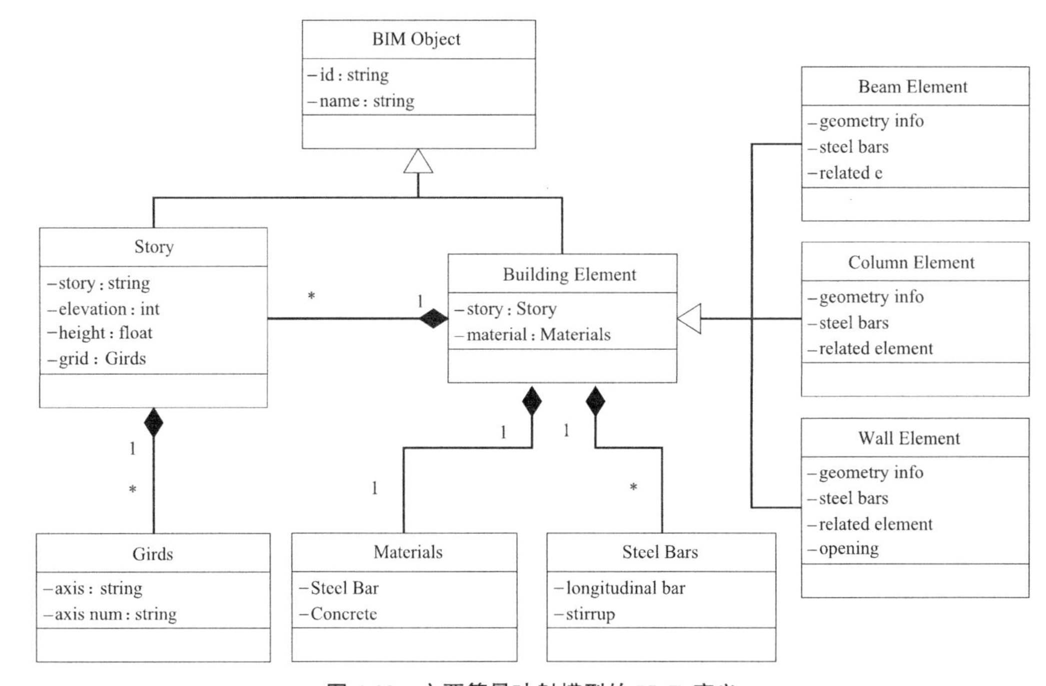

图 4-28　主要算量映射模型的 UML 定义

该模型以建筑构件类（Building Element）为中心，通过派生梁构件类（Beam Element）、柱构件类（Column Element）、墙构件类（Wall Element）实现结构构件的定义，通过该类的 story 属性建立与楼层类（Story）的关联，通过 steel bars 属性建立构件与配筋类（Steel Bars）的关联，实现算量映射模型的定义。

以钢筋混凝土梁的 XML Schema 定义为例，介绍工程算量 XML 模型模板的定义。

```
< ? xml version= "1.0" encoding= "utf-8"? >
```

```
< xsd:schema xmlns:xsd= "http://www.w3.org/2001/XMLSchema">
  < xsd:element name= "Beam">
    < xsd:complexType>
      < xsd:sequence>
        < xsd:element ref= "Id"/>             < ! --Id 信息-->
        < xsd:element ref= "RelStory"/>       < ! --关联楼层-->
        < xsd:element ref= "GeoInfo"/>        < ! --几何信息-->
        < xsd:element ref= "Material"/>       < ! --材料信息-->
        < xsd:element ref= "RelElement"/>     < ! --关联构件-->
        < xsd:element ref= "Reinforcement"/>< ! --配筋信息-->
      < /xsd:sequence>
    < xsd:complexType>
  < /xsd:element>
  < xsd:element name= "Id" type= "xsd:positiveInteger"/>
  < xsd:element name= "RelStory" type= "xsd:integer"/>
  < xsd:element name= "GeoInfo" >
    < xsd:complexType>
      < xsd:sequence>
        < xsd:element ref= "Section"/>   < ! --截面信息-->
        < xsd:element ref= "Position"/> < ! --位置信息-->
        < xsd:element ref= "Elevation"/>< ! --相对楼层高度-->
      < /xsd:sequence>
    < /xsd:complexType>
  < /xsd:element>
  < xsd:element name= "Material" type= "xsd:string"/>
  < xsd:element name= "RelElement" type= "xsd:integer"/>
  < xsd:element name= "Reinforcement" >
    < xsd:complexType>
      < xsd:sequence>
        < xsd:element ref= "LongitudinalBar"/> < ! --纵筋信息-->
        < xsd:element ref= "StirrupBar"/>      < ! --箍筋信息-->
      < /xsd:sequence>
    < /xsd:complexType>
  < /xsd:element>
< /xsd:schema>
```

该混凝土梁模型模板包含的属性包括构件 Id、构件关联的楼层信息、构件的几何信息、关联构件信息、构件的配筋信息等。其中，构件的几何信息包括截面信息、起终点位置、楼层相对标高等信息；构件的配筋信息包括纵筋信息、箍筋信息、构造配筋信息等。

通过该 XML Schema 模板的定义，可以把结构施工图设计模型输出为基于 XML 的工程算量通用映射模型，导入三维算量软件进行工程算量的分析与统计。如图 4-29 所示为工程算量模型的生成算法流程。

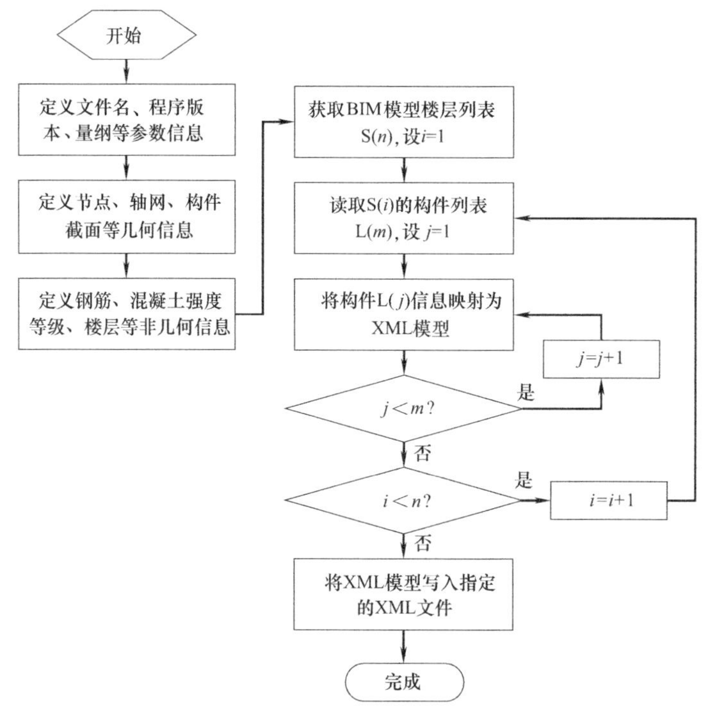

图 4-29　工程算量模型的生成算法流程

工程算量模型的自动生成主要按以下步骤进行：

（1）根据 XM 模型模板生成 XML 文件，并定义该模型文件中的基本参数信息，包括模型文件名称、生成的程序版本、基本量纲设置等。

（2）根据 BIM-SDDS-RC 系统中施工图设计模型的几何参数信息，定义节点坐标、轴网、构件截面、截面等信息。

（3）按照施工图设计模型中的非几何信息，定义钢筋等级、混凝土强度等级、楼层定义等信息。

（4）遍历施工图设计 BIM 模型各楼层中的各类结构构件的几何信息、配筋信息以及各种关联信息映射到工程算量 XML 模型中。

（5）将工程算量 XML 模型写入前面生成的 XML 文件中，完成工程算量模型的自动生成。

4.5.2　工程算量模型生成算例

对上节获得的结构施工图设计模型进行配筋设计，形成包含配筋信息的完整结构施工图设计模型，见图 4-30（a）。利用 BIM-SDDS-RC 系统的工程算量模型生成接口，生成基于 XML 的工程算量通用映射模型，利用广联达 GTJ 软件导入该模型获得工程算量模型，见图 4-30（b），GTJ 软件进行简单的构件检查和调整即可进行算量分析。

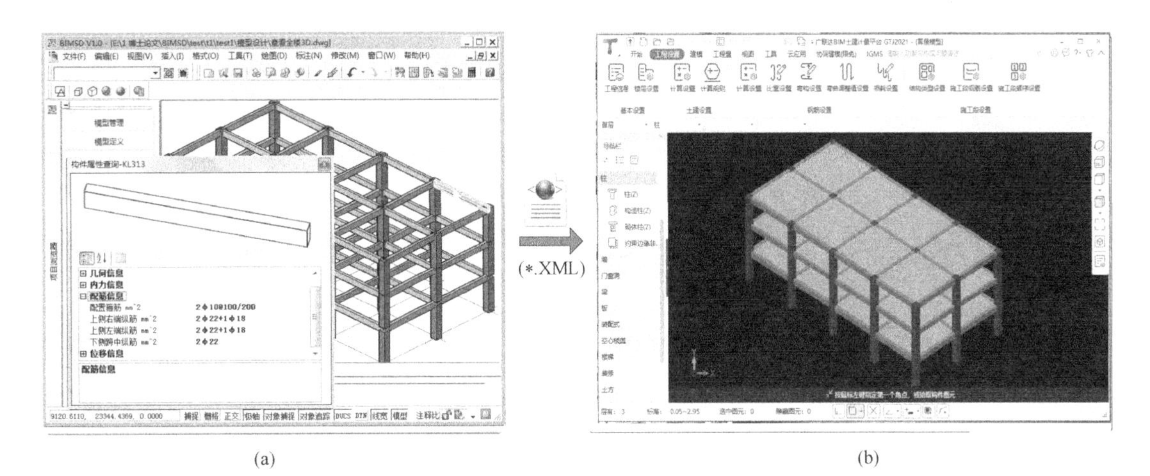

(a) (b)

图 4-30 工程算量模型的生成算例

(a) BIM-SDDS 中的施工图设计模型；(b) 利用 XML 映射模型生成的 GTJ 模型

4.6 本章小结

为解决结构施工图设计 BIM 模型创建的问题，本章提出以建筑结构施工图设计信息模型为中心的模型自动转换方法，建立了建筑结构施工图设计信息模型与建筑设计模型、结构分析模型、工程算量模型自动转化的流程，并进行了相关应用验证。本章主要研究结果如下：

(1) 基于 IFC 标准实现了建筑设计模型与结构施工图设计基本模型的自动转化，解决了不同版本 IFC 标准的自动识别与解析、结构构件的识别与提取等技术问题。

(2) ETABS 结构分析模型的生成。通过对 ETABS 文本文件的数据定义方法的研究，开发了 ETABS 数据文件模型的生成接口，实现了 ETABS 分析模型的程序自动生成。

(3) ETABS 结构分析结果与结构施工图设计基本模型的集成。通过 Access 数据库文件接口，将 ETABS 结构分析结果导入 BIM-SDDS 系统中。利用结构分析模型构件与结构施工图设计基本模型构件的相似度匹配算法，实现结构分析结果与施工图设计模型的构件自动关联。

(4) 施工图设计模型的补充定义。基于结构施工图设计整体 BIM 模型，实现基础、楼板、楼梯 3 类结构构件的补充定义。

(5) 工程算量模型的生成。建立了基于 XML 的算量映射模型，在广联达 GTJ 软件中实现了工程算量模型的自动生成。

第5章
基于BIM的混凝土结构施工图智能设计

5.1 引论

建筑结构施工图作为建筑结构设计的主要成果，是指导工程建造与后期运营维护的重要依据之一。目前，我国建筑设计业正处于传统的二维工程设计向基于 BIM 的智能设计的阶段过渡。因此将 BIM 应用到结构施工图设计中，实现基于 BIM 的结构施工图设计是我国建筑结构设计行业的重要发展方向。

当前一些主流的建筑结构设计软件也提供了施工图设计的模块或系统，如 PKPM 施工图设计模块、CKS Detailer、Xsteel、TSSD、TAsd 等。这些软件大体可以分成两类：一类是作为结构设计软件的后处理模块，接力结构设计软件，自动读取结构内力分析结果进行施工图纸的生成，如 PKPM、YJK、CKS Detailer、Xsteel 等；另一类是在现有 AutoCAD 图形平台基础上，利用开发二维图元模板，实现快速绘制施工图纸，如 TSSD、TAsd 等。尽管这两类 CAD 辅助设计软件的应用大幅度提高了建筑结构施工图设计的效率和质量。但是，由于设计过程中缺少统一的工程信息模型，存在模型与图纸之间无关联、图纸不能随模型的修改动态更新、图模一致性无法保证等问题。

基于 BIM 的建筑结构施工图设计与传统的工程设计模式最大的区别在于：整个设计过程都是基于一个统一的建筑信息模型进行，BIM 模型信息的完备性、关联性、一致性等工程特性保证了施工图设计中的施工图纸的自动生成与关联修改。本章主要技术路线如图 5-1 所示。

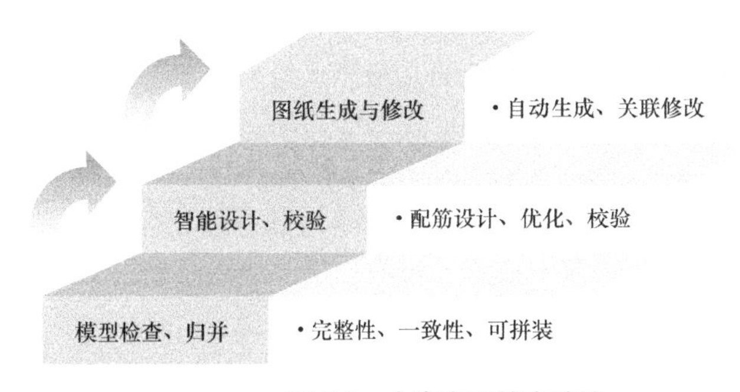

图 5-1　本章主要技术路线

首先，对结构施工图设计 BIM 模型进行模型检查与构件归并，其中模型检查内容包括模型完整性检查、模型一致性检查和模型拼装检查。其次，基于该 BIM 模型进行施工图配筋设计、配筋优化以及规范校验。最后，在配筋设计的基础上进行结构施工图的智能生成，具体包括图纸的生成与关联修改，实现钢筋混凝土结构施工图智能设计。

5.2 施工图设计模型的检查与归并

5.2.1 模型的自动检查

为保证系统生成的结构施工图纸的正确性，首先应确保结构施工图设计模型的准确性。因此在结构施工图设计之前需要对结构施工图设计模型进行模型检查。对施工图设计

BIM 模型的检查内容主要包括模型的完整性、模型的一致性和模型的可拼装性。

1. 模型的完整性检查

模型的完整性检查是指按照预定模型模板的要求，对模型各构成元素的信息进行自动检索，向用户反馈模型所缺信息的过程。笔者建立的结构施工图设计 BIM 模型主要由结构物理模型、模型属性信息、模型关联信息、模型管理信息 4 部分组成。

结构施工图设计模型的完整性检测内容主要包括：

（1）结构物理模型的完整性。主要包括柱、梁、楼板、基础、楼梯等结构构件的完整性，例如要求底层柱与基础相连、框架梁端与框架柱相连、楼板与框架梁相连；节点信息的完整性，要求节点信息与结构构件定位信息相对应；截面信息的完整性，要求结构构件的截面尺寸定义完整且每一个构件的截面定义在截面库中均能找到对应项；轴网信息的完整性，要求整个建筑物对应统一的轴网定义，轴网的轴号、定位等参数信息完整等。

（2）模型属性信息的完整性。主要包括模型材料信息的完整性，要求材料的名称、型号、力学参数等定义完整，且所有结构构件的材质信息均能在材料库中找到对应项；荷载信息的完整性，要求结构荷载的类型、大小、作用位置定义完整；内力信息的完整性，要求对轴力、剪力、弯矩、扭矩各项参数的定义完整，且对所有框架梁、框架柱构件都存在内力属性的定义；设计结果信息的完整性，对柱、梁、板、基础、楼梯等结构均存在完整的配筋设计信息。

（3）模型关联信息的完整性。主要包括构件之间关联信息的完整性，结构构件之间的关联性是 BIM 模型的基本特性之一，要求柱、梁、楼板、基础等结构构件存在对等的关联属性；模型与属性关联信息的完整性，要求结构模型中的构件均具备材料、内力、计算结果等属性的关联；模型与视图的关联信息的完整性，要求三维构件与二维构件图元之间存在对等的关联关系，以保证对任一三维构件或二维构件图元的调整均能实现相关模型的动态更新。

（4）模型管理信息的完整性。要求所有结构构件均具有创建信息、完整的版本信息、构件状态信息等；此外还包括用户基本信息、权限分组、状态信息定义等。

2. 模型的一致性检查

由于基于 BIM 的结构施工图设计需要解决分布式、多源异构工程数据之间的一致性和全局共享问题，因此在结构施工图设计之前需要对设计模型的一致性进行检查。基于 IFC 标准的建筑结构施工图设计 BIM 模型的实体结构包含完备的模型关联机制，通过对该模型的遍历检索可实现对模型一致性的检查。针对结构施工图设计模型的特点，模型一致性检查内容主要包括模型关联构件的一致性、协同设计模型状态的一致性、模型与视图的一致性、发布图档的一致性。

（1）模型关联构件的一致性。结构构件关联关系的对称性为关联构件的一致性提供了机制上的保障。此外，模型构件的修改需要将与该构件相关联的构件进行相应的调整，关联构件一致性的检查即通过关联节点的对比验证相关联构件是否信息一致。

（2）协同设计模型状态的一致性。对于网络协同设计工作环境下，为提升操作体验，允许用户通过本地模型副本的方式进行结构施工图设计，为保证本地模型副本与服务器模型的一致性，需要通过“签入-签出”机制对服务器模型进行控制。协同设计模型状态的一致性检查是通过对比本地数据模型与服务器模型的状态记录实现。

（3）模型与视图的一致性。模型与视图的关联性为模型与视图的一致性提供了机制上的保障。由于结构施工图设计模型的复杂性，难免会出现结构模型与视图不一致的现象。模型与视图的一致性检查通过对模型构件的底层数据与关联二维构件图元的底层数据进行对比实现。

（4）发布图档的一致性。对于网络协同设计工作环境下，具有设计权限的各用户都可以发布施工图档。通过服务器共享图档的方式进行图档信息管理。发布图档的一致性检查通过对比本地图档与服务器图档的版本信息实现。

3. 模型的可拼装性检查

结构施工图设计模型可拼装性检查是指按照自下而上的顺序对模型构件进行数字化拼装，检查相关构件的搭接、支承、碰撞等关系。结构施工图设计模型可拼装性检查的主要内容包括上下层柱之间的支承关系、梁与柱之间的搭接关系、主次梁之间的搭接关系、板与梁之间的搭接关系、楼梯与结构整体模型的拼装关系、各类结构构件之间的碰撞关系等。

（1）上下层柱之间的支承关系。按照结构设计规范的构造要求，上层柱的下端应该支承在下层柱的上端，且上层柱的投影不宜超出下层柱的投影范围。因此需要对上下层柱之间的支承关系进行检查，避免出现柱悬空或悬挑布置的情况。

（2）梁与柱之间的搭接关系。按照竖向荷载的传递路径，框架梁需要与框架柱进行搭接。为保证梁与柱之间实现有效搭接，要求在搭接节点处框架梁的投影宽度小于搭接框架柱在该方向的投影宽度。

（3）主次梁之间的搭接关系。根据梁两端搭接对象的不同，将混凝土梁分为主梁（框架梁）和次梁，次梁的两端与主梁进行搭接。按照结构设计规范的构造要求，次梁的截面高度一般应小于搭接主梁的截面高度，以保证次梁纵向钢筋的梁端锚固。

（4）板与梁之间的搭接关系。对于一般的钢筋混凝土框架结构，至少楼板的一端与梁构件进行搭接。通过检查板构件的关联构件列表，校核板构件与梁构件的搭接关系，避免出现悬空板的情况。

（5）楼梯与结构整体模型的拼装关系。楼梯结构模型的定义与配筋设计一般不在结构施工图整体设计模型上进行，因此在设计过程中涉及楼梯模型与结构整体设计模型的拼装关系，需要对楼梯构件与整体结构构件进行碰撞检查。

（6）各类结构构件之间的碰撞关系。通过按楼层遍历各类结构构件，判断构件与该构件关联构件之外构件的空间关系，如果存在交集则判断为存在物理碰撞关系。

基于 IFC 标准的施工图设计 BIM 模型具有的模型信息可识别性、关联性等特征，为设计模型的自动检查提供数据支持。如图 5-2 所示为施工图设计模型的主要模型逻辑结构。该模型采用面向对象的模型结构进行模型数据的组织，整个模型分成项目（IfcProject）、建筑物（IfcBuilding）、楼层（IfcBuildingStory）、结构构件（IfcBuildingElement）4 个层次。其中 IfcBuildingElement 实体又派生出楼板（IfcSlab）、梁（IfcBeam）、柱（IfcColumn）、基础（IfcFooting）、楼梯（IfcStair）等子实体。IfcBuildingElement 实体及子实体之间可以通过节点关联实体（IfcRelConnectsElements）建立关联。此外，通过关联关系还建立了与 IfcBuildingElement2D、IfcMaterial 以及相关属性集的关联。

如图 5-3 所示为结构施工图设计 BIM 模型自动检查功能的主要工作机理，该功能以

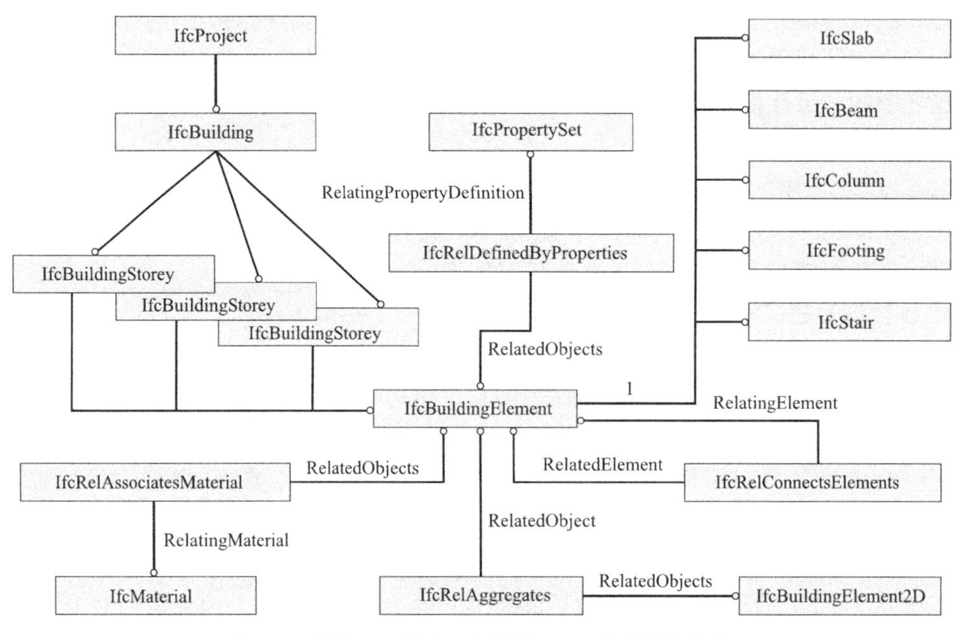

图 5-2　基于 IFC 的施工图设计 BIM 模型逻辑结构

施工图设计 BIM 模型自动检查模块为中心，以结构施工图设计 BIM 模型为检查对象，将上文所述的模型完整性、一致性和可拼装性检查内容融入检查程序中，通过对该 BIM 模型进行遍历检索，实现模型的程序自动检查。本模块可以将模型检查结果以检查报告或图形化视图的方式输出，供工程设计人员参考调整。

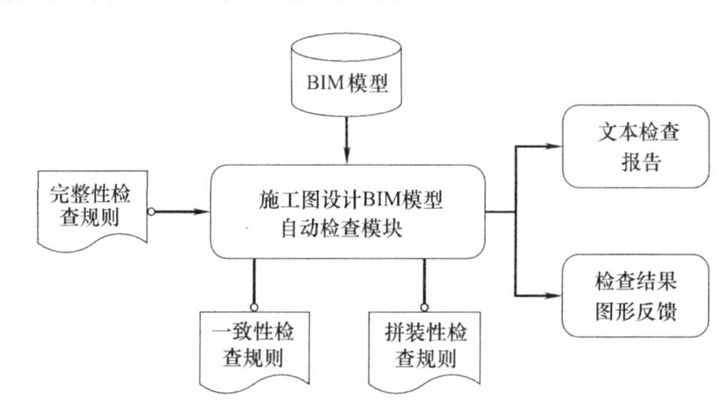

图 5-3　施工图设计 BIM 模型自动检查的工作机理

以梁、柱结构构件的可拼装性检查为例，介绍模型自动检查的主要流程。如图 5-4 所示为梁构件的模型检查流程，该过程分成模型准备、模型检查、结果输出 3 个阶段。其中，模型准备阶段完成 BIM 模型中与检查构件相关的信息提取；模型检查阶段完成对该梁构件的属性信息、关联信息、搭接、支承、碰撞的检查；结果输出阶段完成模型调整和检查报告输出。

如图 5-5 所示为对一栋 4 层钢筋混凝土框架结构模型进行梁、柱可拼装性检查的结果。系统可以自动检查出模型存在以下 4 处错误（以深色构件显示）：二层框架柱 KZ-4 在一层没有关联支承框架柱；二层框架梁 KL-9 与框架柱的搭接处超出了框架柱的范围；三层框架柱 KZ-3 的下截面投影超出一层支承柱的截面投影范围；一、三、四层的次梁 L2

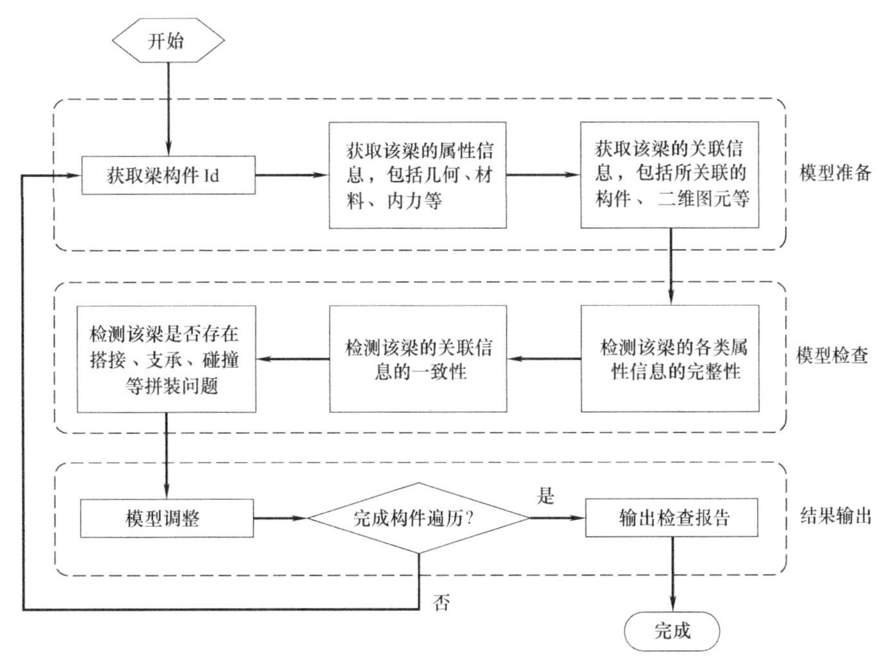

图 5-4　梁构件的模型检查流程

与框架梁存在搭接问题，次梁截面底边位置超出梁底边，图 5-5（b）为模型检查结果的文本报告。

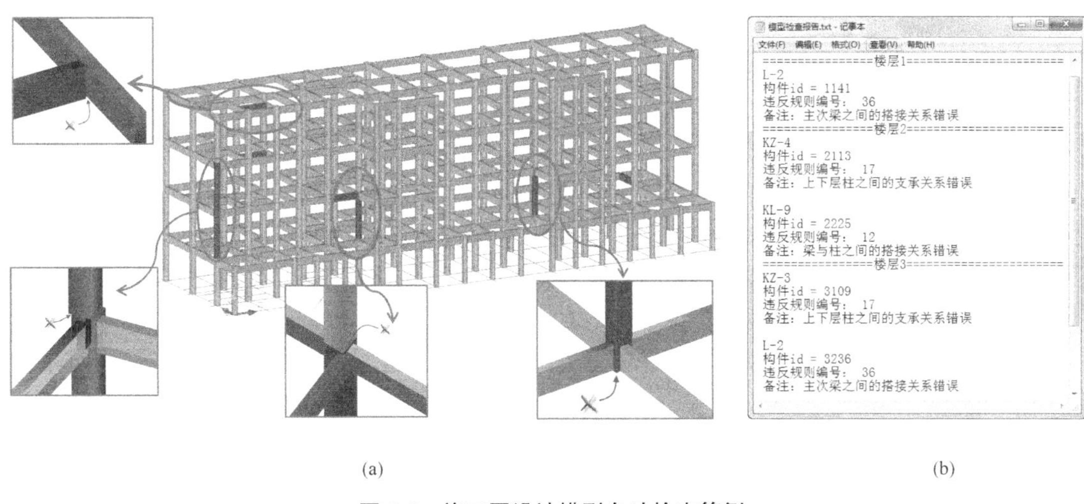

图 5-5　施工图设计模型自动检查算例

（a）模型检查结果的图形显示；（b）模型检查结果的文本报告

5.2.2　模型的构件归并

设计结果的可施工性是结构施工图设计应考虑的重要因素之一，减少结构构件的种类是提高结构设计结果可施工性的最有效手段。因此，在结构施工图配筋设计之前需要对结构施工图设计模型进行构件归并。基于结构施工图设计 BIM 模型的模型构件归并是在结构施工图标准层内部进行的，对结构尺寸相同的构件进行配筋归并，不涉及尺寸相近构件的归并，归并的构件类型主要涉及框架梁和框架柱两类结构构件。

5.2.2.1 施工图标准层的划分

考虑到结构施工图设计成果的施工便利性，需要将结构构件布置相同、构件配筋相近的结构楼层划分为结构施工图标准层。该处的结构施工图标准层不同于结构模型的标准层，是结构模型标准层的“子集”，即不同的结构模型标准层一般对应于不同的结构施工图标准层，相同结构模型标准层对应一个或多个结构施工图标准层。图 5-6 给出了结构设计模型标准层与结构施工图标准层对应关系的示例。该结构模型共包括 6 个实际楼层，在建模过程中定义了 2 个结构模型标准层，结构标准层 1 为实际楼层 1，结构标准层 2 包括实际楼层 2～6。在结构施工图设计中，由于顶层在楼面荷载和配筋构造上与其他楼层差异显著，因此将结构标准层 2 划分为结构施工图标准 2 和结构施工图标准层 3。

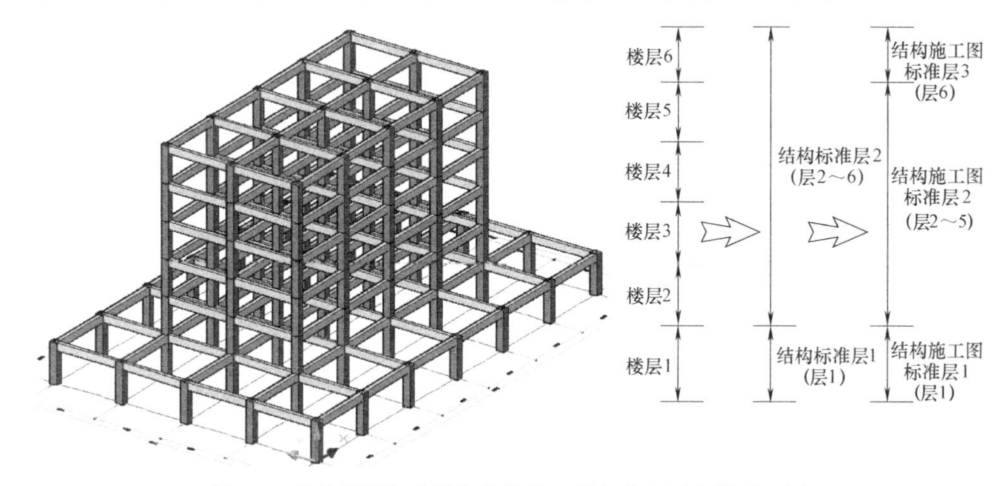

图 5-6 结构模型标准层与结构施工图标准层对应关系示例

如图 5-7 所示为基于施工图设计 BIM 模型的施工图标准层划分流程，通过对施工图 BIM 模型中各结构标准层进行遍历，按是否满足钢筋归并要求对结构标准层中的结构楼层进行二次归并，实现施工图标准层的程序划分。

5.2.2.2 混凝土梁的归并

结构施工图设计 BIM 模型中的混凝土梁构件以支承在柱、墙等竖向构件之间“梁段”的形式存在。而在混凝土结构平法施工图中，混凝土梁是以“连续梁”为基本单位进行配筋表达的。因此对于混凝土梁的归并需要解决梁端支座识别、连续梁生成、连续梁归并 3 个技术问题。

1. 梁端支座识别

对结构施工图设计 BIM 模型中的梁构件按照两端支承情况的不同识别支座类型。梁的支座是梁的内力传递支承点，按照支承构件的不同，梁的支座可分为梁-梁支座、梁-柱支座、梁-墙支座，如图 5-8 所示。

对于梁-柱支座、梁-墙支座的识别比较简单，只需要判断构件之间存在相交关系即可。梁-梁支座的识别需要根据内力分布情况进行判别，主要判别原则如下：

（1）模型中预定义的次梁，梁的两端自动识别为支座。

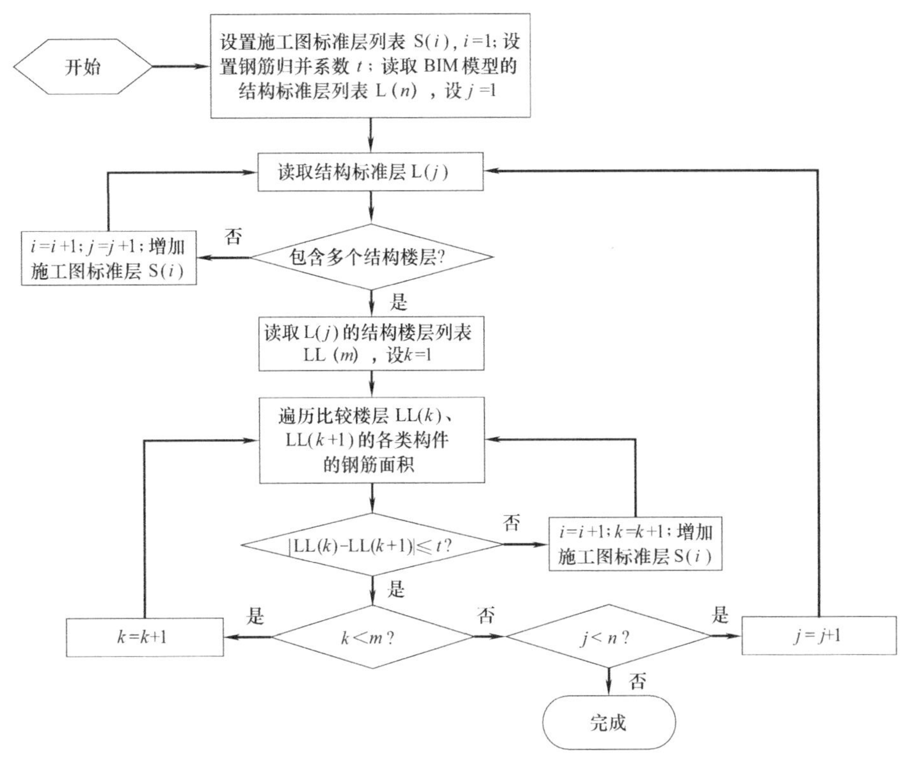

图 5-7　基于施工图设计 BIM 模型的施工图标准层自动划分

（2）梁-梁相交，编号分别为 L_1、L_2，L_1 梁高大于 L_2 梁高，且 L_1 支座处恒荷载作用下梁下部受压（$M_{恒}<0$），则判定 L_1 为 L_2 的支座；反之判定 L_2 为 L_1 的支座。

（3）梁端跨一端支承在柱（墙）上，另一端与梁支承，如与梁支承端恒荷载作用下梁下部受压（$M_{恒}<0$），则该梁端跨为悬挑。

图 5-9 为按照上述规则进行梁支座识别的示例，图中 KL_1 左侧两跨与框架柱支承，直接识别为支座，最右侧一跨符合判定准则（3），识别为悬挑梁跨；KL_2 的中部与 L_1 的节点符合判定准则（2），识别为 KL_2 支承 L_1；L_1 与 L_2 的识别符合判定准则（1）的规定。

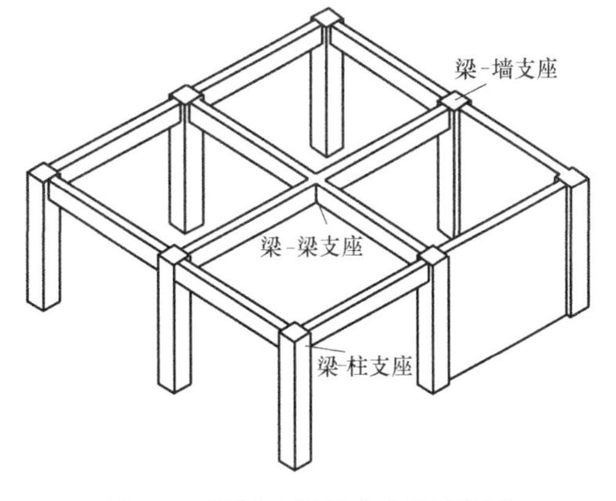

图 5-8　混凝土梁的支座类型示意

2. 连续梁生成

根据混凝土梁的支座类型，按轴线生成连续梁。基于 IFC 的施工图设计 BIM 模型体系为混凝土梁的支座识别和连续梁生成提供了模型基础。如图 5-10 所示为基于 IFC 的混凝土梁实体关联模型，在该模型中梁实体（IfcBeam）通过节点关联实体（IfcRelConnect-sElements）建立与柱实体（IfcColumn）和墙实体（IfcWall）的关联，通过集合关联实体（IfcRelAggregates）建立与轴线实体（IfcGridAxis）的关联，可实现基于轴线的连续

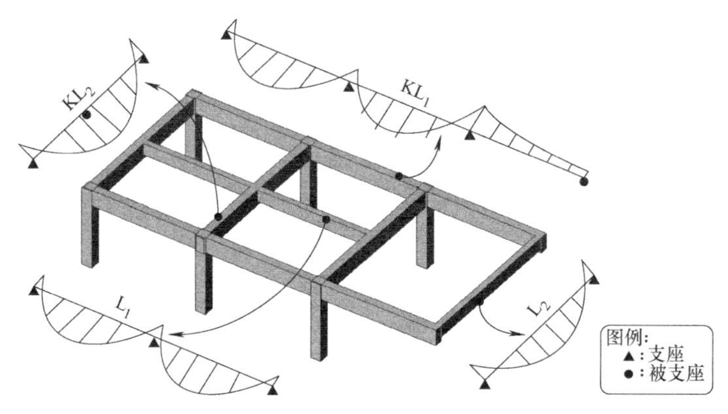

图 5-9　混凝土梁支座识别示例

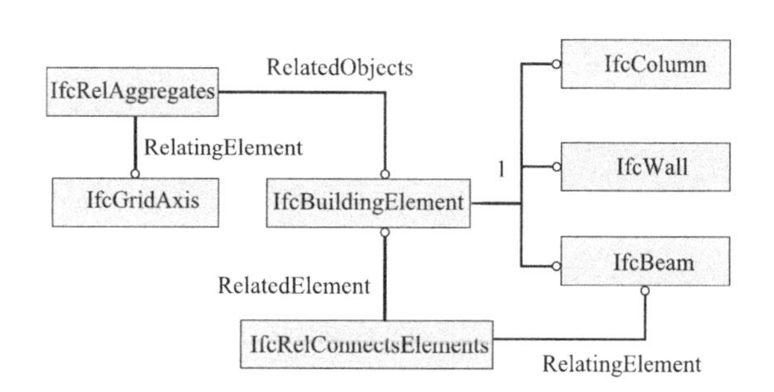

图 5-10　基于 IFC 的混凝土梁实体关联模型

梁生成。

在生成连续梁的过程中，需要对梁构件的类型进行判断：

（1）如果连续梁的支座中存在框架柱，则该连续梁定义为框架梁，以 KL 标识；否则该连续梁定义为非框架梁，以 L 标识。

（2）如果梁上侧不存在柱、墙等竖向结构构件，则该梁被定义为屋面梁，以 WKL 标识。

（3）如果梁上侧存在梁托柱的情况，则该梁被定义为框支梁，以 KZL 标识。

3. 连续梁归并

连续梁归并是在施工图标准层内对除配筋外其他参数均相同的连续梁按照钢筋归并要求进行归并，归并过程应按以下规则进行：

（1）梁构件的构件类型相同。按照梁构件位置及支承情况的不同，可分为楼层框架梁、屋面框架梁、框支梁、非框架梁、悬挑梁等，只有类型相同的梁才能放入同一归并列表中进行归并。

（2）梁构件的支承类型及截面尺寸相同。只有梁跨数、支座类型、截面尺寸完全相同的梁才能放入同一归并列表中进行归并。

（3）配筋值相近。梁构件考虑归并的配筋包括左支座纵筋、右支座纵筋、跨中底部纵筋类钢筋，只有各类钢筋的面积相对差值在归并系数范围内的构件才能放入同一归并列表中进行归并。

梁构件归并系数包括截面钢筋归并系数 S_1 和连续梁归并系数 S_2 两个参数，且定义

$S_2=1-S_1$。S_1 的含义为对比截面的钢筋面积偏差在 S_1 范围内，认为该截面配筋可归并，归并后的配筋为各截面的最大配筋。S_2 的含义为可归并的截面数占控制截面总数的百分比大于 S_2 时，则梁构件归并为同一构件，构件配筋取各构件配筋的包络。

如图 5-11 所示的两根 3 跨混凝土框架梁，跨度、截面尺寸、支承情况均相同，仅钢筋计算面积不同。

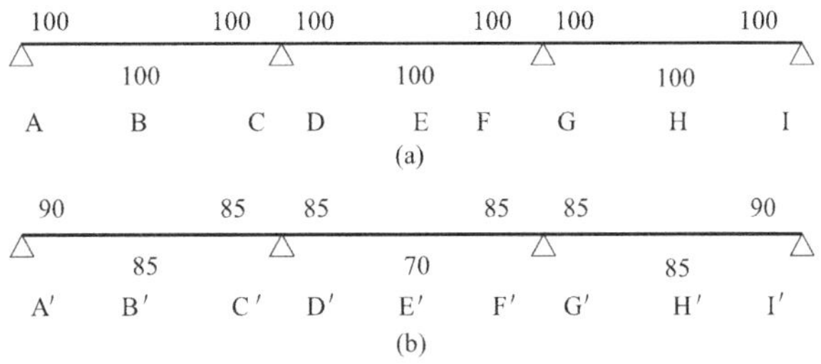

100 100 100 100 100 100
100 100 100
A B C D E F G H I
(a)

90 85 85 85 85 90
85 70 85
A′ B′ C′ D′ E′ F′ G′ H′ I′
(b)

图 5-11 梁构件归并原理示例

(a) KL-1；(b) KL-2

当 S_1 取 0.1 时，可归并的截面为 A/A′、I/I′，$S_2=1-S_1=0.9>2/9$，KL-1 与 KL-2 不可归并；当 S_1 取 0.2 时，可归并的截面为 A/A′、B/B′、C/C′、D/D′、F/F′、G/G′、H/H′、I/I′，$S_2=1-S_1=0.8>8/9=0.89$，KL-1 与 KL-2 可归并。

如图 5-12 所示为施工图设计 BIM 模型的混凝土梁的归并流程。该流程分成梁端支座识别、连续梁生成、连续梁归并 3 个阶段，分别解决跨梁端的支座类型识别、沿轴线的连续梁生成、施工图标准层中的梁构件钢筋归并问题。

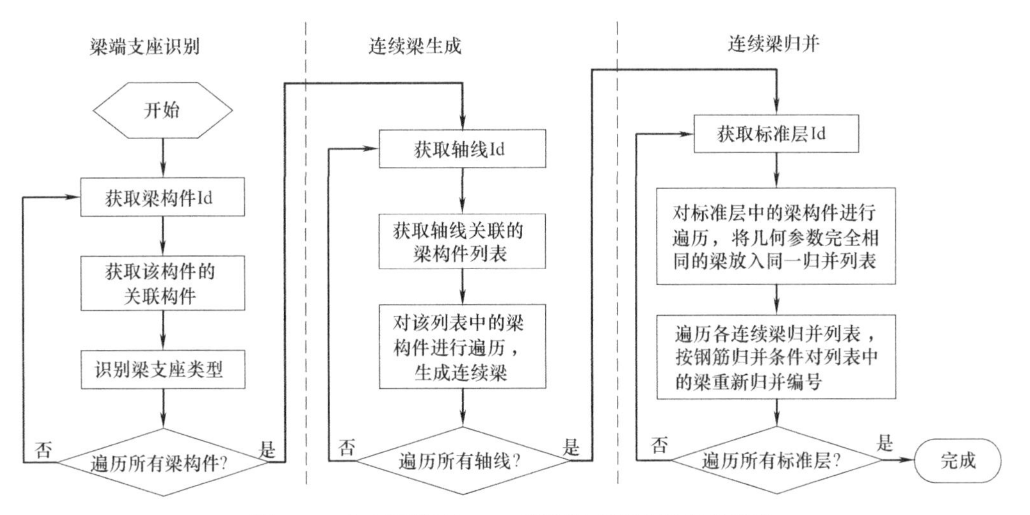

图 5-12 施工图设计 BIM 模型的混凝土梁归并算法

5.2.2.3 混凝土柱的归并

结构施工图设计 BIM 模型中的混凝土柱构件以分布在各自然楼层中“柱段”构件的形式存在。而在混凝土结构平法施工图中，以施工图标准层范围内的“连续柱”为基本单位进行配筋表达。因此对混凝土柱的归并需要解决柱类型识别、连续柱生成、连续柱归并 3 个技术问题。

1. 柱类型识别

按支承类型的不同，混凝土柱可分为框架柱、框支柱、梁上柱、剪力墙上柱等类型，主要判别原则如下：

（1）混凝土柱的上、下端均与混凝土柱相关联，则定义该混凝土柱为框架柱，以 KZ 标识。

（2）混凝土柱的下端被混凝土柱支承、上端与框支梁相关联，则定义该混凝土柱为框支柱，以 KZZ 标识。

（3）混凝土柱的下端被混凝土梁支承，则定义该混凝土柱为梁上柱，以 LZ 标识。

（4）混凝土柱的下端被混凝土剪力墙支承，则定义该混凝土柱为剪力墙上柱，以 QZ 标识。

2. 连续柱生成

在施工图标准层范围内，按柱构件的轴网定位生成连续柱。基于 IFC 的施工图设计 BIM 模型为混凝土柱类型识别和连续柱生成提供了模型基础。如图 5-13 所示为基于 IFC 的混凝土柱关联模型，在该模型中柱实体（IfcColumn）通过节点关联实体（IfcRelConnectsElements）建立与梁实体（IfcBeam）和墙实体（IfcWall）的关联，通过集合关联实体（IfcRelAggregates）建立与轴线实体（IfcGridAxis）的关联，通过空间关联实体（IfcRelContained- InSpatialStructure）建立楼层实体（IfcBuildingStorey）与该楼层中 IfcColumn 实体的关联，从而实现基于施工图标准层的连续柱生成。

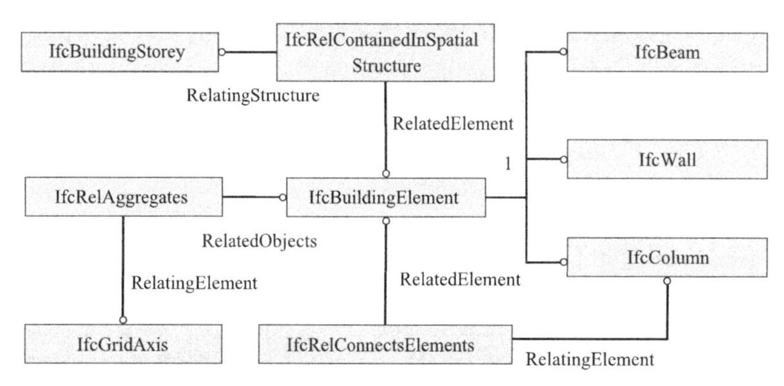

图 5-13　基于 IFC 的混凝土柱实体关联模型

3. 连续柱归并

连续柱归并是在施工图标准层内对除配筋外其他参数均相同的连续柱按照钢筋归并要求进行构件归并，归并过程应按以下规则进行：

（1）柱类型一致。只有类型一致的连续柱构件才能放入同一归并列表中进行归并。

（2）截面尺寸相同。只有截面尺寸完全相同的柱才能放入同一归并列表中进行归并。

（3）构件配筋值相近。柱构件的配筋包括 X 向纵筋、Y 向纵筋、角部钢筋、箍筋 4 个参数，只有各类钢筋参数相对差值在归并系数范围内的构件才能放入同一归并列表中进行归并。

如图 5-14 所示为施工图设计 BIM 模型混凝土柱的归并流程。该流程分成柱类型识别、连续柱生成、连续柱归并 3 个阶段，分别解决自然层中混凝土柱的类型识别、施工图标准层中的连续梁生成和连续柱构件钢筋归并问题。

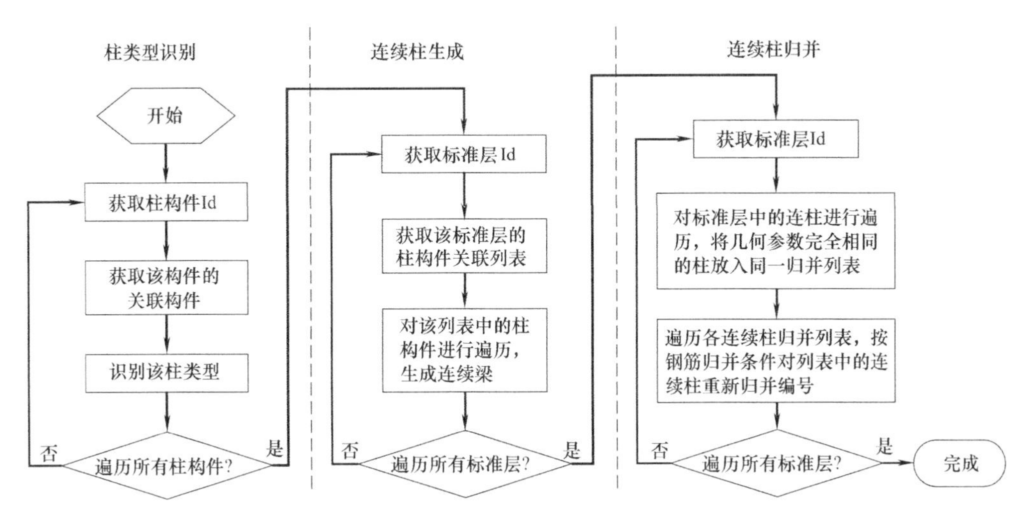

图 5-14　施工图设计 BIM 模型的混凝土柱归并流程

5.3　施工图设计 BIM 模型的配筋设计与规范校验

混凝土结构的配筋设计是根据结构构件的计算配筋面积选配钢筋的过程。由于配筋设计需要综合考虑钢筋面积、钢筋种类、构造要求等多种因素，因此配筋设计是一个极其复杂的过程。本项目在基于 IFC 的施工图设计 BIM 模型上，通过构件钢筋试配、配筋优化设计、规范自动校验等环节，实现钢筋混凝土结构的智能配筋设计。

5.3.1　混凝土结构配筋设计

基于施工图设计 BIM 模型的配筋设计与现有结构软件中的配筋设计相比，最大的差异在于整个设计过程都基于统一的信息模型进行，通过将配筋设计划分为钢筋试配、配筋优化、规范校验等过程，不仅降低了每个环节的设计难度，而且最终可以得到更优的配筋设计结果。本节的设计目标是实现柱、梁、板构件的钢筋试配，只需实现满足设计要求的较优可行解即可。后续的配筋优化、规范校验环节将在配筋最优和满足规范等方面提供保障。

1. 柱构件的配筋设计

柱构件的配筋设计主要包括纵筋选配和箍筋选配两项内容，主要设计过程如下：

（1）选配纵筋。按照纵筋直径 $d\in\{14, 16, 18, 20, 22, 25\}$，纵筋间距 S 满足 $80\leqslant S\leqslant 200$，形成纵筋选筋库 $\{A_{s1}, A_{s2}, \cdots, A_{si}, \cdots, A_{sn}\}$，并由限定条件 $A_{s计算}\leqslant A_{si}\leqslant A_{smax}$ 剔除解空间中的不可行解，选取可行解集合中配筋面积最小的方案作为钢筋选配结果。对 X、Y 向分别进行纵筋选配，取两方向最大直径钢筋作为角部钢筋。

（2）选配箍筋。按照换算公式 $nA_{sv0}/S\geqslant A_{sv}/100$ 选配加密区箍筋的肢数（n）、直径（d）、间距（S），并满足附录 D 中表 D-2 中箍筋的构造要求，将加密区箍筋的肢数（n）、直径（d）代入公式 $nA_{sv0}/S_1\geqslant A_{sv}/100$ 计算非加密区箍筋间距（S），并满足附录 D 中表 D-2 对箍筋的构造要求。

2. 梁构件的配筋设计

梁构件的配筋包括跨中正筋、支座负筋、梁箍筋、梁腰筋、次梁附加箍筋5类，主要设计过程如下：

（1）选配跨中正筋。按各梁段进行选配，对钢筋可选直径和可选根数进行组合，将满足计算配筋面积、钢筋间距要求的纳入配筋的可行解集合，选取配筋面积最小的方案作为钢筋选配结果。

（2）选配支座负筋。各梁段支座负筋的选配方法与跨中正筋的选配方法相同，在进行各梁段选配置后取各梁段最大直径钢筋作为通长钢筋，对不包含该直径钢筋的梁段重新进行配筋调整。

（3）选配梁箍筋。遍历各梁段获取加密区箍筋的最大计算面积 A_{sv}，按照换算公式 $nA_{sv0}/S \geqslant A_{sv}/100$ 选配加密区箍筋的肢数（n）、直径（d）、间距（S），并满足附录D中表D-1中箍筋的构造要求，同理重复上述过程可获得非加密区箍筋的配筋信息。

（4）选配梁腰筋。按照《混凝土结构设计规范》GB 50010—2010 第10.2.16条的规定，腹板高度 $h_w \geqslant 450$mm 的梁，按直径 $d=16$mm 间距不大于200均匀布置梁腰筋，如单侧腰筋截面面积 $A_s < 0.01bh_w$，则增大腰筋直径，直至满足配筋率要求为止。

（5）选配次梁附加箍筋。按次梁两侧各设置3个附加箍筋进行设计，取次梁设计荷载的一半 $F_l/2$ 进行附加箍筋计算，按公式 $6A_{sv}f_y \geqslant F_l/2$ 计算附加箍筋，当计算的附加箍筋直径小于主梁箍筋直径时，取主梁箍筋作为次梁附加箍筋。

3. 板构件的配筋设计

板的配筋设计基于整体连续板模型进行，设计内容包括选配支座负筋和选配跨中正筋：

（1）选配跨中正筋：由公式 $A_s = M/(0.9h_0 f_y)$ 计算板钢筋的计算面积，按附录D中表D-3中板钢筋的构造要求确定钢筋的直径（d）、间距（S）的备选库，$d \in \{d_1, d_2, \cdots, d_i, \cdots, d_{n1}\}$、$S \in \{S_1, S_2, \cdots, S_i, \cdots, S_{n2}\}$，形成板钢筋的选筋库 $A_{s1} \in \{A_{s1}, A_{s2}, \cdots, A_{si}, \cdots, A_{sn}\}$，并由限定条件 $A_{s计算} \leqslant A_{si} \leqslant A_{smax}$ 剔除解空间中的不可行解，选取可行解集合中配筋面积最小的方案作为钢筋选配结果。

（2）选配支座负筋：单块板支座负筋的选配与跨中正筋的选配方法相同，不过需要对连续板的各板块选配之后进行配筋协调，当板边支座为连续支座时，需要对支座两边板支座负筋按面积大的配筋值选取。

5.3.2 基于改进遗传算法的配筋优化

钢筋混凝土结构的配筋设计是一个极其复杂的设计过程。在实际结构配筋设计中，设计人员通常参照ETABS、PKPM、YJK等结构设计软件的钢筋计算面积，按照设计习惯人工选配钢筋。不同的设计人员，甚至同一设计人员在不同时间对同一根构件的钢筋选配结果都有可能会不同。以图5-15所示钢筋混凝土框架梁的钢筋选配为例，图5-15（a）为在结构设计软件中该梁的钢筋计算面积，其中G120-60为梁箍筋加密区、非加密区的计算面积（按箍筋间距100mm换算）；600-0-600为梁上侧左端、中间、右端的纵向钢筋的计算面积；600-600-600为梁下侧左端、中间、右端的纵向钢筋的计算面积。图5-15（b）、图5-15（c）分别为结构设计师A、B的钢筋选配方案，两者不同之处在于纵筋选配A为

3 Φ 16（$A_s=603mm^2$），B 为 2 Φ 20（$A_s=628mm^2$）。两者均满足设计要求，A 的纵筋选配略低于 B，但箍筋选配略高于 B。在实际结构设计中，钢筋的选配依靠设计人员手动进行，只能保证配筋结果的可行性，一般达不到配筋方案的最优化。

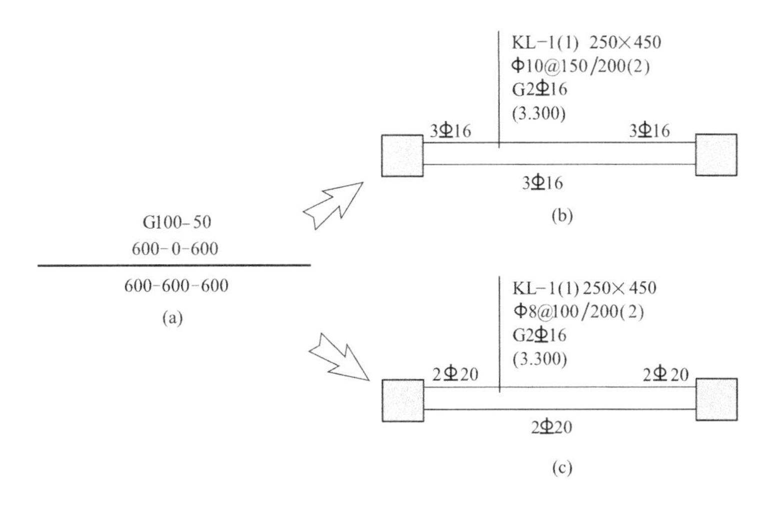

图 5-15　梁钢筋的不同选配方案示例

（a）KL-1 钢筋面积计算值；（b）结构设计师 A 选配的钢筋；（c）结构设计师 B 选配的钢筋

随着计算机数值分析与人工智能技术的发展，利用计算机程序进行建筑设计优化逐渐开始普及。混凝土结构配筋设计优化问题是典型的离散型非线性规划问题，本项目选用遗传算法对结构配筋进行优化设计。

遗传算法（Genetic Algorithm，GA）是借鉴自然界的生物进化规律而发展起来的随机搜索算法。20 世纪 70 年代，美国密歇根大学的 Holland 教授首先对该算法进行了完整的阐述，如图 5-16 所示为遗传算法的基本流程框图，该算法是一个不断迭代寻优的过程，通过选取、交叉、变异 3 个基本操作完成种群的一次进化。遗传算法具有全局寻优、隐含并行性、算法稳定性好等优点。目前遗传算法已作为一种有效的工具，广泛地应用于最优化问题求解之中。

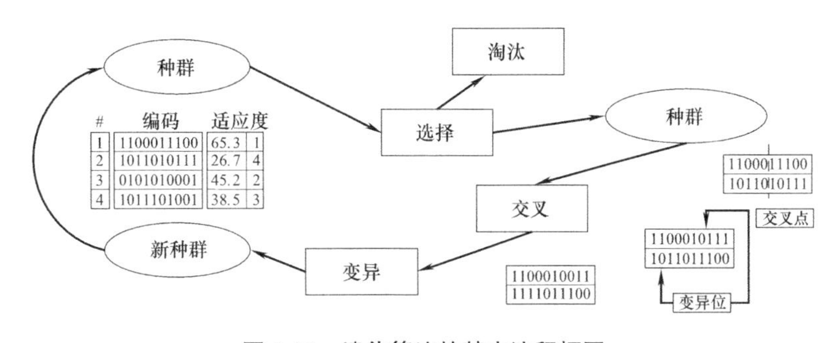

图 5-16　遗传算法的基本流程框图

1. 问题的定义

本节利用遗传算法对钢筋混凝土的配筋进行优化设计，实现满足构造和施工要求下配筋最省。以钢筋混凝土框架梁为研究对象，介绍基于遗传算法的结构配筋优化设计。

（1）优化变量选取：d_{s1}——左支座纵筋直径；n_{s1}——左支座纵筋根数；d_{s2}——跨中纵筋直径；n_{s2}——跨中纵筋根数；d_{s3}——右支座纵筋直径；n_{s3}——右支座纵筋根数；d_{sv}——箍筋直径；n_{sv}——箍筋肢数；s_1——加密区箍筋间距；s_2——非加密区箍筋间距。

（2）优化问题描述：以满足设计要求条件下梁构件的配筋量最小为优化目标。

$$\min S=\sum_{i=1}^{n}(A_{s1i(n_{s1},d_{s1})}+A_{s3i(n_{s3},d_{s3})})l_i/3+A_{s2i(n_2,d_2)}l_i+A_{svi(n_{sv},d_{sv})}m_{i(s_1,s_2,l_i)} \tag{5-1}$$

$$s.t.\quad A_{si}=n\pi d_i^2/4$$

$$A_{sv}=\pi d_{sv}^2/4$$

$$m=2l_1/s_1+l_2/s_2$$

$$l=2l_1+l_2$$

2. 基本算法描述

如图 5-17 所示为基于遗传算法的结构配筋优化求解流程，运用遗传算法进行钢筋混凝土结构配筋优化设计，需要解决染色体信息编码、适应度函数定义、遗传算子的选取 3 个关键问题。

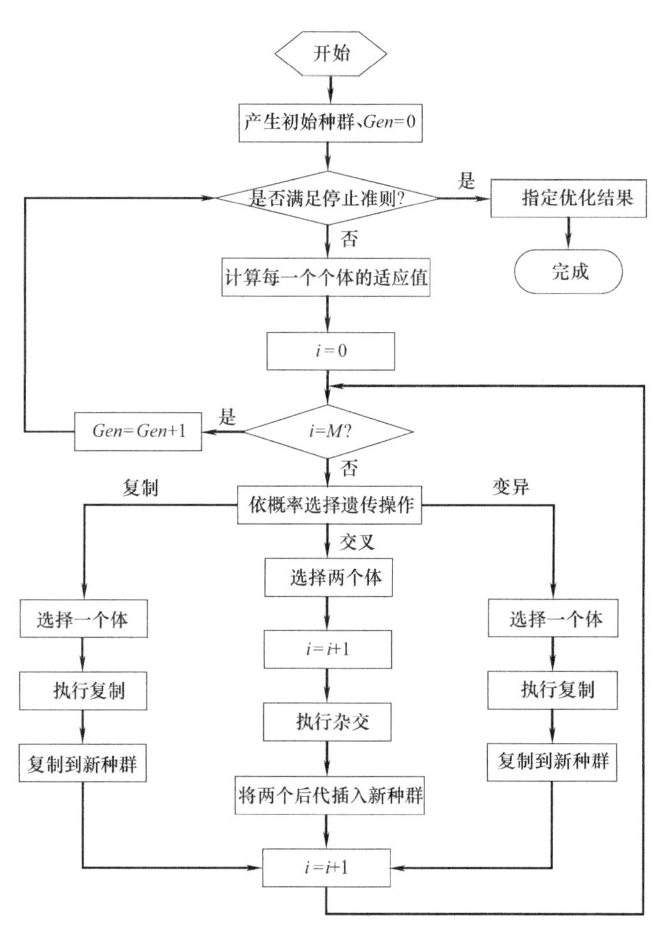

图 5-17　基于遗传算法的配筋优化求解流程

（1）染色体信息编码。针对钢筋的直径与根数为非均匀分布离散变量，采用二进制编码会出现大量非有效解，计算效率较低，故采用实数编码方法进行染色体编码。纵筋直径 $d_s \in \{12, 14, 16, 18, 20, 25\}$；纵筋根数 $n_s \in \{2, 3, 4, 5, 6, 7\}$；箍筋直径 $d_{sv} \in \{6, 8, 10, 12, 14\}$；箍筋间距 $s_{sv} \in \{100, 150, 200, 250, 300\}$；箍筋肢数 $n_{sv} \in \{2, 4, 6, 8\}$。

（2）适应度函数定义。以梁构件的钢筋造价为适应度函数，为简化计算，假设各类钢筋的单位体积价格相同，则适应度函数转化为梁构件的钢筋体积最小值，见式（5-1）。

（3）遗传算子的选取。选择算子采用适应度比例法，$p_i = f_i \Big/ \sum_{j=1}^{n} f_j$；交叉算子采用单点交叉进行基因重组；变异算子选取采取基本变异算子方法，即对群体中染色体随机挑选 c 个基因位置并对这些位置以变异概率 P_m 进行变异操作。

3. 针对配筋优化的算法改进

针对混凝土结构配筋设计优化问题的优化变量具有离散型整数取值的特征，对算法中的交叉算子和变异算子进行了改进。

（1）交叉算子的改进。采用算术杂交方法进行交叉运算，即通过两个父代个体的线性组合产生两个子代个体。

设父代解向量为：

$$\begin{cases} x_1 = [x_1^{(1)}, x_2^{(1)}, \cdots, x_{10}^{(1)}] \\ x_2 = [x_1^{(2)}, x_2^{(2)}, \cdots, x_{10}^{(2)}] \end{cases} \tag{5-2}$$

取 10 个随机变量 $a_i = (0, 1)$，$i = 1, 2, \cdots, 10$，对式（5-2）进行以下操作：

$$\begin{cases} y_i^{(1)} = a_i x_i^{(1)} + (1-a_i) x_i^{(2)} \\ y_i^{(2)} = a_i x_i^{(2)} + (1-a_i) x_i^{(1)} \end{cases}, i = 1, 2, \cdots, 10 \tag{5-3}$$

获得子代个体：

$$\begin{cases} x_\alpha = [y_1^{(1)}, y_2^{(1)}, \cdots, y_{10}^{(1)}] \\ x_\beta = [y_1^{(2)}, y_2^{(2)}, \cdots, y_{10}^{(2)}] \end{cases} \tag{5-4}$$

（2）变异算子的改进。采用改进的高斯变异方法进行变异运算，即采用均值为 μ、方差为 σ^2 的正态分布的随机数代替原有基因值。

设 $x =$（x_1，x_2，…，x_k，…，x_{10}，）（$1 \leqslant k \leqslant m$）是父代一个解向量，选取 $x_k \in [a_k, b_k]$ 进行变异操作，变异后 x_k' 为：

$$x_k' = \begin{cases} x_k + k[b_k - x_k], rnd(2) = 0 \\ x_k - k[x_k - a_k], rnd(2) = 0 \end{cases} \tag{5-5}$$

式（5-5）中，$rnd(2)$ 表示随机产生整数模 2 所得结果，r 为（0，1）区间的随机数。执行变异操作后的子代为：

$$x' = (x_1, x_2, \cdots, x_k', \cdots, x_{10}) \tag{5-6}$$

4. 算法改进前后的性能对比

如图 5-18 所示为某框架梁采用普通遗传算法与改进遗传算法的优化效率对比。由图 5-18 可以看出，两算法采用相同的适应度函数初始值（42.1），经过 100 代遗传后，普通算法的优化值（30.9）高于改进遗传算法的优化值（30.0），改进遗传算法具有收敛速度更快的优点，可以提高算法的计算效率。

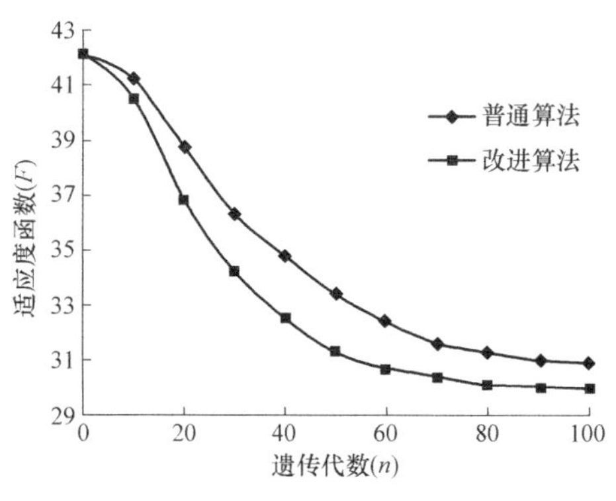

图 5-18 改进前后适应度函数效率对比

5. 算例验证

以一榀两跨钢筋混凝土框架梁为例（图 5-19）进行应用验证。混凝土强度等级为 C30，纵筋选配Ⅱ级钢筋，箍筋选配Ⅰ级钢筋，保护层厚度 $c=25$mm，截面尺寸 $b\times h=250$mm $\times$ 500mm，计算跨度分别为 $l_1=3.0$m、$l_2=6.0$m。优化变量的选取如图 5-19（b）所示。

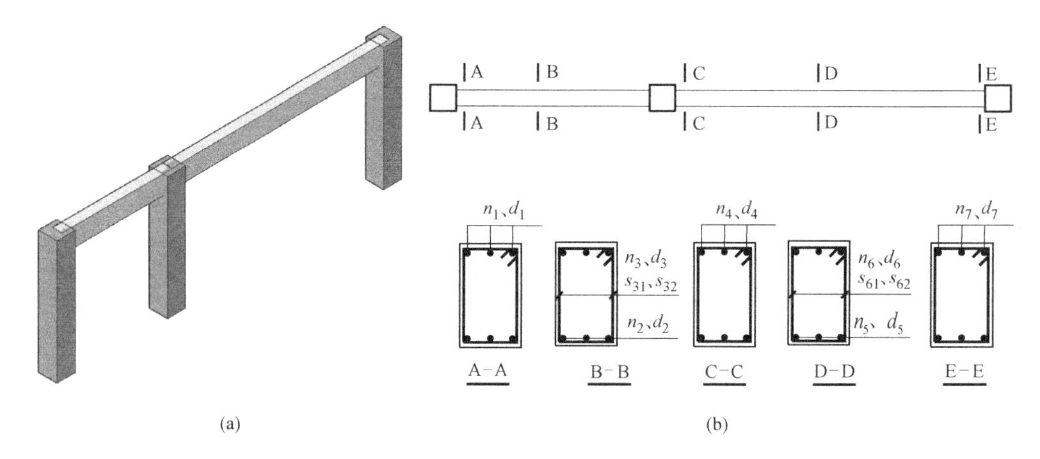

图 5-19 混凝土梁的设计模型及优化设计变量的选取

（a）算例模型；（b）优化设计变量的选取

对于上文建立的两跨钢筋混凝土框架梁，设置种群数目 $n=200$，杂交率 $P_c=0.95$，变异率 $P_m=0.10$，最大迭代次数 $Gen=100$，进行框架梁配筋优化。优化设计前后的配筋结果对比如图 5-20 所示，其中图 5-20（a）为 PKPM 软件计算的梁钢筋面积，图 5-20（b）为 PKPM 施工图模块自动选配的钢筋结果，图 5-20（c）为经过遗传算法优化后的配筋结果。

对遗传算法优化前后框架梁的钢筋用量进行对比：优化前选配钢筋的质量 $M_1=32.1$kg，优化后选配钢筋质量 $M_2=30.7$kg，节省钢筋成本 4.7%，且优化后两跨梁的钢筋连续性更好，提高了结构的可施工性。

5.3.3 基于设计规则的规范自动校验

建筑结构设计的结果必须满足相关建筑结构设计规范的要求。传统的建筑结构设计软件，大多将建筑结构设计规范的相关条文直接融入设计软件的设计过程中。对于结构设计人员来讲，设计结果是否满足相关规范的要求就如一个“黑箱”。因此，设计过程中经常需要人工对设计结果进行规范校验。随着计算机技术和人工智能的发展，一些研究人员开始利用计算机自动进行设计规范的校验。如 Choi 等利用 STEP 标准和 XML 文件探索了对建筑设计图档的规范自动校验，开发原型系统并进行应用验证。Tan 等利用 XML 文件

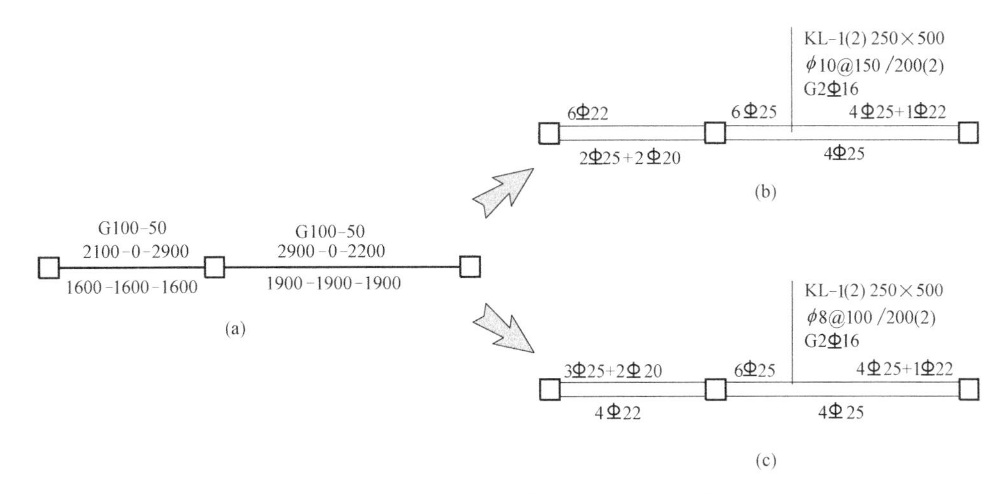

图 5-20　遗传算法优化前后的配筋结果对比

(a) PKPM 软件计算的梁钢筋面积；(b) PKPM 软件选配的钢筋；(c) 遗传算法优化后的配筋

对建筑物的采暖、通风、湿度等环境因素进行相关规范的校验。Yang 等则开发了在线规范自动校验系统用于工程模型的审查。上述研究都是基于部分模型数据进行规则校验，缺乏完整的信息模型的支持。

实现结构设计结果的规范自动校验是基于 BIM 的工程设计软件的显著特征之一。本节根据结构设计规范中的相关配筋构造要求建立规范校验规则库，通过遍历施工图设计 BIM 模型实现对结构设计规范的自动校验。如图 5-21 所示为基于规则库的规范自动校验算法，首先根据 BIM 模型的构件类型，在规则库中查询与该构件相关的配筋构造要求，然后将模型构件的相关配筋与设计规则库中的构造要求进行对比，判断构件配筋是否满足规范要求。

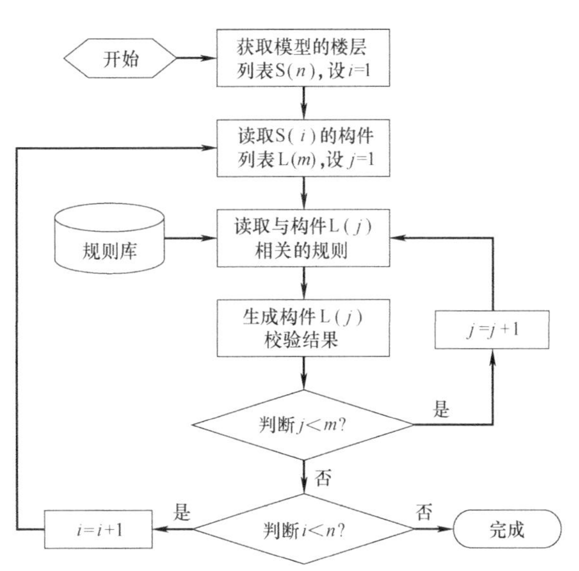

图 5-21　基于规则库的规范自动校验算法

本项目针对基于结构设计规则库的结构设计规范自动校验的需求，设计了规范自动校验模块，如图 5-22 所示，校验的推理机制采用基于规则的正向推理方法。其中，结构构件规范校验类（BuildingElement CodeChecker）是该模型的核心，该类作为基类派生了梁构件规范校验类（Beam CodeChecker）、柱构件规范校验类（Column CodeChecker）和板构件规范校验类（Slab CodeChecker）3 个校验子类。结构构件规范校验类通过关联关系与规范规则表（Rule Table）建立关联，可实现校验规则的调用。此外，结构构件规范校验类通过与施工图模型构件（BuildingElement）进行关联，可获取模型构件的设计信息。结构校验的结果可通过校验结果类（CodeCheck Result）进行校验结果的反馈和报表输出。

通过本项目的结构设计规范自动校验模块，可实现结构设计模型的结构构件和配筋的自动校验，为设计结果满足相关规范的要求提供技术保障。在本书第 8 章将对该内容进行详细的工程应用验证。

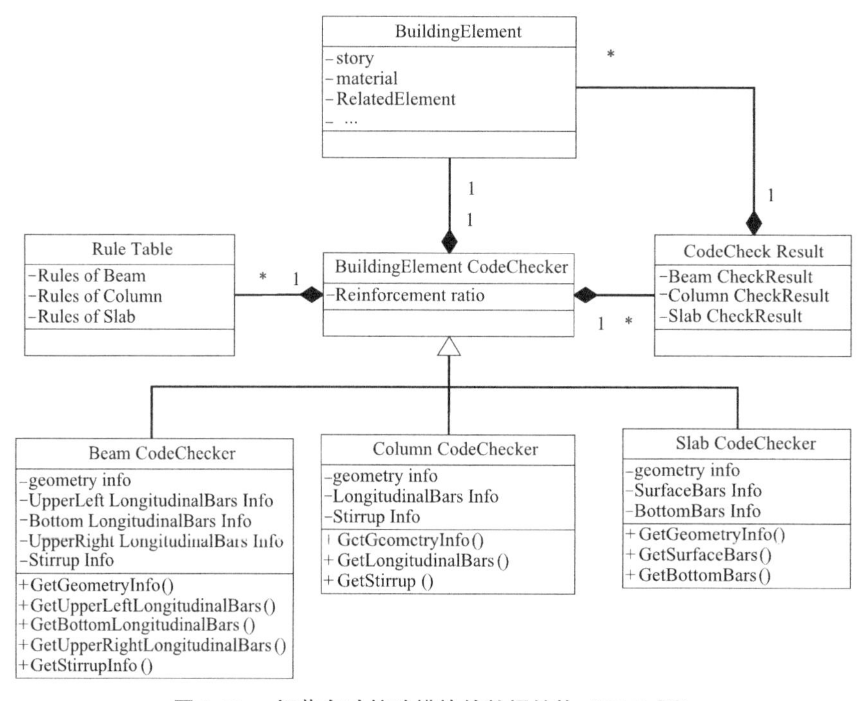

图 5-22　规范自动校验模块的数据结构（UML 图）

5.4　结构施工图的生成与修改

钢筋混凝土结构平法施工图是在结构平面布置图的基础上，按照图纸类型的不同添加相应的构件配筋、详图等信息。本节在基于 IFC 的结构施工图设计 BIM 模型和平法规则下，实现钢筋混凝土结构平法施工图的自动生成与关联修改。

5.4.1　钢筋混凝土结构施工图的生成

基于结构施工图设计 BIM 模型的钢筋混凝土结构施工图的生成与传统的结构施工图辅助设计软件相关功能对比，本质区别在于本项目施工图的生成以完整的施工图设计 BIM 模型为基础，利用 BIM 模型的信息可识别性和关联性的特征，实现混凝土结构平法施工图的自动生成。混凝土结构施工图的生成是一个极其复杂的设计过程，其中涉及大量的智能算法。本节选取该过程中最关键的 4 个智能算法进行介绍，它们分别是柱截面详图的生成、梁线的处理、连续梁集中标注的避让、智能布图技术。

1. 柱截面详图的生成

目前，在钢筋混凝土结构平法施工图中，框架柱配筋的常用表示方法有两种：截面注写法、列表注写法。本节选取截面注写法进行柱截面详图的表达。按照平法的相关规定，柱截面需表达的信息包括框架柱编号、截面轴网定位及尺寸、纵筋配置信息、箍筋配置信息等。其中，技术难点在于截面中纵筋、箍筋协调布置。如图 5-23 所示为框架柱常见的配箍样式，按箍筋形状不同可分为双肢箍、三肢箍、井字箍、菱形箍、八角箍等。

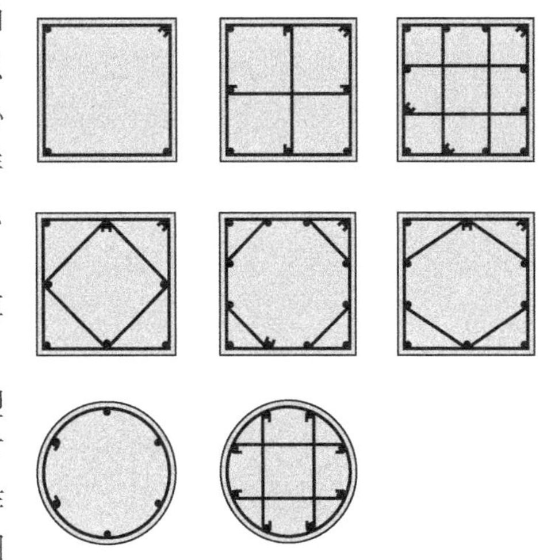
图 5-23　框架柱常见的配箍样式

如图 5-24 所示为框架柱截面详图生成的算法流程，该生成过程按照以下步骤进行：

（1）遍历归并后的柱列表，对每一种类型柱列表中的柱按照几何位置“自左向右”“自下向上”的顺序进行遍历，选取最左下角的柱作为生成截面详图柱，其他柱仅在柱平面布置图上标注柱编号。

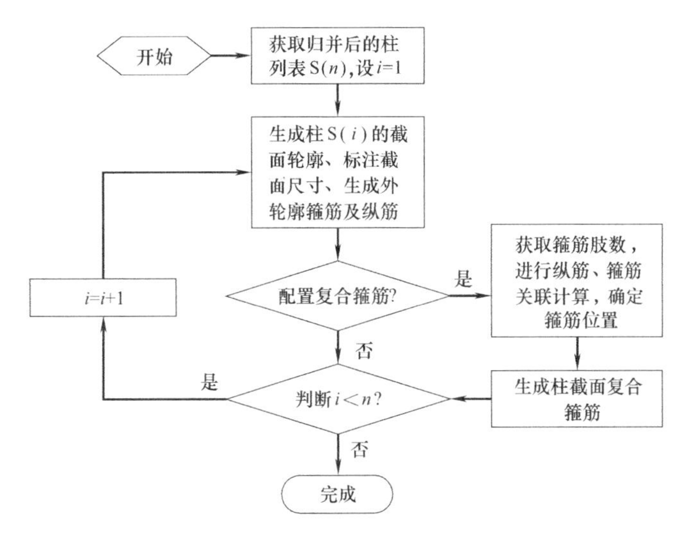

图 5-24　框架柱截面详图生成的算法流程

（2）对生成柱截面详图的框架柱，按截面详图绘制比例绘制柱截面轮廓，并以该柱的轴网定位点作为参照点插入该柱截面轮廓。

（3）标注柱截面定位尺寸，以引出线方式注写该柱的详细信息，包括柱编号、截面尺寸、纵筋配置信息、箍筋配置信息。

（4）截面详图中纵筋、箍筋的协调布置，首先按照配箍保护层和截面详图比例，在柱截面轮廓的内侧生成外轮廓箍筋，然后以外轮廓箍筋为参照，按照柱各边纵筋的根数信息等距离布置纵筋，最后按照箍筋的肢数、样式要求选取内侧箍筋的定位纵筋，生成内侧箍筋。

2. 梁线的处理

结构平面布置图是通过三维模型的垂直投影而得到。按照投影剖切面位置的不同，可以分为正投影法、镜像投影法两种。由于投影方向的不同，在施工图中构件轮廓的虚实也不同，BIM-SDDS-RC 系统提供了两种模式施工图的生成，用户可以在系统参数设置中进行配置。为避免引起歧义，本项目均以正投影法为施工图生成模式。

如图 5-25 所示为混凝土梁施工图中的梁线处理示例。该示例模型为单层混凝土框架结构，见图 5-25（a），柱距 6m，除边跨外框架梁沿柱居中布置外，轴网 2-3/B-C 范围无楼板布置。如图 5-25（b）所示为利用正投影法生成的梁平面布置图，在该图中虚线为投影不可见梁线，实线为投影可见梁线。

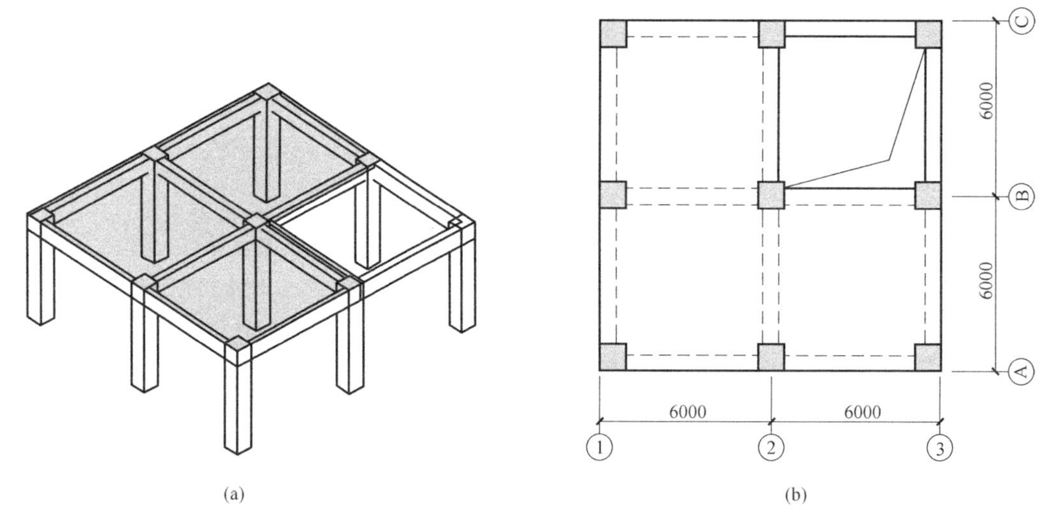

图 5-25　混凝土梁线处理示例

（a）三维模型；（b）梁平面布置图

在混凝土结构梁的平法施工图中，需要处理的梁线包括梁-柱交线、梁-梁交线、梁-板交线 3 种类型。以 3 种交线中最具代表意义的梁-板交线为例，介绍基于施工图设计 BIM 模型的交线自动处理方法。

本项目采用的梁-板关联模型（见本书第 4.4.2 节）为梁-板交线类型的判别奠定了模型基础。如图 5-26 所示为基于结构施工图设计 BIM 模型的梁-板交线自动处理算法。在该

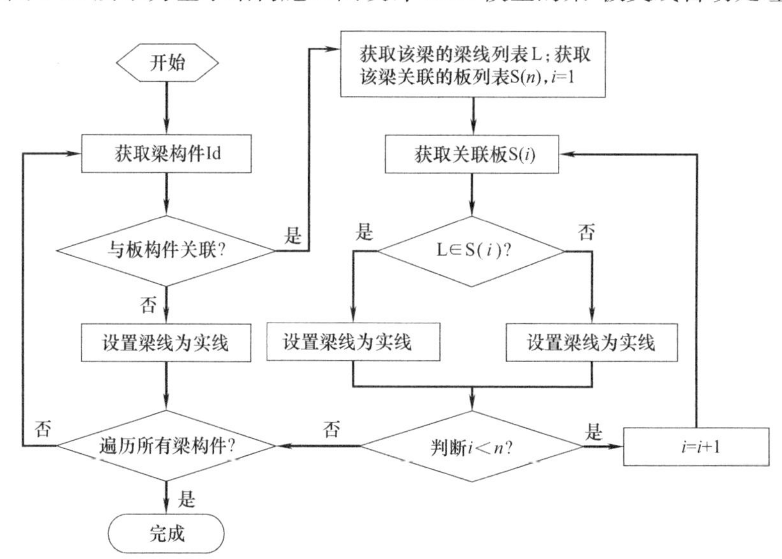

图 5-26　梁-板交线自动处理算法

算法中，通过 BIM 模型中的梁、板构件的关联关系，获取给定梁构件关联的板构件。通过判断上侧梁线与板构件几何轮廓的空间位置关系，判断该梁线是否可见，并给对应梁模型的梁线可见性属性赋值。遍历施工图设计模型中所有梁构件，可实现对模型中梁-板交线的自动处理。

3. 连续梁集中标注的避让

在梁的平法施工图中，连续梁集中标注的文字堆叠问题是计算机程序生成施工图纸面临的技术难题之一。对于常规的施工图设计软件，由于施工图由不可识别的点、线等二维图元组成，因此无法从根源上解决“图元堆叠”问题。图 5-27 为程序生成的施工图与设计人员手动布置的梁平法施工图的对比。在图 5-27（a）中，由于 KL-2 的平法配筋信息标注时无法识别 KL-1 的标注信息位置，故造成 KL-2 与 KL-1 的钢筋标注信息堆叠现象。在图 5-27（b）中，设计人员手动进行了钢筋集中标注信息位置的调整，避免了文字堆叠现象。

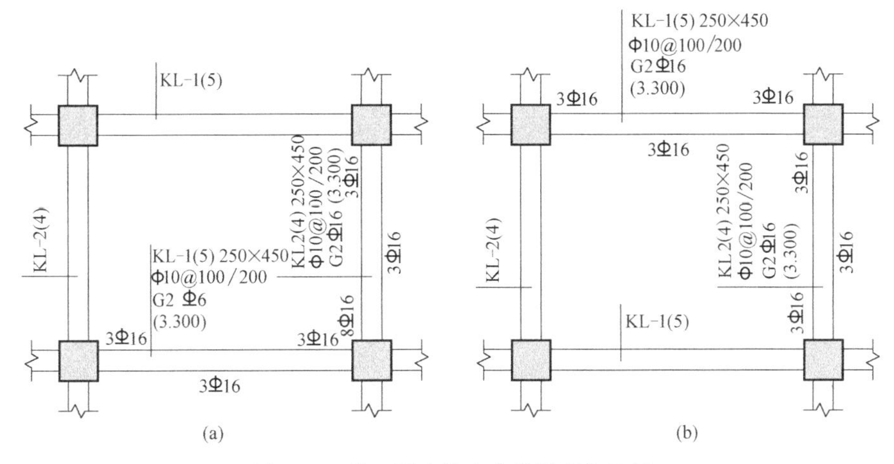

图 5-27　施工图中的文字堆叠现象示例

（a）程序自动生成的施工图；（b）手动调整后的施工图

模型信息的可识别性是 BIM 的突出特性之一。因此，利用 CAD 自定义实体技术实现对二维梁构件的封装，并且连续梁的集中标注设置“矩形包围框”，通过检测梁构件的矩形包围框与关联梁构件的矩形包围框是否存在交集实现。以某两跨框架梁为例，介绍梁集中标注避让的实现过程，框架梁的平面布置如图 5-28 所示。

基于施工图设计 BIM 模型的梁集中标注自动避让计算流程如下：

首先，计算 KL-1、KL-2、KL-3、KL-4 的集中标注包围框，形成梁集中标注包围框可选位置列表，如 KL-1 可选列表 $A \in \{A_1、A_2\}$，KL-2 可选列表 $B \in \{B_1\}$，KL-3 可选列表 $C \in \{C_1、C_2\}$，KL-4 可选列表 $D \in \{D_1、D_2\}$。

然后，按照梁构件的编号顺序，依次确定各连续梁的集中标注位置，主要步骤如下：

（1）设置 KL-1 的集中标注位置。按照优先级“自下向上、自左向右”逐渐降低的规则，初选定 A_1 位置。

（2）设置 KL-2 的集中标注位置。由于在 KL-2 的集中标注可选列表中只存在可选位

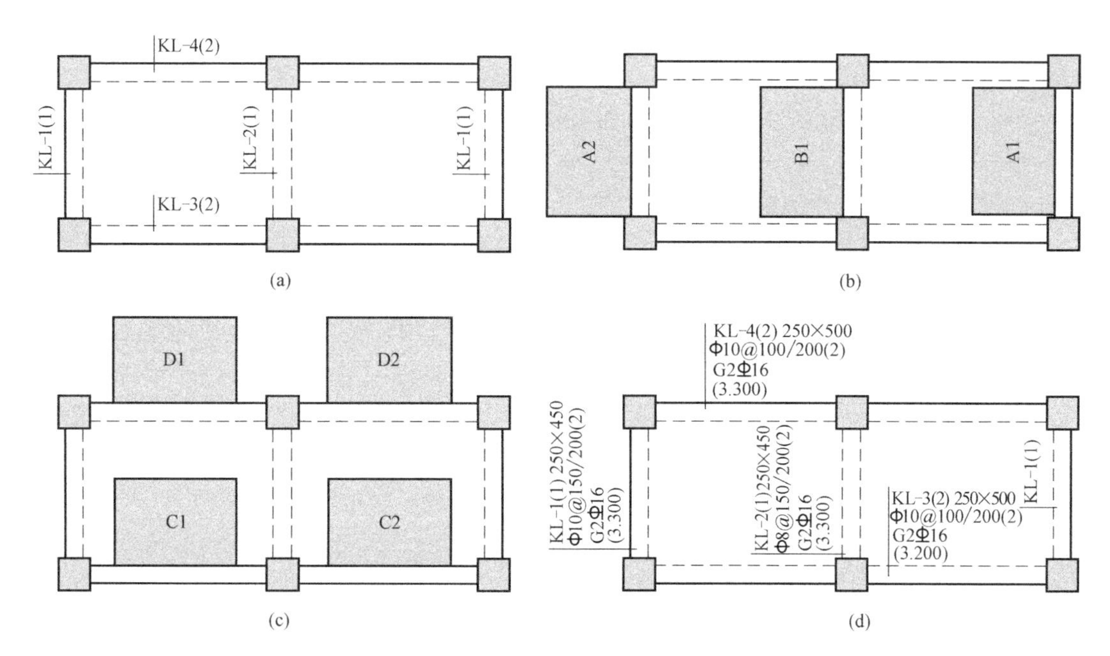

图 5-28 梁集中标注的避让过程

(a) 框架梁的平面布置图；(b) KL-1、KL-2 的集中标注包围框；
(c) KL-3、KL-4 的集中标注包围框；(d) 避让处理后的框架梁集中标准

置 B_1，且该位置不与关联构件的集中标注存在位置重叠现象，初选定 B_1 位置。

(3) 设置 KL-3 的集中标注位置。首先验算可选位置 C_1，C_1 与 B_1 存在重叠，再验算可选位置 C_2，C_2 与 A_1 存在重叠。此时 KL-3 不存在可选位置，则依次假定 $C \in \{C_1、C_2\}$ 调整关联构件的集中标注位置，KL-2 仅存在一个可选位置不可调整，KL-1 的位置可调整为 A_2，KL-3 的集中标注位置可选定为 C_2。

(4) 设置 KL-4 的集中标注位置。KL-4 的初选位置 D_1，不与关联构件 KL-1、KL-2、KL-3 的集中标注存在重叠，确定集中标注位置为 D_1。

最后，对不存在集中标注的连续梁添加梁编号信息，经过上述过程可保证连续梁的集中标注不存在重叠问题。对于遍历整个过程仍无法确定位置的连续梁，将连续梁的集中标注以默认位置输出，并以红色字体给予警示，建议用户手动进行调整。

4. 智能布图技术

在传统的结构施工图设计过程中，设计人员在发布施工图之前要经历一个布图环节，主要工作包括插入图框、调整图框内各图形的排列顺序和位置等。在目前常用的结构施工图辅助设计系统中，通常通过手动控制程序生成图形的插入点实现施工图的布图操作。基于 IFC 的施工图设计 BIM 模型具有信息可识别性的特征，为程序自动计算各施工图形的"包围框"、插入图框、排列图形提供了模型基础。

在平法标准中混凝土结构施工图的表达内容相对比较固定，因此可以利用"施工图模板"定义每类施工图的表达内容。如图 5-29 所示为本项目预定义的结构施工图模板，主要包括结构基础施工图、柱配筋施工图、梁配筋施工图、楼板配筋施工图、楼梯施工图 5

个部分。此外，使用者可以通过修改预定义的施工图模板，实现对施工图表达内容的调整。

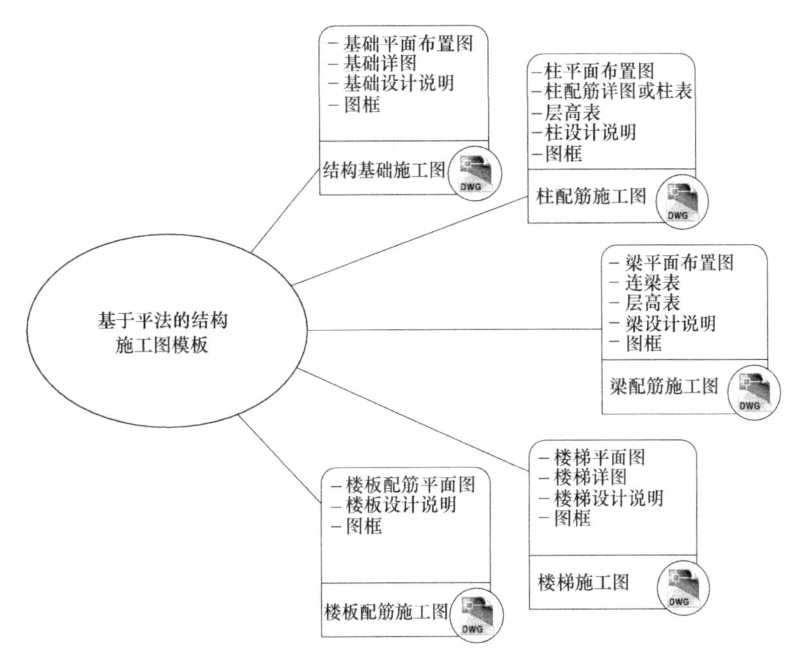

图 5-29　基于平法的结构施工图模板定义

基于结构施工图设计 BIM 模型和平法的智能布图需要经历以下 4 个环节：定义施工图模板、计算各图形包围框、生成图框、排列布置各图形。如图 5-30 所示为施工图智能布图的算法流程。

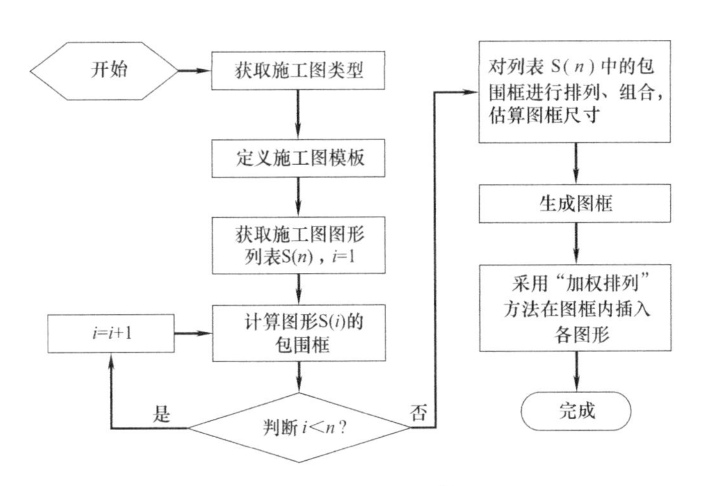

图 5-30　施工图智能布图算法流程

如图 5-31 所示为某框架柱施工图智能布置示例，通过定义施工图模板、计算各个图形的包围框、生成施工图图框、将图形布置在图框中 4 个环节，实现施工图纸的自动布置。

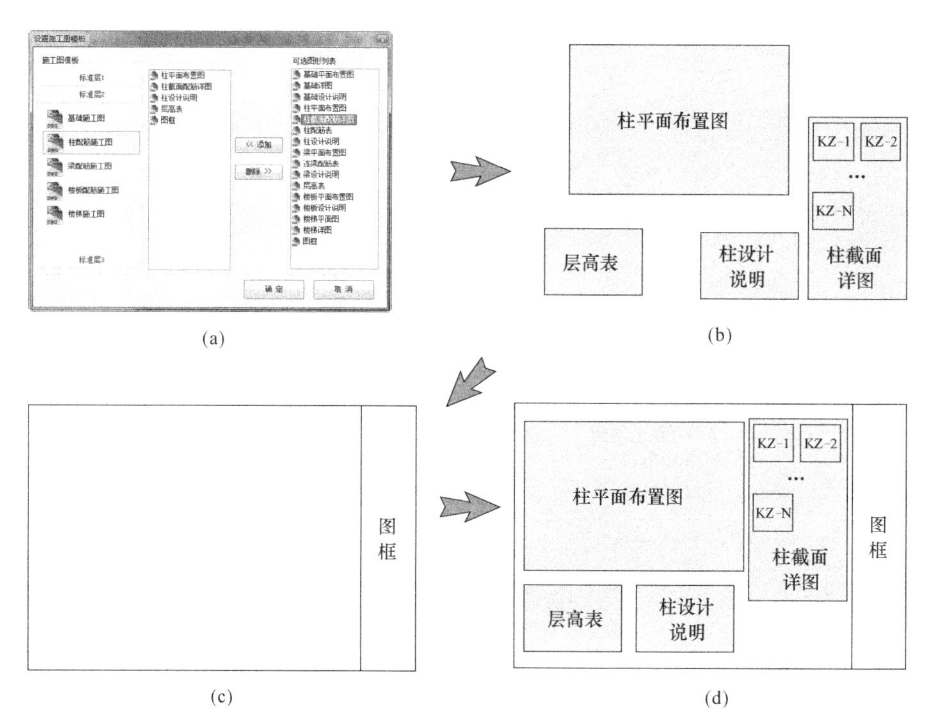

图 5-31　某框架柱施工图智能布置示例

(a) 定义施工图模板；(b) 计算各个图形的包围框；(c) 生成施工图图框；(d) 将图形布置在图框内

5.4.2　结构施工图的关联修改

结构施工图的关联修改是基于 BIM 的结构施工图设计的突出优势之一。本项目通过采用基于 IFC 架构的结构施工图设计 BIM 模型，实现模型与图纸共享一套数据模型，不仅保证了结构施工图可由施工图设计 BIM 模型自动生成，还可实现对 BIM 模型与图纸的关联修改，突显“一处修改、处处修改”的 BIM 工程设计理念。

通过三维模型构件与二维图形构件的关联，可以实现结构施工图的关联修改。施工图的关联修改可以通过以下两种方式实现：其一，结构施工图设计模型调整后，相关结构施工图自动进行相应更新；其二，对某一结构施工图进行调整后，结构施工图设计模型和相关结构施工图自动进行相应更新。通过一个示例（图 5-32），介绍施工图关联修改的实现过程。

在图 5-32 (a) 中的施工图设计模型生成图 5-32 (c) 中的柱施工图时，建立图 5-32 (b) 中的相应关联记录（Id=1～4）。同理，当生成梁施工图时，建立图 5-32 (b) 中的相应关联记录（Id=5～12）。当调整图 5-32 (a) 中施工图设计模型时（以 IfcColumn-2 为例），通过检索关联列表，获取关联关系 IfcColumn-2～IfcColumn2D-2 和 IfcColumn-2～IfcColumn2D-6，则对施工图中的二维图形构件 IfcColumn2D-2 和 IfcColumn2D-6 进行对应调整；反之，当对施工图中的二维图形构件（以 IfcColumn2D-7 为例）进行调整时，通过检索关联列表，获取关联关系 IfcColumn-3～IfcColumn2D-7，则对施工图设计模型中的 IfcColumn-3 构件进行对应调整，而 IfcColumn-3 构件的调整又引起 IfcColumn2D-3 构件的更新，保证了整个项目施工图设计模型与所有施工图的一致性，实现施工图的关联修改与

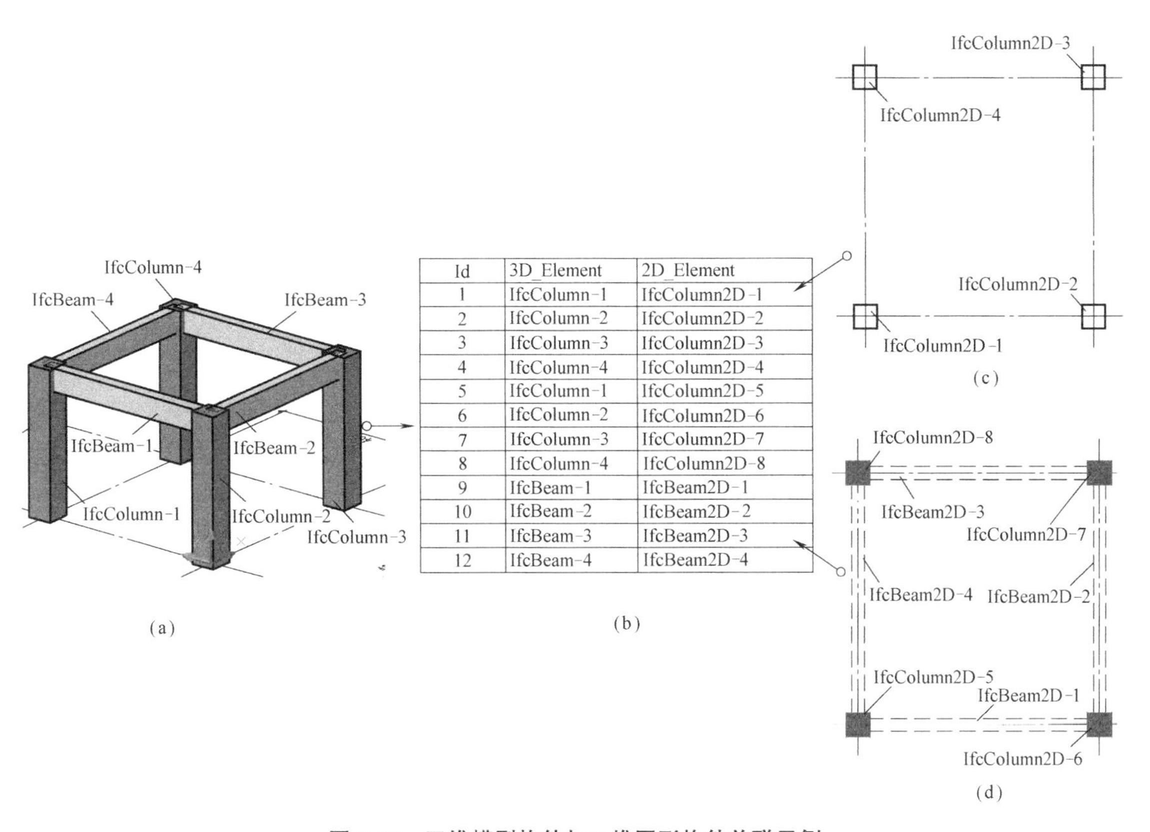

Id	3D_Element	2D_Element
1	IfcColumn-1	IfcColumn2D-1
2	IfcColumn-2	IfcColumn2D-2
3	IfcColumn-3	IfcColumn2D-3
4	IfcColumn-4	IfcColumn2D-4
5	IfcColumn-1	IfcColumn2D-5
6	IfcColumn-2	IfcColumn2D-6
7	IfcColumn-3	IfcColumn2D-7
8	IfcColumn-4	IfcColumn2D-8
9	IfcBeam-1	IfcBeam2D-1
10	IfcBeam-2	IfcBeam2D-2
11	IfcBeam-3	IfcBeam2D-3
12	IfcBeam-4	IfcBeam2D-4

图 5-32　三维模型构件与二维图形构件关联示例

(a) 三维模型中的构件；(b) 三维构件与二维图形构件关联关系表；
(c) 柱图中的二维图形构件；(d) 梁图中的二维图形构件

动态更新。

5.5　本章小结

为实现基于 BIM 的钢筋混凝土结构施工图智能设计，本章研究工作包括以下几个方面：

(1) 为保证系统生成的结构施工图纸的正确性和可施工性，提出了施工图设计 BIM 模型自动检查方法和结构构件自动归并算法。

(2) 研究了基于结构设计规则库的规范校验、基于改进遗传算法的配筋优化设计等关键技术，实现了钢筋混凝土结构的智能配筋设计。

(3) 解决了柱截面详图生成、梁线处理、连续梁集中标注避让、智能布图等图形技术问题，实现了平法施工图的自动生成。

(4) 利用基于 IFC 的施工图设计 BIM 模型中的模型及视图之间的关联机制，实现了结构施工图的关联修改。

第6章
基于网络的BIM模型管理与协同设计

协同设计有广义和狭义两种，单从技术角度来讲，协同设计是指工程设计中的设计软件和项目数据的协同共享。但是，更多的项目参与人员把协同设计视为通过规范团队成员的协作关系促使项目更好实施的方法。从方法论上讲，两种认知的目标是一致的，如果项目成员之间可通过软件或者应用平台，自由地交互共享工程模型及数据，整个项目的设计工作就能顺利地实施。

在建筑设计领域，设计人员的工作模式正在由单机设计模型向协同设计模式转变，特别是随着 BIM 应用的推广，协同设计成为工程设计模式发展的必然趋势。在传统设计模式下，各专业的设计人员之间通过“对图”实现设计工作的离线协同。在这种工作模式下，协同设计的需求也只是在文档管理的层面上。在基于 BIM 的设计模式下，整个设计团队将基于同一个 BIM 模型进行协同设计工作，可大幅度提升设计质量和效率。本章将对基于 BIM 模型的协同设计中的模型管理、用户管理、设计冲突消解、增量模型传输、设计图档管理、用户通信管理等关键问题进行研究解决。

6.1 基于网络的 BIM 模型管理

协同设计是实现基于 BIM 的工程设计的管理支撑，它是工程设计行业的发展趋势。而实现基于 BIM 的协同设计需要对 BIM 设计模型提出设计管理要求，主要包括模型状态管理、模型版本管理、用户权限管理等。

6.1.1 模型状态管理

为保证在协同设计过程中 BIM 设计模型的完整性与一致性，必须对 BIM 模型的访问状态进行控制。通过对服务器模型采取“签入-签出”机制来控制用户对 BIM 模型的操作。该机制的主要模型控制策略是：任一时刻最多只允许一个客户端用户对服务器模型进行签出操作，其他用户不能对已签出的模型进行编辑操作；用户进行签出操作时，仅签出用户进行操作相关的部分模型，其他用户可对未签出部分模型进行签出操作。与之相对应，服务器的 BIM 模型状态分为可编辑和只读两种状态，如图 6-1 所示为服务器模型的“签入-签出”机制。

在图 6-1 所示的模型状态管理机制中，客户端向服务器发送协议指令的过程主要包括以下步骤：

(1) 客户端 1 向服务器提交模型签出申请，服务器检测 BIM 模型状态，确认处于未签出状态后，授权客户端 1 可编辑权限，将服务器与客户端 1 的模型进行同步，修改服务器模型状态为签出状态。

(2) 客户端 2 如果此时向服务器提交签出 BIM 模型的申请，服务器检测该 BIM 模型已处于签出状态，服务器将拒绝客户端 2 的模型签出申请，并向客户端 2 反馈模型签出者信息。

(3) 客户端 1 完成对签出模型的修改后，向服务器提交模型签入申请，服务器确认客户端 1 拥有编辑权限后，依据客户端 1 模型更新服务器模型，并修改服务器模型状态为签入状态。

(4) 客户端 2 如果此时向服务器提交签出 BIM 模型的申请，服务器检测到 BIM 模型

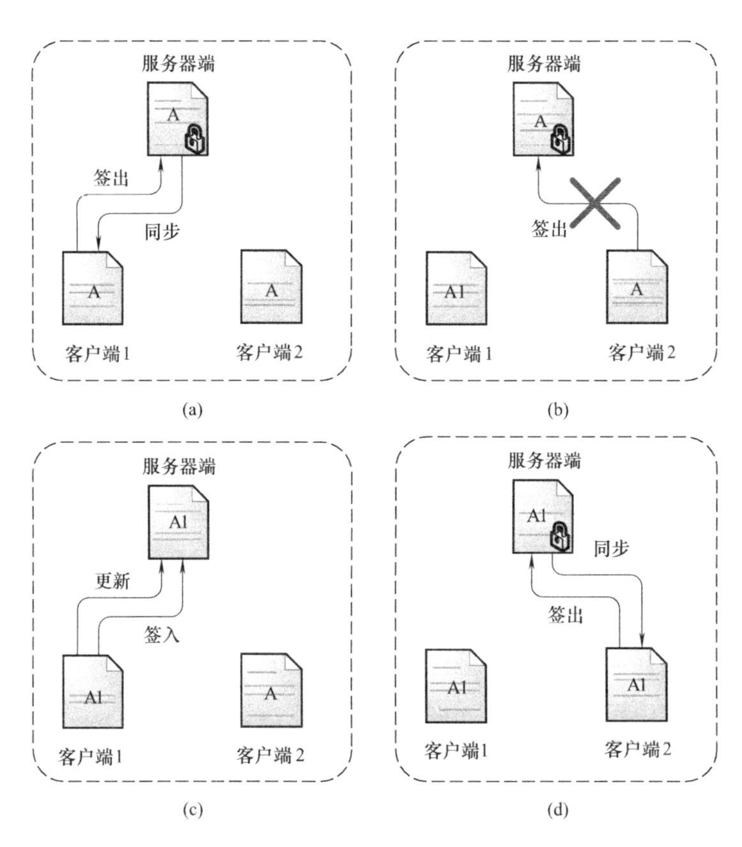

图 6-1　服务器模型的“签入-签出”机制

（a）客户端 1 签出服务器模型；（b）客户端 2 模型签出请求被拒绝；
（c）客户端 1 更新、签入服务器模型；（d）客户端 2 签出服务器模型

已处于签入状态，授权客户端 2 可编辑权限，将服务器与客户端 2 的模型进行同步，修改服务器模型状态为签出状态。

6.1.2　模型版本管理

模型版本是记录模型对象的各可选状态的快照，模型的版本管理是实现网络协同设计的重要基础。随着版本管理理论的发展，逐步发展出线性版本管理方法、树状版本管理方法、有向无环图版本管理方法等。其中，有向无环图版本管理方法是目前协同设计中主流的模型版本管理方法，按版本的传递路径和记录长度的不同，该方法可分为向前版本管理方法、向后版本管理方法、有限记录版本管理方法和关键版本管理方法 4 种，见图 6-2。

（1）向前版本管理方法：如图 6-2（a）所示，系统只需保存模型的 V1 版本，其他版本模型都可以通过增量模型按路径生成，例如模型 V5 可通过 V1＋V1/V2＋V2/V5 生成。该方法的优点在于新版本生成过程中信息传输量少，但是如果模型的版本较多，则新模型生成过程需要大量的资源。

（2）向后版本管理方法：如图 6-2（b）所示，系统只需保存模型的 V7、V8 版本，其他版本模型都可以通过增量模型按路径生成，例如模型 V2 可通过 V8＋V8/V5＋V5/V2 生成。该方法的优点在于有效减少了模型数据的重复存储且最新版本信息完整，与向

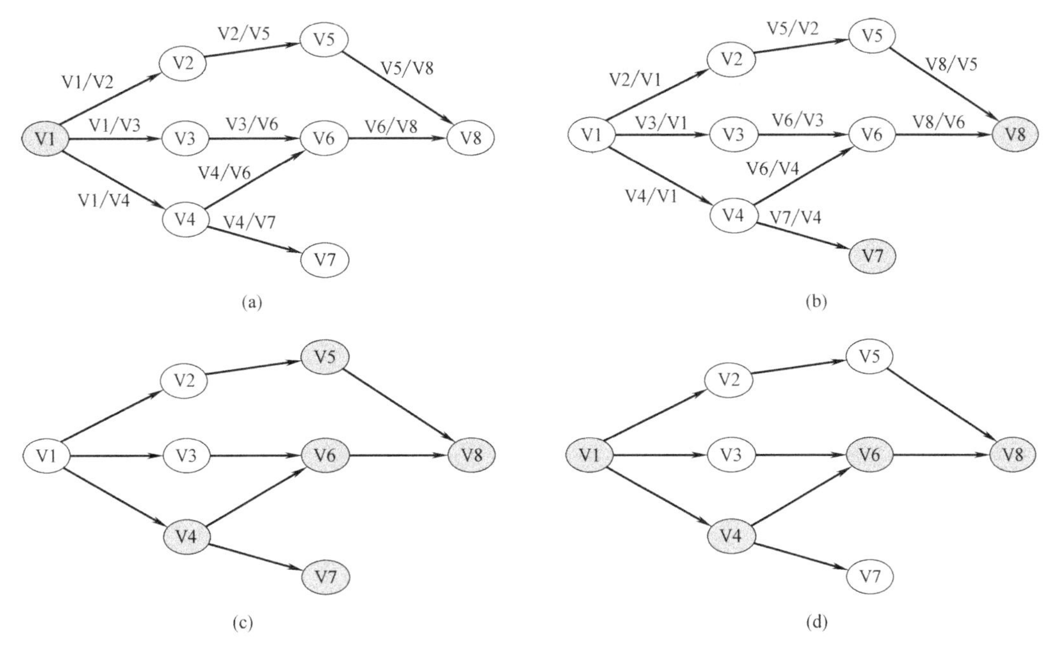

图 6-2 常规模型版本的管理方法

(a) 向前版本管理方法；(b) 向后版本管理方法；(c) 有限记录版本管理方法（记录长度 2）；(d) 关键版本管理方法

前版本管理方法相比，获取新版本模型耗费的资源量少。

(3) 有限记录版本管理方法：如图 6-2 (c) 所示，系统按记录长度为 2 保存最新的模型版本，即 V4、V5、V6、V7、V8。该方法的优点在于对实时性要求较高的环境中，模型获取速度快，但是模型存储效率较低。

(4) 关键版本管理方法：如图 6-2 (d) 所示，系统只保留关键版本 V1、V4、V6、V8。

本项目在对比上述 4 种模型版本管理方法的基础上，设计了基于关键版本的向前传递管理方法，见图 6-3。该方法综合了向前版本管理方法和关键版本管理方法的优点，通过关键版本的设置保证模型获取的便捷性，同时利用向前版本传递可实现任一非关键版本的获取。例如，模型 V5 可通过 V1+V1/V2+V2/V5 生成，模型 V7 可通过 V4+V4/V7 生成。

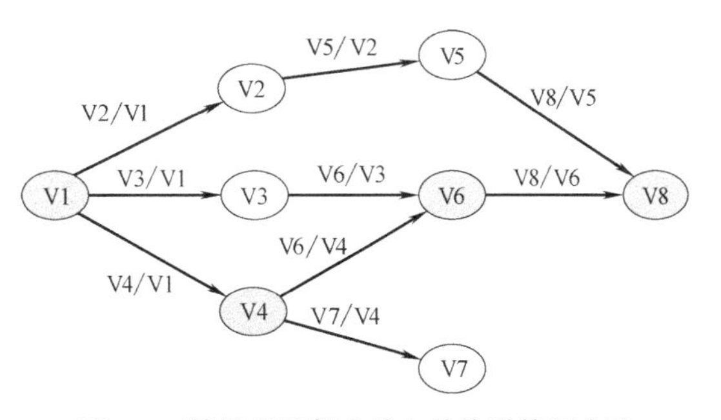

图 6-3 基于关键版本的向前传递管理方法

6.1.3 用户权限管理

对于用户操作权限的管理采用基于角色的访问控制机制，在该机制中，在用户和权限之间增加了角色的概念，通过定义不同角色类型实现对用户权限的管理。如图 6-4 所示，通过角色概念实现了用户与访问权限在逻辑上的分离，便于对用户进行管理。例如，需要调整一个用户的访问权限，只需要把该用户从原有的角色列表中删除，重新添加到合适的角色列表中即可。

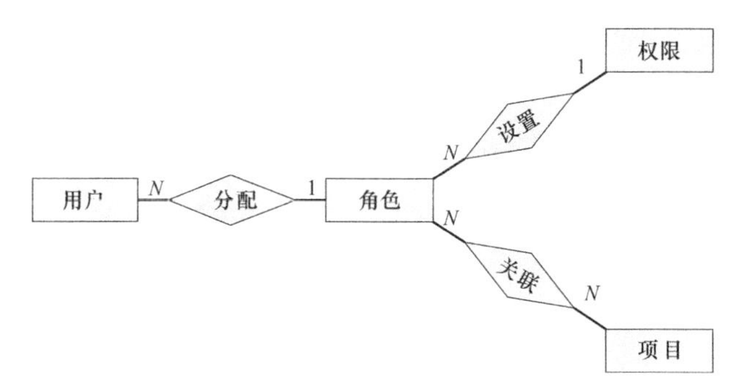

图 6-4　基于角色的用户权限设置

对于基于 BIM 的结构施工图设计与管理系统的用户角色，共设置了系统管理员、项目主持人、项目参与者、项目审核者和其他人员 5 类用户角色，每一种用户角色具有不同的操作、管理权限，如图 6-5 所示。

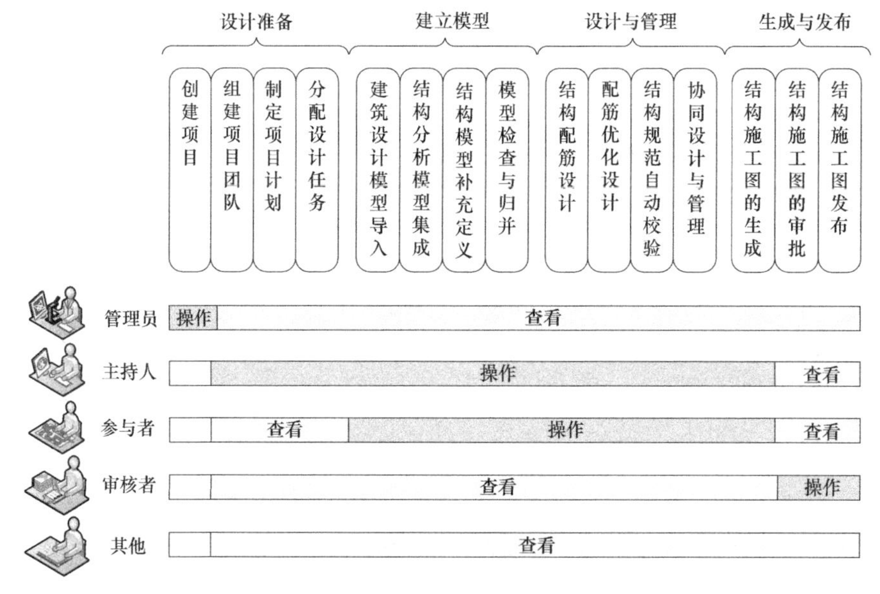

图 6-5　用户角色及权限分配

（1）系统管理员：负责创建项目及对系统工作环境配置及维护，不参与项目具体的设计工作。

（2）项目主持人：负责项目团队的组建、项目计划的制定、项目任务的分解等管理工作，并主持项目的整个设计工作。

（3）项目参与者：实际进行项目设计的相关人员，拥有对指定项目的 BIM 模型和图纸的操作权限。

（4）项目审核者：负责结构施工图发布前对施工图的审核，一般不直接参与项目的设计工作。

（5）其他参与人员：作为项目的辅助参与人员，只拥有对指定项目模型和图纸的查看权限，不具备操作权限。

此外，系统支持自定义角色的设置，系统管理员可以根据项目管理需求添加新的用户角色。

本项目在结构施工图设计 BIM 模型的基础上设计了用户权限管理模型，如图 6-6 所示。模型主要包含 4 个模型类，其中 User 类用于定义用户信息，UserAuthority 类用于定义用户权限，Project 类用于定义工程项目信息，UserRole 类则定义用户角色，通过该类的关联属性与其他 3 个模型类建立关联，共同完成对用户权限管理模型的描述。

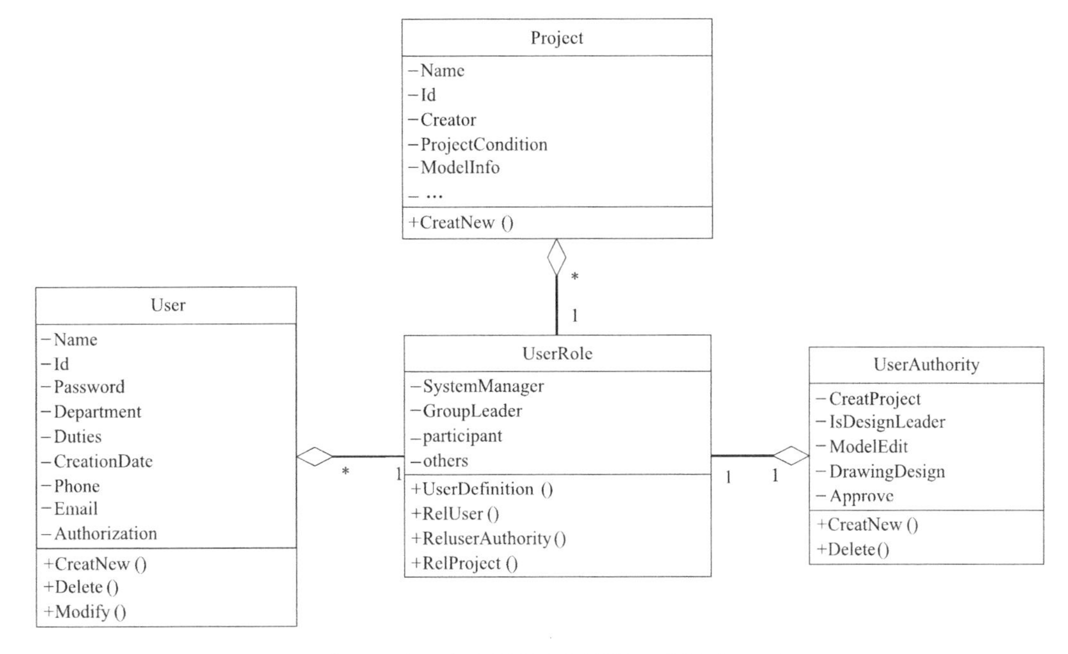

图 6-6 基于角色的用户权限管理模型（UML）

6.2 基于网络的在线协同设计

在建筑设计领域，设计人员的工作模式正在由单机设计模型向协同设计模式转变。特别是随着 BIM 应用的推广，协同设计模式成为工程设计发展的必然趋势。在传统设计模式下，各专业的设计人员之间通过“对图”实现设计工作的离线协同。在这种工作模式下，协同设计的需求也只是在文档管理的层面上。在基于 BIM 的设计模式下，不同的设计软件和系统之间需要频繁地进行数据交互和模型共享，这些工作需要依靠基于网络的协同设计管理系统来实现。而在基于网络的协同设计系统中，需要解决设计冲突消解、增量模型传输、设计图档管理、用户通信管理等关键问题。

6.2.1 设计冲突消解

本节结合结构施工图协同设计的需要，采用产生式规则正向推理方法对协同设计中的模型冲突进行程序自动消解。

产生式规则正向推理方法中的冲突消解规则是由前提条件和冲突消解建议组成：其中，前提条件描述冲突的类型、现象、程度等；而冲突消解建议则是针对前提条件描述问题的冲突消解方法。本项目采用巴科斯范式（Backus Normal Form，BNF）进行产生式冲突消解规则的描述：

< 产生式规则> ::= < 前提> →< 结论> ,< CF> < β>

< 前提> ::= < 简单条件> |< 复合条件>

< 结论> ::= < 事实> |< 操作>

< CF> ::= < ∈[0,1]>

< β> ::= < ∈[0,1]>

< 复合条件> ::= < 简单条件> or< 简单条件> [(or< 简单条件>)…]

|< 简单条件> and< 简单条件> [(and< 简单条件>)…]

< 操作> ::= < 操作名> [(< 变元> ,…)]

< 产生式知识> ::= < 产生式规则> [,< 产生式规则> ,…]

其中，CF 为置信度函数，β 为规则激活因子。

本项目将附录 D 中的配筋设计要求转化产生式规则，用于协同设计中冲突的识别与消解。例如：

Rule1：IF 构件的配筋率小于规范要求的最小配筋率 THEN 增大构件的配筋。

该规则匹配的算法描述：

```
Do
  从规则集中取出规则 R;
  进行 R 与 Rule1 匹配;
  If 匹配成功
    Then 执行规则,解决冲突,停止规则推理
  Else 继续
While 没有可用于匹配的规则
```

如图 6-7 所示为基于规则的协同设计冲突消解流程：在发现设计冲突后首先进行设计冲突描述，利用程序预定义的冲突字典将冲突描述转化为条件表达式；然后与系统规则库中的规则进行规则匹配，若匹配成功生成消解建议供用户选择。

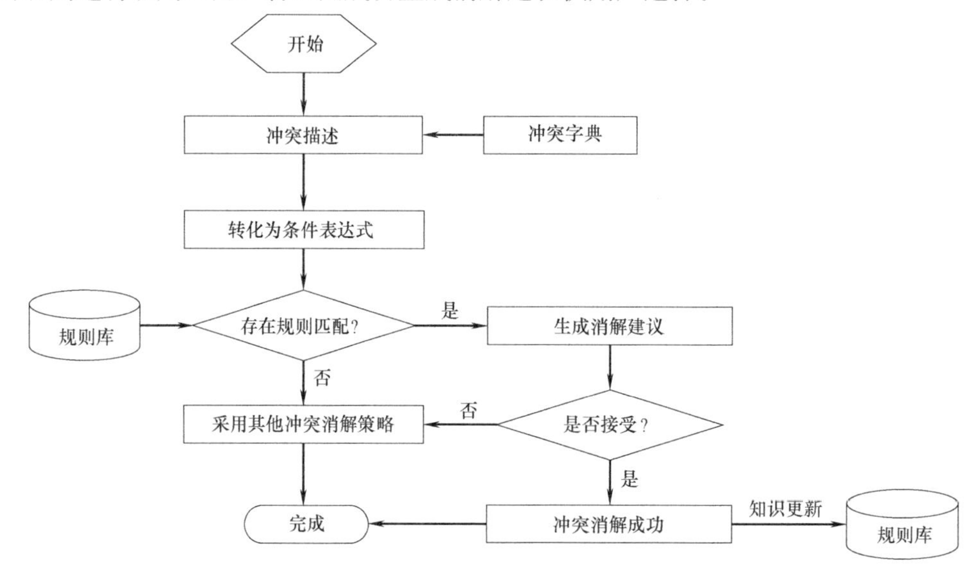

图 6-7 基于规则的协同设计冲突消解流程

冲突的识别与消解过程与前文中规范校验的过程非常类似，只是两者的应用对象不同。规范校验应用于配筋设计后对设计结果的校核，而冲突的消解应用于客户端与服务器的模型“签入-签出”过程中的模型检查。如图 6-8 所示为系统的模型冲突检测与消解的测试界面。通过选取服务器的模型版本，可自动对本地模型与服务器模型进行冲突检测，检测到的冲突项在对话框的左侧以冲突列表的形式呈现，点击具体冲突项（以 1203-KL2 为例），对话框的右侧会给出详细的冲突消解策略。此外，可通过“规则入库”功能新建规则，通过“建议发布”功能对模型的所有冲突及消解策略进行报表输出。

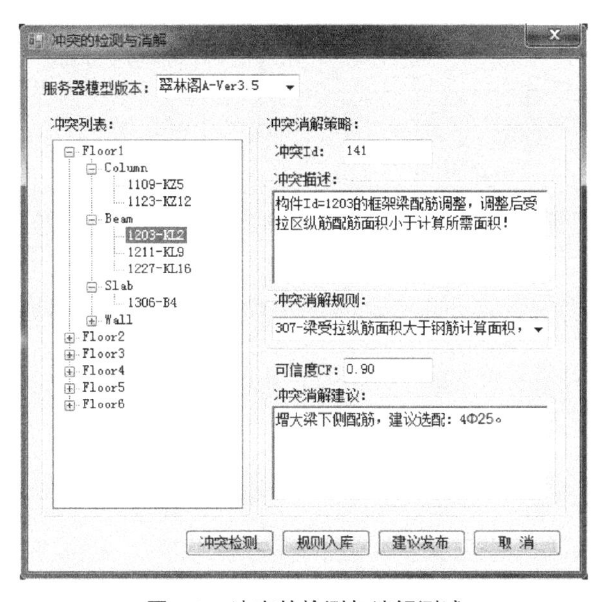

图 6-8　冲突的检测与消解测试

6.2.2　增量模型技术

增量模型技术是随着分布式 CAD 系统的发展而诞生的一项 CAD 模型传输技术。在基于网络的协同设计系统中，模型的网络传输问题是制约协同设计的主要技术瓶颈之一。尤其是对于建筑工程设计来说，工程型构件数量多，但规则性好，且每次模型调整仅对少量的构件进行修改，采用增量模型传输技术可有效地解决模型网络传输问题。

1. 增量模型的工作机制

增量模型传输的基本思想是：每次用户向服务器提交对模型的修改时，通过对比用户本地模型和服务器模型的版本获取增量模型，只将增量模型通过 XML 编码后向服务器提交，在服务器模端将 XML 文件解码后更新服务器模型；同理，客户端的模型更新也是通过对比用户本地模型和服务器模型的版本获取增量的模型，只将增量的模型通过 XML 编码后向客户端提交，用于客户端模型的更新。增量模型的更新流程如图 6-9 所示，通过将客户端的增量模型上传到服务器端，更新服务器端的中心模型，再通过服务器向其他客户端传递增量模型实现模型的更新。

详细的增量模型更新流程按以下步骤进行：

(1) 在客户端 1 的本地现有模型（V1）上进行增、删、改等模型操作，形成操作后

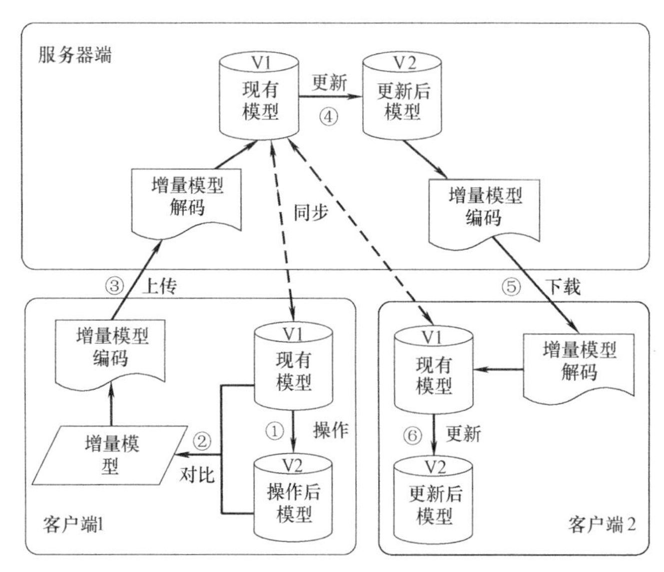

图 6-9　增量模型的更新流程

的本地模型（V2）。

（2）通过对比客户端 1 的模型 V2 和 V1，获取增量模型信息，按照预定义的 XML 模型定义视图，对增量模型进行 XML 模型编码。

（3）将 XML 模型上传至服务器端，并进行 XML 模型解码，获取客户端 1 的增量模型信息。

（4）将增量模型信息作用于服务器端的现有模型（V1），生成服务器端的更新后模型（V2），并对更新前后的增量模型进行 XML 模型编码。由于服务器面向多个客户端进行模型更新操作，故此处的增量 XML 模型与客户端 1 上传的增量 XML 模型一般不相同，服务器的增量 XML 模型是由对比服务器的更新版本模型（V2）与客户端现有模型（V1）获取。

（5）将 XML 模型下载至客户端 2，并进行 XML 模型解码，获取增量模型信息。

（6）将增量模型信息作用于客户端 2 的现有模型（V1），生成客户端 2 的更新后模型（V2），完成增量模型更新过程。

2. 增量模型更新的实现

为了便于增量模型的网络传输，本项目利用 XML 语言进行增量模型的定义，模型的定义仍采用本书第 4 章定义的 XML 通用映射模型。下面以一个单层框架结构为例，介绍客户端与服务器之间的模型更新过程，如图 6-10 所示。

实现客户端与服务器的增量模型更新，需要经过以下 4 个步骤：

（1）在客户端对本地设计模型进行修改，在本例中新增了两根梁构件和一根柱构件（图中深色部分）。注意在对本地设计模型进行修改之前，需要将本地模型与服务器端中心模型进行同步，修改服务器端中心模型的状态为签出状态。

（2）在完成本地模型修改后，通过本项目开发增量模型提取工具，提取本地模型的修改信息，按照 XML 通用映射模型的格式对增量模型进行编码，向服务器提交 XML 格式的增量模型。

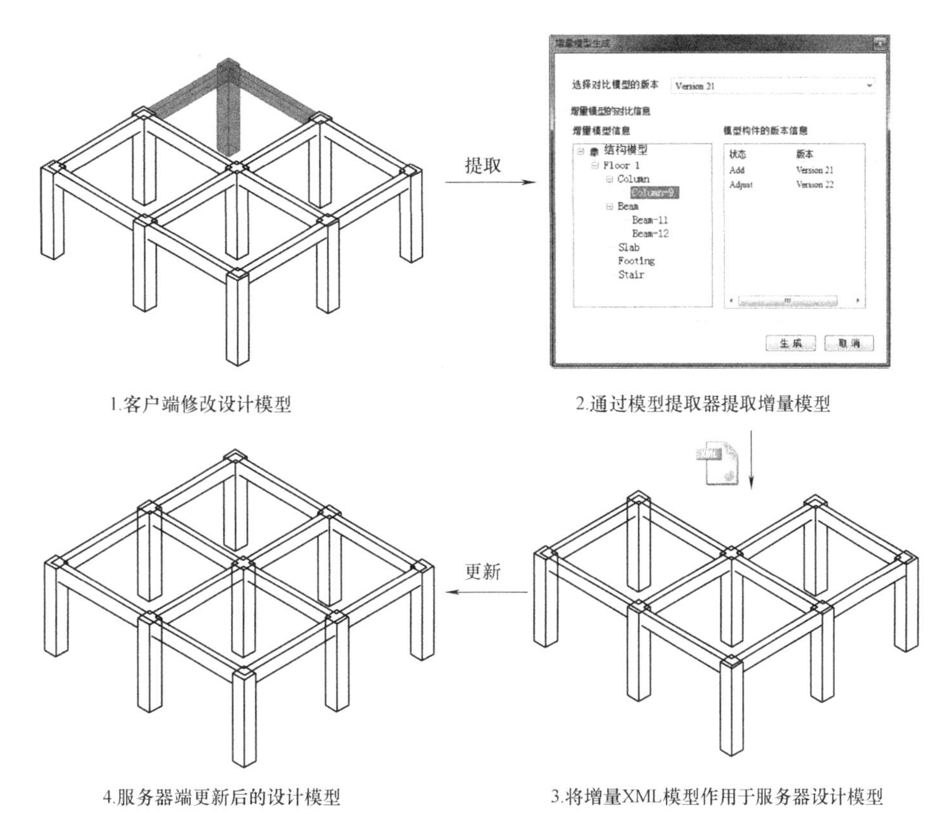

图 6-10　客户端与服务器的增量模型更新

（3）将客户端提交的 XML 增量模型进行解码，获取客户端的增量模型。

（4）将客户端增量模型作用于服务器端中心模型，更新中心模型并生成新模型版本信息，修改服务器端中心模型的状态为签入状态。

6.2.3　设计图档管理

工程图档作为建筑工程设计中成果表达的主要媒介，它是指导工程建造与运营维护的重要依据。目前，我国建筑设计单位对工程图档的管理还比较落后，大多采用工程设计人员单机工作，阶段性成果服务器存档的方式。在基于网络的协同系统中，为实现对设计图档的集中管理，需解决设计图档的入库、检索、修改、审批等技术问题，如图 6-11 所示。

（1）图档文件入库：图档文件入库是指工程设计人员向服务器数据库中添加图档的属性信息，将相应的图档文件存入服务器文件系统中，并建立图档属性信息与图档文件的一对一关联，具体设计流程见图 6-11（a）。

（2）图档文件检索：随着工程设计的进行，设计图档也成倍的增长，如何快速查找到所需的设计图档，是图档管理系统需解决的问题。在基于网络的协同系统中，采用关键词检索的方式实现图档的快速检索。检索关键词包括图档属性中的项目号、图名、图号、设计阶段、设计人、入库日期等，详细检索流程见图 6-11（b）。

（3）图档文件修改：由于工程设计是一个不断调整迭代的过程，因此工程设计图档也需要反复进行修改更新。在基于网络的协同系统中，工程设计图档的修改需要同时对图档

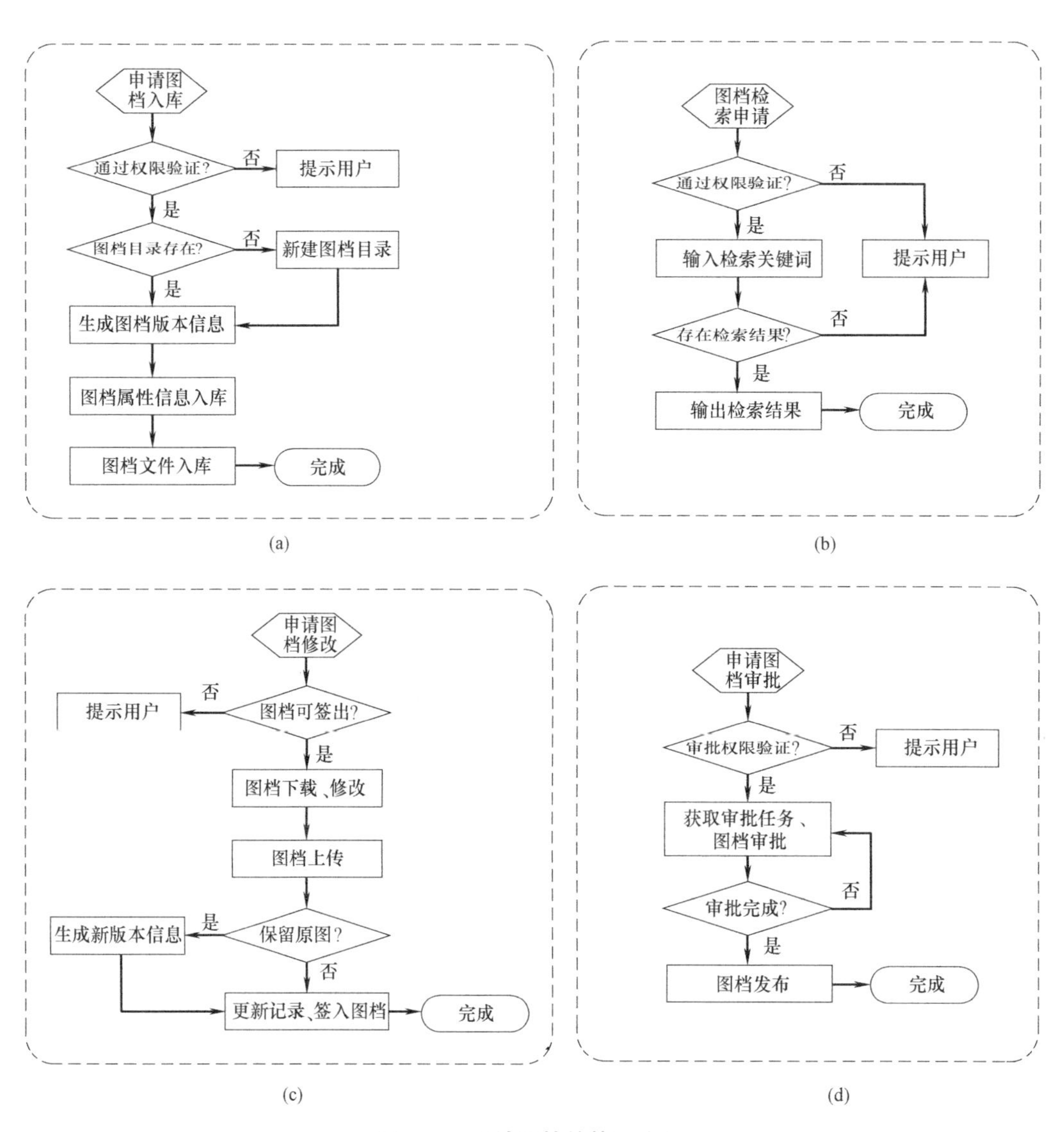

图 6-11　设计图档的管理流程

(a) 图档文件入库;(b) 图档文件检索;(c) 图档文件修改;(d) 图档文件审批

属性信息和图档文件信息进行修改、更新，具体工作流程见图 6-11（c）。

（4）图档文件审批：在设计图档最终发布之前，需要项目的审批人员对设计图档进行审批，只有经过审批的图档才能对外发布，具体的图档审批工作流程见图 6-11（d）。

6.2.4　用户通信管理

在协同设计过程中，工程设计人员需要不断进行协调与沟通。在商业应用领域，Buzzsaw、Inventor、ProjectWise 等基于网络的协同工作平台都提供了即时消息、邮件、文档传输、视频会议等协作通信手段。但是，上述软件由于操作复杂、价格昂贵、与国内应用需求存在差距等原因，在国内设计单位应用得并不普及。本项目通过引入免费的腾讯通 RTX（Real Time eXchange）软件实现对协同设计中用户通信的管理。

腾讯通 RTX 软件是腾讯公司推出的企业级实时通信平台，可提供即时消息、文件传输、手机短信、语音通话、视频会议等通信功能。该通信平台的系统结构如图 6-12 所示，系统整体采用 C/S 架构体系，在服务器端完成对用户分组、权限等设置后，在客户端即可进行相关通信工作。

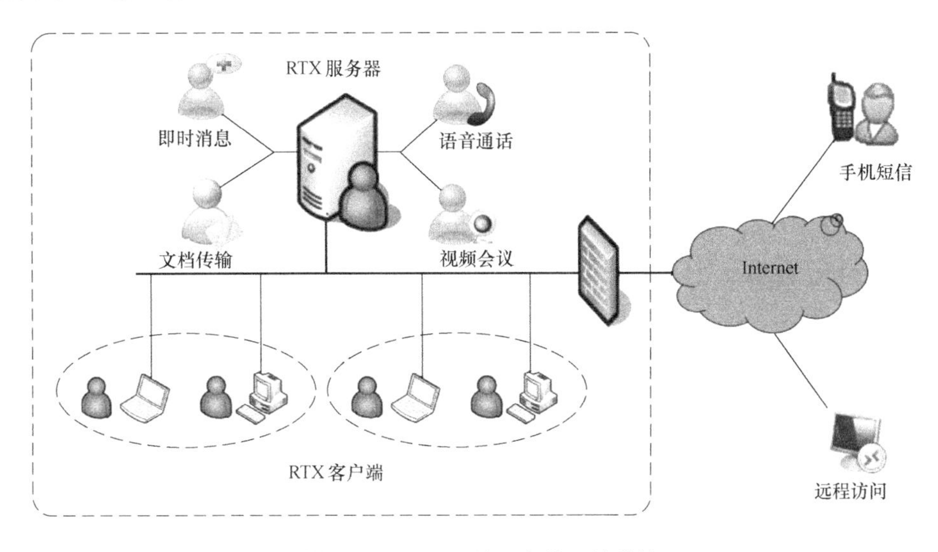

图 6-12　RTX 通信平台的系统结构

6.3　本章小结

为实现基于网络的 BIM 模型管理与协同设计，本章对 BIM 模型的状态管理、BIM 模型的版本管理、用户的权限管理进行了系统研究。在此基础上，对协同设计过程中的设计冲突消解、增量模型传输、设计图档管理、用户通信管理等关键技术进行了研究，构建了基于 BIM 的协同设计工作机制，可实现基于网络的多用户的建筑结构施工图协同设计。

第7章 基于BIM的钢筋混凝土结构施工图设计系统开发

本章主要介绍基于 BIM 的钢筋混凝土结构施工图设计原型系统（BIM-based Structural Drawing Design System for RC，BIM-SDDS-RC）的整体设计方案，其中包括系统需求分析、系统功能设计、系统整体架构设计、系统数据库设计、程序设计与系统实现 5 部分内容。本章内容是前面各章节的主要理论、方法和技术方案的系统实现，展示了 BIM-SDDS-RC 系统的整体轮廓架构，为基于 BIM 的建筑结构施工图设计实践奠定基础。

7.1 系统需求分析

软件系统需求是指用户为解决某一问题或达到某一目标所需的软件功能。IEEE 的工程标准词汇表将软件需求划分为 3 个不同的层次：业务需求、用户需求、功能需求。其中，业务需求针对具体的业务系统，反映客户对所需系统和产品高层次的目标需求；用户需求从用户的角度出发，描述用户如何使用软件产品来完成自己的工作和任务；功能需求从开发人员的角度出发，定义系统必须实现的软件功能。需求分析是一个对系统进行分解，通过与用户进行交流，获取实现系统的关键信息，提取系统需求的过程。

结合第 2 章所做的问卷调研和结构工程师访谈，将 BIM-SDDS-RC 的主要系统需求归纳如下：

（1）基于 BIM 的建筑结构施工图设计。传统的结构施工图设计是基于二维图纸的施工图设计，专业间和专业内都是依靠二维图纸作为媒介进行信息交流。针对基于 BIM 的结构施工图图设计，提出了基于统一的 BIM 模型进行建筑结构施工图设计的思路，只要对工程 BIM 模型进行统一的维护、管理，可以最大限度地避免错、漏、碰等人为设计缺陷，实现结构施工图纸的自动生成与关联修改。

（2）建筑信息模型数据的组织与管理。BIM 模型为工程设计提供了单一的数据源，但是由于工程信息的复杂性特点，使得 BIM 模型的设计异常困难。利用 IFC 标准的模型架构实现对建筑结构施工图设计 BIM 模型的描述，同时利用 IFC 文本文件、XML 文件、BIM 数据库实现对 BIM 模型的传输和存储。

（3）相关软件系统之间的模型转化与集成。建筑设计软件的建筑结构物理模型和结构分析软件的结构设计结果是本系统工作的数据之源，本系统需要实现建筑设计模型与结构分析模型的自动转化，在此基础上集成为建筑结构施工图设计信息模型。此外，可将施工图设计模型转化为工程算量模型，进行工程算量分析。

（4）模型检查与规范自动校验。通过对 BIM 模型的自动检查，保证模型信息的一致性与完整性，这是施工图设计的工作基础。而规范的自动校验保证了系统的设计结果满足相关设计标准、规程的要求。上述两项技术的应用可大幅度提高设计自动化程度、降低施工图设计强度。

（5）结构施工图纸的自动生成与智能修改。基于 BIM 模型的结构施工图设计，在工作模式上改变了施工图纸的生成与管理方式。通过施工图模板、智能布图等技术的采用，保证了结构主要施工图纸的自动生成。通过 BIM 的模型及视图关联技术，保证了模型数据的修改会自动更新与模型关联的图纸更新，实现“一处修改，处处修改”，保证了二维施工图与 BIM 模型的一致性。

（6）基于网络的多用户协同设计与管理。随着建筑规模和复杂程度的日益增长，结构施工图设计往往需要多名结构工程师进行协同设计，基于网络的协同设计成为结构施工图设计系统的客观需求。针对用户的角色分工，对用户设置不同的操作权限。同时，对BIM模型进行版本控制、冲突管理，保证BIM模型的一致性。

7.2 系统功能设计

依据功能需求分析，进行了系统功能设计，建立一个完整的基于BIM的钢筋混凝土结构施工图设计系统的功能模型。本功能模型主要由用户管理模块、系统管理模块、BIM模型的转化与集成模块、基于BIM的结构施工图设计模块、结构施工图生成模块、协同设计模块、文件接口模块、帮助模块8部分组成，如图7-1所示。

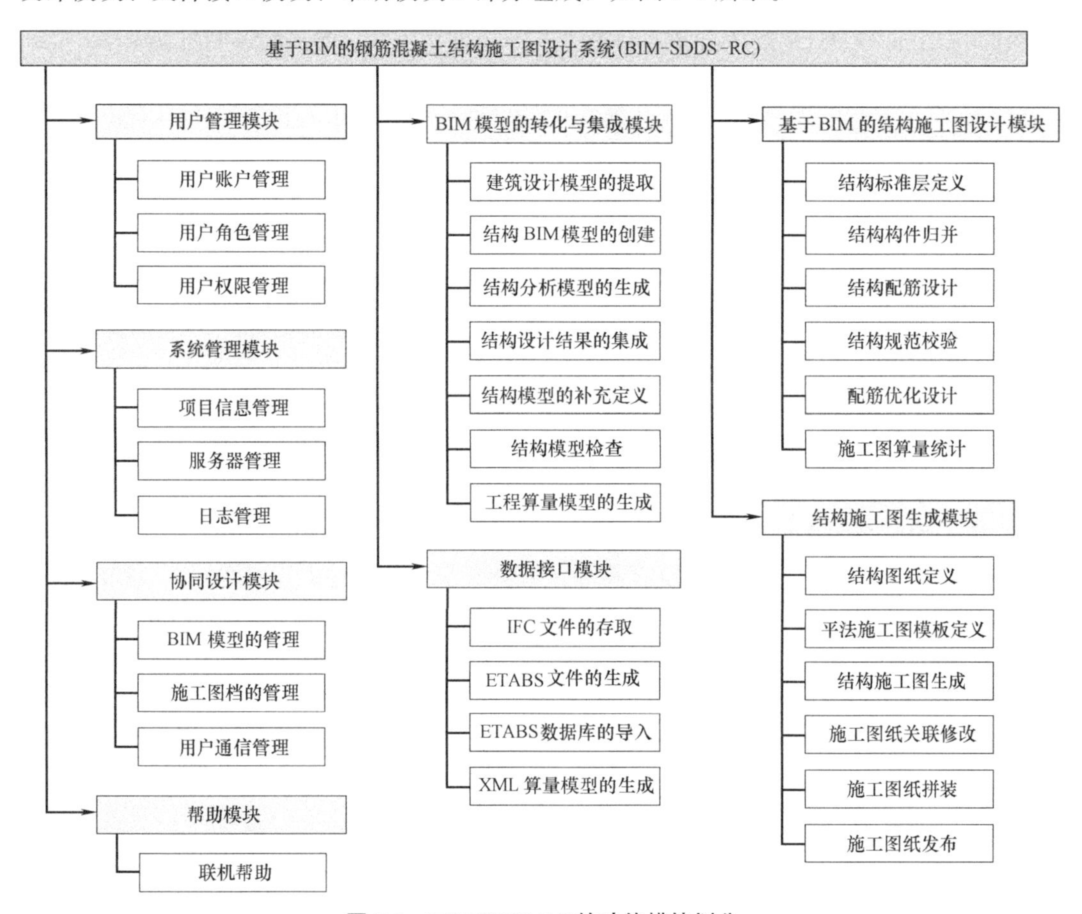

图7-1 BIM-SDDS-RC的功能模块划分

其中，用户管理模块负责用户账户、角色和权限的管理；系统管理模块负责项目信息、服务器和日志的管理与维护；BIM模型的转化与集成模块负责结构设计BIM模型的建立，为系统的施工图设计与管理准备模型数据；结构施工图设计模块负责结构施工图的智能设计；结构施工图生成模块负责结构施工图纸的生成与发布；协同设计管理模块负责对工程模型、施工图纸的管理与维护，以及用户间的沟通、协调；文件接口模块负责系统与相关软件的模型交换；帮助模块提供联机帮助。

7.2.1 系统管理模块

（1）项目信息管理：创建、修改、更新、删除、维护工程项目信息，每个项目包含完整的模型信息、设计信息、管理信息等。

（2）服务器管理：包括配置服务器、创建、删除、备份、恢复服务器 BIM 数据库等功能。

（3）系统日志管理：记录系统各用户的工作状态、操作记录，通过管理日志信息，管理员可以管理用户操作，维护系统稳定。

7.2.2 用户管理模块

（1）用户账户管理：包括用户账户的创建、查询、修改、注销，用户基本信息的维护。

（2）用户角色管理：配置在工程项目中的用户角色。当用户持用户名及密码登录时，系统会根据此项设置自动赋予针对相应工程的相应操作权限。本系统预定义的用户角色分成 4 类：系统管理员、建模人员、绘图人员、其他人员。此外，系统支持自定义用户角色的设置。

（3）用户权限管理：用户角色的新建、修改、删除、查询以及权限设定。

7.2.3 BIM 模型的转化与集成模块

（1）建筑设计模型的提取：通过基于 IFC 标准的模型提取接口，可以从 Revit Architecture 等建筑设计 BIM 应用软件中提取用于结构设计的模型信息，主要包括项目信息、轴网信息、结构构件信息、材料信息等。

（2）结构设计 BIM 模型的创建：利用从建筑设计模型导入的模型信息，在系统中构建基于 IFC 架构的结构设计 BIM 基础模型。可以通过数据接口，将模型信息同步到服务器的 BIM 数据库中。

（3）结构分析模型的生成：通过系统的结构分析模型自动生成接口，将系统中的结构设计 BIM 基础模型生成 ETABS 数据文件，包括节点信息、轴网信息、构件信息、约束信息、材料信息等。

（4）结构设计结果的集成：将 ETABS 设计软件的设计结果，主要包括荷载信息、构件内力信息、构件配筋信息等与结构设计 BIM 基础模型中的对应构件相关联；同时，利用增量模型技术将结构分析软件中新增的构件添加到 BIM 模型中，并建立与相关构件的关联关系。

（5）结构模型的补充定义：参照结构分析的结构，可以对 BIM 模型的构件进行更改尺寸、偏心、材料属性、配筋信息等操作；并且可以将更改后的模型重新进行结构分析。

（6）结构模型检查：对施工图设计 BIM 模型自动进行模型的完整性、一致性和可拼装性检查。

（7）工程算量模型的生成：通过基于 XML 的工程算量模型转化接口，将包含配筋设计信息的工程算量模型导出到广联达 GTJ 软件中，可进行钢筋算量分析、统计和报表生成。

7.2.4　基于 BIM 的结构施工图设计模块

（1）结构标准层定义：建筑结构模型是由若干结构标准层构成，通过系统的结构标准层定义功能，可自动识别结构模型的标准层，并支持用户对结构标准层的归并、拆分等操作。

（2）结构构件归并：包括对框架梁、框架柱、楼板、基础构件的自动归并、编号。

（3）结构配筋设计：在结构模型归并的基础上进行智能配筋设计。完成基础、框架柱、框架梁、楼板的智能配筋设计，并把配筋设计结果与结构构件关联，形成完整的结构施工图设计信息模型。

（4）结构规范校验：按照《混凝土结构设计规范》GB 50010—2010 和《高层建筑混凝土结构技术规程》JGJ 3—2010 的相关规定，设计混凝土构件配筋设计规范库。对模型构件的配筋进行自动校验，并生成校验报告。

（5）配筋优化设计：基于结构施工图设计 BIM 模型和配筋设计结果，利用改进的遗传算法对结构配筋进行优化设计。

（6）施工图算量统计：基于结构施工图设计 BIM 模型，自动实现混凝土和钢筋的算量统计，并输出报表。

7.2.5　结构施工图生成模块

（1）结构图纸定义：按照结构模型标准层的划分和相关制图标准，自动生成施工图纸目录和对应的施工图纸文档，主要包括基础平面布置图、框架柱配筋平面图、框架梁配筋平面图、楼板配筋结构平面图等。

（2）平法施工图模板定义：按照“平面整体表示法”的要求，定义框架梁、框架柱、剪力墙、楼板、独立基础的详图模板。

（3）结构施工图生成：根据已定义的结构图纸和平法施工图模板，生成基于“平面整体表示法”的结构施工图。

（4）施工图纸关联修改：通过 BIM 的信息关联机制，建立结构设计模型与施工图纸的双向关联，实现施工图纸的关联修改。

（5）施工图纸拼装：对系统自动生成的施工图纸插入层高表、图框等辅助图形信息，并调整图面布置。

（6）施工图纸发布：以 DWG、PDF、DWF 等文件格式将施工图纸发布到 BIM 服务器项目对应位置。

7.2.6　协同设计模块

（1）BIM 模型的管理：利用 BIM 数据库，实现对 BIM 模型的协同设计管理。包括 BIM 模型的状态管理、版本管理、用户权限管理、冲突消解等。

（2）施工图档的管理：对工程相关的结构施工图档进行图档入库、图档检索、图档修改、图档审批等管理。

（3）用户通信管理：通过网络即时通信工具、邮件、共享桌面、视频等方式，实现协同设计参与人员的信息沟通协作。

7.2.7 数据接口模块

(1) IFC 文件的存取：包括 ifc STEP 格式文件的读取与输出。

(2) ETABS 文件的生成：在系统 BIM 模型的基础上提取结构分析所需模型信息，以 ETABS 数据文件的格式输出。

(3) ETABS 数据库的导入：通过 ETABS 数据库接口，实现 ETABS 结构设计结果的导入以及与结构设计模型的集成。

(4) XML 算量模型的生成：以 XML 模型文件的形式将施工图设计模型转化为广联达 GTJ 软件可识别的模型。

7.2.8 帮助模块

联机帮助：提供对系统各功能的使用介绍，以及对各操作的联机帮助。

7.3 系统整体架构设计

系统整体架构设计包括网络结构设计、逻辑结构设计、物理结构设计 3 部分内容。其中，网络结构设计从概念上选取系统的网络工作模式；逻辑结构设计是在网络结构设计的基础上，确定系统的逻辑结构；物理结构设计则按照逻辑设计的结构确定系统的物理设备配置。

7.3.1 网络结构设计

由于 BIM-SDDS-RC 系统需要满足多用户的协同设计和模型信息共享，因此需要选择基于网络的应用模式。目前，常用的网络应用模式主要包括“浏览器-服务器（B/S，Browser/Server）”模式、“客户端-服务器（C/S，Client/Server）”模式以及“智能客户端-服务器（SC/S，Smart Client/Server）”模式 3 种，它们有着各自的特点和应用范围，见表 7-1。

网络应用模式对比　　表 7-1

功能对比	B/S 模式	C/S 模式	SC/S 模式
分析计算功能位置	服务器	客户端	客户端
分析功能丰富程度	较少	丰富	丰富
支持数据缓存	不支持	支持	支持
支持网络环境	因特网	局域网	因特网
支持离线应用	不支持	支持	支持
服务器负担	较大	较小	适中
系统部署与升级	较容易	较困难	适中

其中，B/S 模式的特点是客户无须安装任何客户端，直接使用 Web 浏览器即可使用系统的相关功能，因此应用方便。其缺点在于相关计算逻辑放在服务器端执行，服务器负荷较大，且界面表现能力有限。C/S 模式则由客户端和服务器端两个部分组成，因此可以

在服务器端和客户端之间合理分配业务逻辑，从而充分利用客户端的计算能力，同时能增强客户端的界面表现，但仅适用于局域网，系统部署与升级困难。SC/S 模式融合了 B/S 模式和 C/S 模式的优点，充分利用客户端的本地资源，支持数据缓存和离线应用，具有适用于因特网、系统部署与升级方便等优点。

由于 BIM-SDDS-RC 系统需要以 AutoCAD 图形平台对图形操作进行支持，对客户端的图形表现有较强的需求，且三维模型数据量巨大，模型处理与设计需要大量的计算量，协同设计需要基于因特网环境。因此，选取 SC/S 结构模式作为本系统的网络结构。

1. 服务器端

BIM-SDDS-RC 系统的服务器端的管理功能主要包括系统管理、BIM 模型管理、施工图设计管理、协同设计管理 4 部分内容。其中，服务器的数据存储模块由系统数据库、BIM 模型数据库、设计规则数据库、协同管理数据库、图档管理数据库、IFC 文件存储系统构成。数据访问接口包括数据库访问接口和文件访问接口两类。数据库访问接口采用 ADO. NET 方式访问，文件访问接口通过文件解析接口方式访问。

2. 智能客户端

智能客户端的主要功能模块包括：数据接口模块、BIM 模型管理模块、施工图设计模块、图档管理模块。通过客户端本地的模型数据即可完成施工的智能设计，通过远程数据库访问可以实现对项目、用户、模型、图档的管理，实现协同设计。

7.3.2 逻辑结构设计

根据上节选定的网络结构模式，建立了 BIM-SDDS-RC 系统的逻辑结构，如图 7-2 所示。

（1）数据层：BIM-SDDS-RC 的数据层定义支撑系统的数据源，包括系统数据库、

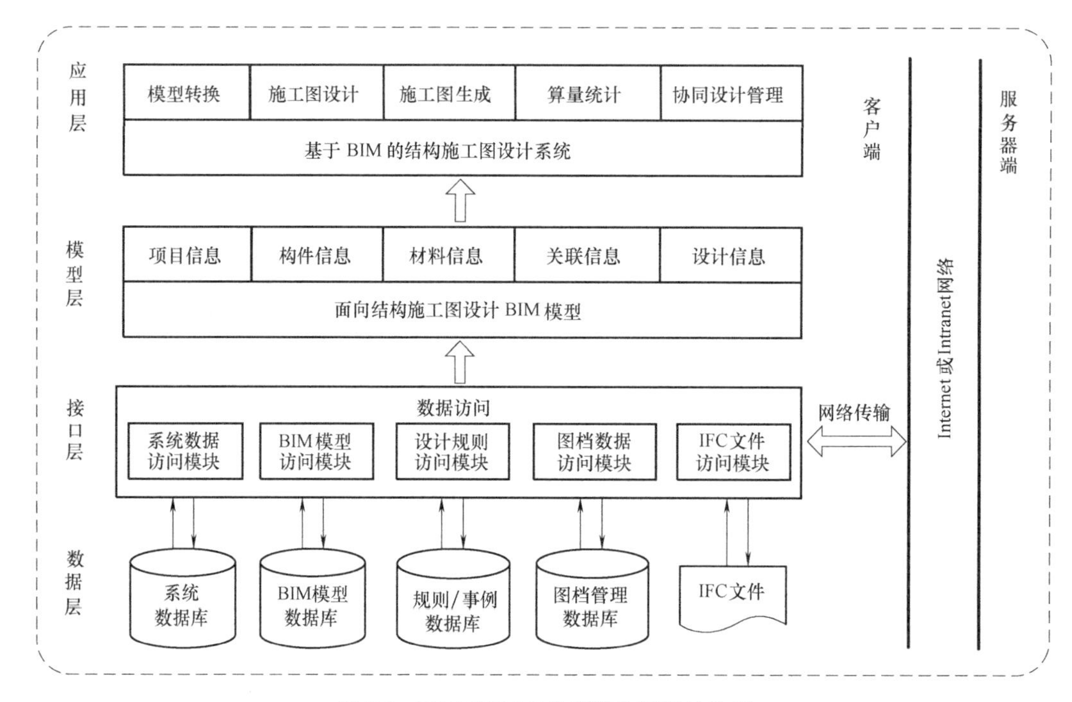

图 7-2 BIM-SDDS-RC 系统的逻辑结构图

BIM 模型数据库、规则/事例数据库、图档管理数据库、IFC 文件等。

（2）接口层：BIM-SDDS-RC 通过接口程序建立系统的数据访问接口，包括系统数据访问模块、BIM 模型访问模块、设计规则访问模块、图档数据访问模块、IFC 文件访问模块。

（3）模型层：建立面向建筑结构施工图设计的 BIM 模型，该信息模型包括项目信息、构件信息、材料信息、关联信息、设计信息等。

（4）应用层：BIM-SDDS-RC 系统的具体应用，主要包括相关结构设计模型的转化、基于 BIM 的施工图设计、施工图档的自动生成、工程算量统计、协同设计管理等。

7.3.3 物理结构设计

BIM-SDDS-RC 的物理结构采用典型的 SC/S 架构，如图 7-3 所示。系统的服务器端由一台 BIM 中心服务器和多台局域网 BIM 服务器构成。BIM 中心服务器负责多项项目数据版本管理、用户权限管理。局域网服务器负责正在进行项目的模型管理，包括项目数据备份、恢复、版本管理、日志管理。BIM-SDDS-RC 系统双层服务器的架构设计使系统具有较强的实用性和扩展性。基于局域网的 BIM 服务器主要面向单个项目的协同设计，该布局保证了协同设计中的运行效率问题。基于广域网的 BIM 中心服务器主要面向多项目和多地域下的协同设计，该服务器的存在保证了工程模型的可维护性，延伸了系统的可扩展性和安全性。

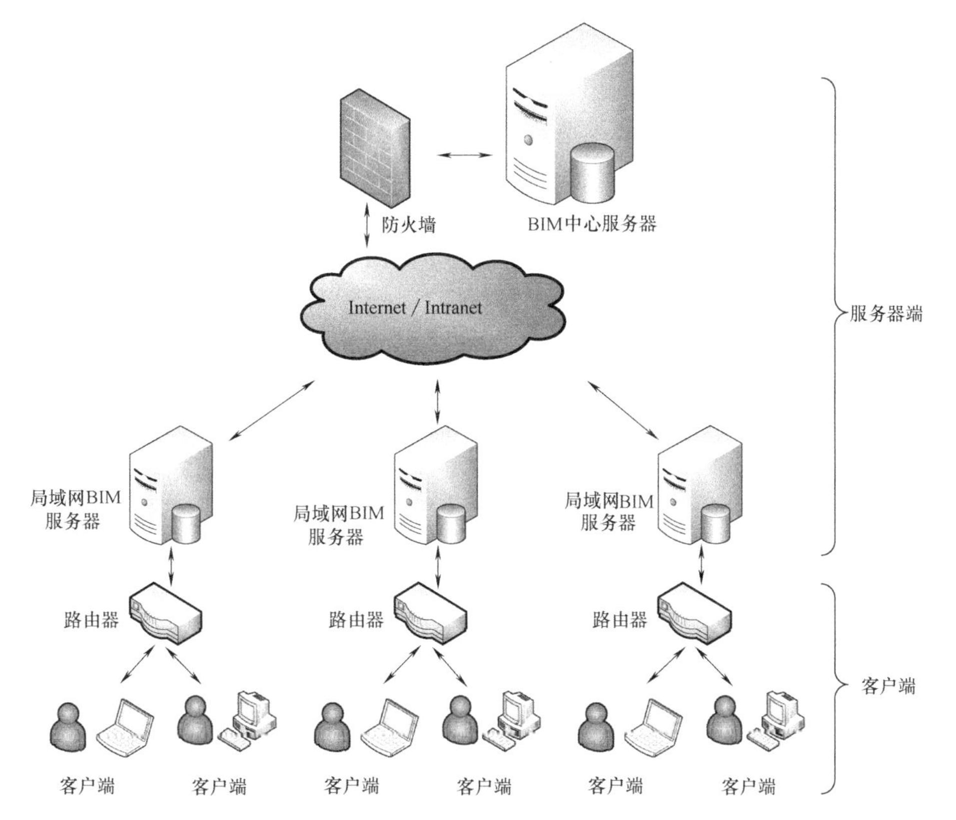

图 7-3 BIM-SDDS-RC 的物理结构图

BIM-SDDS-RC 系统的客户端通过路由器可以连接到局域网服务器，进行基于 BIM 模型的协同设计。客户端通过 XML 格式文档与局域网服务器进行模型交互。为了提高系统的运行效率，系统支持客户端备份服务器模型到本地进行设计工作，通过“签入/签出”死锁机制保证客户端模型与服务器模型的一致性。

7.4 系统数据库设计

数据库是按一定结构组织并长期存储在计算机内、有共享的大量数据的有机集合，是数据管理的成熟技术。目前，主流的数据库系统包括关系数据库系统和面向对象数据库系统。关系数据库具有结构简单、灵活性好、有坚固的理论基础、成熟的结构化查询语言等优点，但是具有对复杂类型表达能力差、复杂查询效率低、长事务支持能力差等缺陷。面向对象数据库可以有效解决关系数据库的“阻抗失配”问题，实现程序设计语言与数据库的无缝连接。它具有支持对象数据模型、数据封装性好、查询效率高等优点，但是具有理论基础不完备、查询技术不成熟等缺陷。通过系统对比后，选取理论和技术成熟的关系数据库系统进行工程数据的存储和管理。

BIM-SDDS-RC 系统的数据库由系统数据库、BIM 模型数据库、设计规则数据库、协同管理数据库、图档管理数据库组成。数据库的设计按照从概念结构设计到逻辑结构设计，再到详细设计的过程进行。其中，概念结构设计是将用户需求抽象为概念数据模型的过程；逻辑结构设计的主要任务是将概念数据模型转化为 DBMS 所支持的逻辑数据模型的过程，设计结果常以逻辑表模型的形式描述；详细设计是对给定的逻辑数据模型确定存储结构的过程。

受篇幅所限，本节仅以 BIM 模型数据库中梁、柱数据表的设计为例，介绍数据库的设计过程与设计方法。

1. 概念结构设计

在 BIM-SDDS-RC 系统的 BIM 模型设计时，采用面向对象的设计思想，梁构件类与柱构件类均派生自建筑结构构件类，这样可以将梁与柱相同的信息直接封装到建筑构件类，提高了数据模型的一致性。在数据库设计时，为了实现梁、柱构件的关联修改，在 BIM 模型设计中采用梁柱构件关联关系表建立梁构件表与柱构件表的关联关系，保证了梁、柱构件模型的修改，与之相关联的构件能够动态更新，如图 7-4 所示为梁与柱的概念数据模型设计。

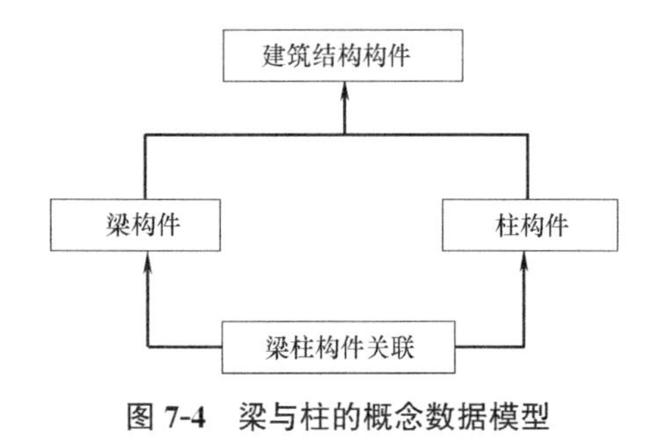

图 7-4 梁与柱的概念数据模型

2. 逻辑结构设计

通过对上节提出的概念数据模型进行细化，得到梁、柱构件数据表的逻辑数据模型，如图 7-5 所示。系统中的梁、柱等结构构件均派生自建筑构件类，主要包括构件 Id、GUID、构件类型、几何信息、材料信息、关联轴网信息、内力信息、配筋信息、楼层信息、归并信息等。其中，构件 Id 用于标识该构件，设置为数据表的主键（PK），GUID 用于模型数据与 IFC 等国际标准兼容。两者的不同之处在于，梁构件通过单根轴线定位，柱构件通过轴网节点定位，为了施工图设计的需要将梁构件划分为梁段。

通过梁柱构件关联表实现梁构件与柱构件的关联。在梁柱构件关联表中，通过设置“梁构件 Id”与“柱构件 Id”作为梁构件表和柱构件表外键（FK）与该表的联合主键（PK）的方式实现梁、柱构件的关联。这种表关系设计的好处在于，既可以建立单根梁柱构件一对一的数据关系，又可以建立多根梁柱构件的多对多数据关系，符合实际的梁、柱构件关系现状。

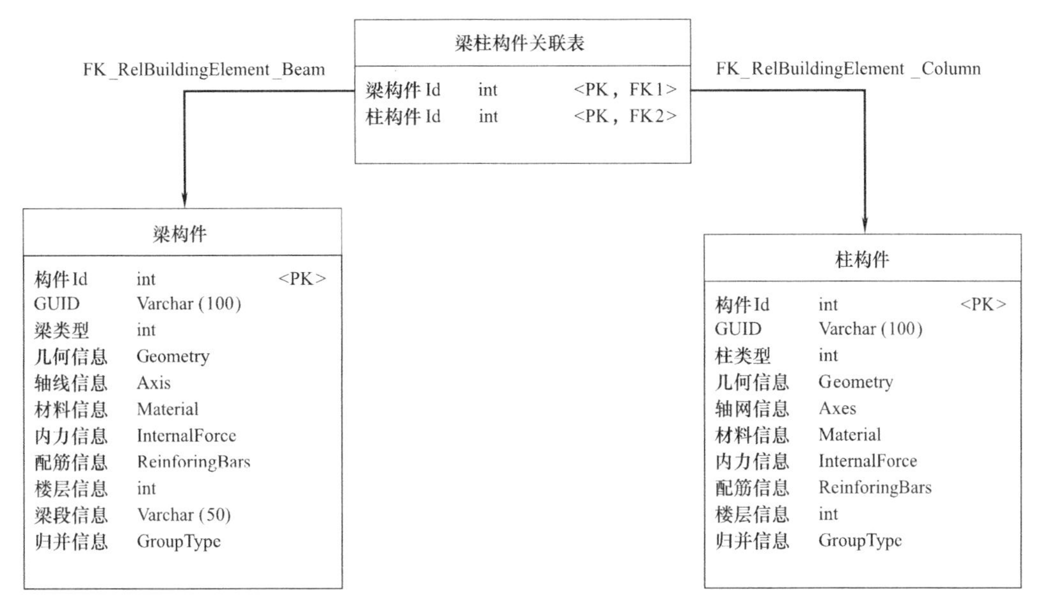

图 7-5 梁、柱数据表的逻辑数据模型

3. 详细设计

根据梁、柱数据表的逻辑设计模型，可对上述 3 个数据表进行详细设计。设计结果如表 7-2～表 7-4 所示。

梁构件表的定义 **表 7-2**

字段名称	数据类型	描述
BeamID	int	梁表的主键
GUID	varchar	全球标识符
BeamType	int	梁类型
Geometry	GeometryInfo	梁的几何信息
Axis	AxisInfo	梁关联的轴线
Material	MaterialInfo	梁的材料信息
InternalForce	InternalForceInfo	梁的内力信息
ReinforingBars	ReinforingBarsInfo	梁的配筋信息
StoreyNum	int	楼层编号
BeamSections	varchar	梁的分段信息
GroupType	GroupTypeInfo	梁的归并分组

柱构件表的定义 表 7-3

字段名称	数据类型	描述
ColumnID	int	柱表的主键
GUID	varchar	全球标识符
ColumnType	int	柱类型
Geometry	GeometryInfo	柱的几何信息
Axes	AxesInfo	柱关联的轴网
Material	MaterialInfo	柱的材料信息
InternalForce	InternalForceInfo	柱的内力信息
ReinforingBars	ReinforingBarsInfo	柱的配筋信息
StoreyNum	int	楼层编号
GroupType	GroupTypeInfo	柱的归并分组

梁柱构件关联表的定义 表 7-4

字段名称	数据类型	描述
BeamID	int	关联的梁构件 Id
ColumnID	int	关联的柱构件 Id

7.5 程序设计与系统实现

7.5.1 开发环境

系统开发环境采用 Microsoft Visual Studio 2008，采用基于 . NET Framework 3. 5 的 C#语言和 C++语言混合开发，数据库访问采用 ADO. NET 访问 SQL Server 数据库，图形应用平台采用 AutoCAD 2008，利用 Visual SVN 进行代码管理，详细开发环境配置如表 7-5 所示。

系统开发工具列表 表 7-5

开发内容	工具选取	开发内容	工具选取
客户端操作系统	WindowsXP、Vista、Windows7	开发平台	Visual Studio Team Suite 2008
客户端运行环境	. Net Framework 3. 5 SP1	数据库	SQL Server 2005 Express
CAD 图形平台	AutoCAD 2008	代码管理	Subversion (SVN)
开发语言	C#、C++	测试工具	QTP

7.5.2 CAD 二次开发

1. CAD 二次开发工具选取

作为开放的图形设计平台，AutoCAD 主要提供了以下 6 种二次开发工具：AutoLisp、ADS、VisualLisp、VBA、ObjectARX、. NET。其中，AutoLisp 已经完全被

VisualLisp 取代，ADS 被 ObjectARX 所取代。表 7-6 给出了其他 4 种开发工具的性能对比。VisualLisp 和 VBA 简单易用，但整体功能不强，不适合大型系统的开发；ObjectARX 功能强大且执行速度快，但其采用 C++语言作为编辑语言，对开发者的要求较高；.NET 完成了对 ObjectARX 大部分功能的封装，具有操作简单、开发功能强的优点，但是该工具目前仍在发展过程中，尤其是尚不支持自定义对象功能。选取 ObjectARX 和 .NET 混合开发，利用 ObjectARX 实现对自定义对象的封装，利用 .NET 实现其他图形操作，降低开发难度。

AutoCAD 的二次开发工具对比 **表 7-6**

对比项	VisualLisp	VBA	ObjectARX	.NET
API 的能力	不支持	不支持	支持	支持
高级 UI	不支持	不支持	支持	支持
底层事件	不支持	不支持	支持	支持
高级 API 接口	不支持	不支持	支持	支持
异常处理能力	不支持	不支持	支持	支持
64 位字符编码	支持	部分支持	不支持	支持
垃圾回收	支持	支持	不支持	支持
混合编程	不支持	不支持	不支持	支持
混合接口	有限支持	有限支持	困难	支持
语法检查	支持	支持	不支持	支持
自定义对象	不支持	不支持	支持	不支持
开发性能	差	差	最强	强

2. 自定义对象技术

自定义对象技术是 AutoCAD 的 ObjectARX 开发接口中提供的模型扩展方法，通过自定义实体对象可以自定义 AutoCAD 预定义对象以外的实体对象。

（1）自定义对象的定义

自定义对象类都派生于 AcDbEntity 类，AcDbEntity 类是 AutoCAD 中各种基本图形元素实体的基类，包括实体定义相关的虚函数，通过对这些虚函数进行重载可实现对自定义对象的绘制、捕捉点的定义、夹点与夹点行为的定义及自定义实体行为的定义，可在此基础上扩展出用户所需的对象属性。

（2）图形数据库的创建

AutoCAD 图形数据库是用来存储数据库对象的容器，数据库对象在数据库中按层次结构保存，如图 7-6 所示。每一个数据库对象，无论是实体还是层表记录，都必须存储在特定的容器中。例如，层表记录必须保存在层表中，实体必须保存在块表记录中，而块表记录必须保存在块表中。

创建自定义对象的图形数据流程如下：（1）创建或打开 CAD 图形数据库；（2）依次打开属性数据库中的块表和块表记录；（3）将自定义对象添加到块表记录中，实现自定义对象的加载。

（3）.NET 平台下调用

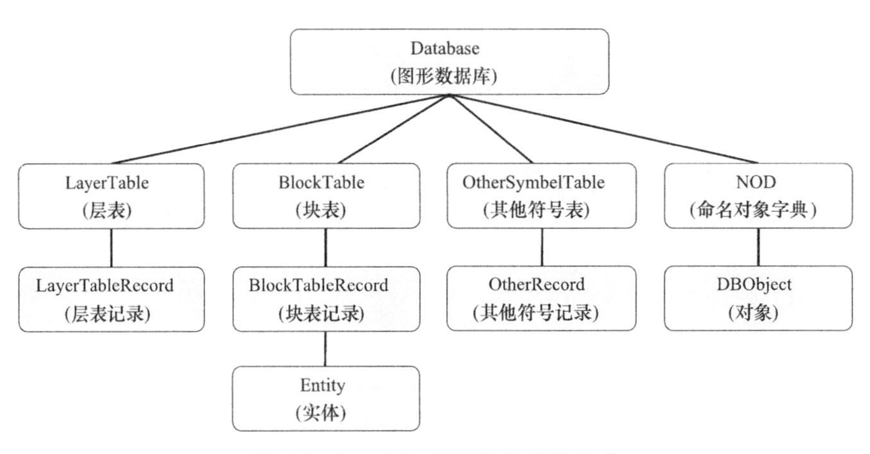

图 7-6 AutoCAD 图形数据库的组成

通过 ObjectARX 技术定义的自定义对象类为非托管代码，而在 .NET 平台下 C#语言为托管代码，因此需要将自定义对象类封装为托管代码类才可以实现其在 .NET 平台下使用 C#语言进行调用。

自定义对象类封装流程：(1) 通过上述自定义对象类实现用户所需对象属性的定义；(2) 定义一个由 AutoCAD 中的 Entity 类继承得来的 C++托管类（GcBeamEntity），在托管类中定义与自定义对象类（CustomEntity）中相同的属性成员及成员函数；(3) 在此托管类中定义一个指针函数（GetImpObj()）来建立托管类与自定义对象类之间的联系，如图 7-7 所示。

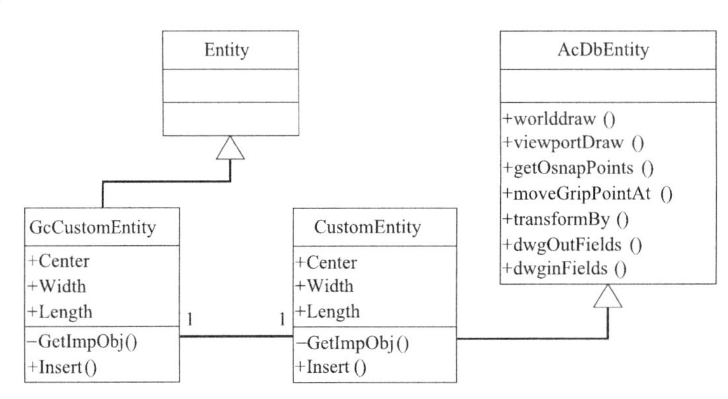

图 7-7 自定义对象的定义与调用

7.5.3 编码规范

按照规范化软件开发要求，程序代码的编写需要遵照一定的编码规范，以提高代码的健壮性、安全性和可读性，保证代码的维护性与扩展性。本项目在代码编写过程中，参照相关编码规范，制订了《编码标准》。该标准涉及的内容包括命名原则、类型的使用、函数的定义、类的设计与定义、数据类型的转换、异常处理、内存分配与释放、代码格式、注释规定、文件和目录等 14 个大项中的 190 余条规定。例如，对于数据的命名规则，《编码标准》给出了近 40 条编写规定。如表 7-7 所示为截取的部分相关规定。

《编码标准》中对数据定义的相关规定示例 **表 7-7**

规则	正确用法	错误用法
布尔类型的名字定义要直观	bool isFull	bool Full
一次只声明、定义一个变量	int width;int length;	int width,length;
变量的名字应使用名词或形容词+名词	int oldValue;	int old;
类的命名要增加类型前缀	class cViewCreator()	class ViewCreator()

7.5.4 软件测试

软件测试是保证软件质量和可靠性的重要手段，自动化测试使用软件来控制测试执行过程，比较实际结果与预期结果是否一致，设置前置条件和其他测试控制条件并输出测试报告。QuickTest Professional（以下简称 QTP）软件是惠普公司提供的企业级自动化测试工具，支持 Window Application 和 Web 应用软件的功能测试和回归测试。限于篇幅，本节仅以用户登录功能为例，介绍 QTP 自动测试步骤。

1. 用户登录流程

系统的用户登录按图 7-8 所示流程进行：

（1）打开登录界面。

（2）在用户登录界面的信息框中输入用户名和密码信息。

（3）在系统数据库中的用户信息表中检索输入的用户信息，如果登录信息与数据库中的用户信息匹配则通过用户验证，否则提示用户登录信息不正确。

（4）用户登录成功，进行其他操作。

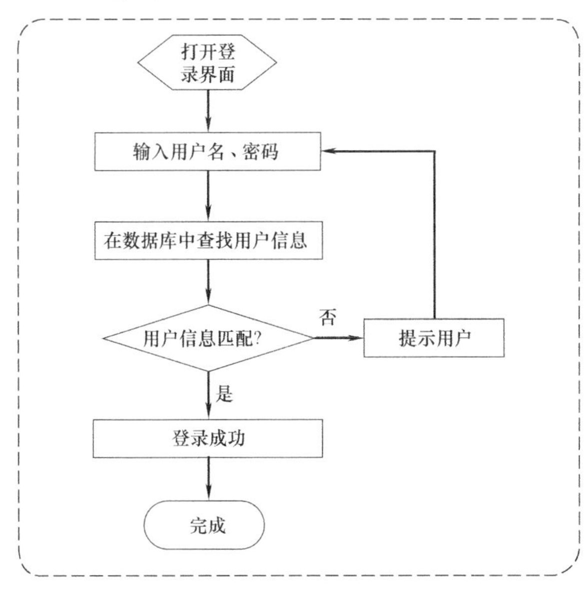

图 7-8 系统的用户登录流程

2. QTP 测试脚本的编写

QTP 软件提供了利用 VBScript 脚本语言进行自动化功能测试的方法。如图 7-9 所示为根据系统的用户登录流程编写的 VBScript 测试脚本的截图。该脚本通过 Excel 文件

“Login TestCase. xls” 载入测试用例，作为登录程序的预定义数据，自动加载该程序获取结果信息，将用例的运行结果信息与用例预测信息进行对比，并将对比结果输出到测试报告文件“Login Test Report. xls”。

```
'调用登陆过程
Call Login()
'获取测试用例与测试报告的路径
ReadExcelPath = TestPath + "\Login TestCase.xls"
WriteExcelPath = TestPath + "\Login Test Report.xls"
For i=2 to GetExcelSheetRowsCount(ReadExcelPath, "Login")
  '获取测试用例中的数据
  TestCaseID = GetExcelCells(ReadExcelPath, "Login", i, 1)
  UserName = GetExcelCells(ReadExcelPath, "Login", i, 2)
  UserPassword = GetExcelCells(ReadExcelPath, "Login", i, 3)
  UserStatus = GetExcelCells(ReadExcelPath, "Login", i, 4)
  WriteExcelCells WriteExcelPath , "Login Test" , i , 1, TestCaseID
  '输入数据源到应用程序
  SwfWindow("登录").SwfEdit("textBox_userName").Type UserName
  SwfWindow("登录").SwfEdit("textBox_password").Type UserPassword
  SwfWindow("登录").SwfButton("确定(O)").Click
  '获取提示信息
  ActualValue = SwfWindow("登录").SwfWindow("提示").SwfLable("swfname
  : = label_errorMessage").GetRoProperty("text")
  '判断实际结果与预测结果是否相同
  if left(ActualValue,6) = left(UserStatus,6) Then
    WriteExcelCells WriteExcelPath , "Login Test" , i , 2, "Pass"
  else
    WriteExcelCells WriteExcelPath , "Login Test" , i , 2, "Fail"
  End If
Next
```

图 7-9　用户登录的 VBScript 测试脚本

3. 测试用例与测试报告

根据用户登录功能测试需求编写了测试用例，QTP 软件可以直接读取存储在文本文件或 Excel 文件中的用例用于自动测试。如表 7-8 所示为本节采用的测试用例，测试用例覆盖了用户名与密码各类组合。

用户登录的测试用例　　表 7-8

用例编号	用户名	密码	用例状态
TC01			用户名为空!
TC02	Admin		密码为空!
TC03	Test	Test	用户名错误!
TC04	Admin	Test	密码错误!
TC05	Admin	Admin	通过测试!

QTP 软件提供了测试报告输出接口，可自动生成测试用例测试报告。如图 7-10 所示为用户登录的用例测试报告。本次测试使用用例个数 5 个，测试覆盖率 100%，测试通过率 100%，测试耗时 5 分 20 秒（脚本及用例编写 5 分钟，脚本运行 20 秒），而手工测试需耗时 10 分钟（每个用例耗时约 2 分钟），节约近一半时间。对于系统中更加复杂的功能和更多的用例工况，QTP 自动测试将大幅度提高功能测试的效率和质量。

	A	B	C
1	TestCase	Result	Description
2	TC01	Pass	UserName is Null!
3	TC02	Pass	Password is Null!
4	TC03	Pass	UserName is not Correct!
5	TC04	Pass	Password is not Correct!
6	TC05	Pass	A legal user!
7			
8			

图 7-10　用户登录的用例测试报告

7.6　本章小结

本章按照软件工程中软件开发的思想和方法，对基于 BIM 的钢筋混凝土结构施工图设计系统进行了整体系统设计，使用面向对象的方法开发了原型系统。在软件开发过程中，以系统应用为驱动，以软件架构为中心，通过多次迭代修改，逐步完成系统功能的设计与开发。同时，在系统开发过程中注重结合建筑结构设计人员的反馈，使软件既符合实际设计工作的需要，又能充分挖掘基于 BIM 的工程设计潜能。

第8章
基于BIM的结构施工图设计实践

利用基于 BIM 的钢筋混凝土结构施工图设计原型系统（BIM-SDDS-RC）进行钢筋混凝土结构施工图设计实践，验证系统各项功能的应用可行性和有效性。下面将从应用测试实例选取、系统参数设置、施工图设计信息模型创建、施工图智能设计、BIM 模型管理与协同设计 5 个部分对结构施工图的设计实践过程进行介绍。

8.1 应用测试实例

对于应用测试实例的选取：既要考虑到工程项目设计信息的完整性，实例工程需包含完整的岩土勘察报告、结构分析模型、计算书、结构设计施工图纸等设计资料，以便于对比验证；同时，又要考虑设计结果的可输出性，如果工程体量过大，将无法实现平面布置图的展现。基于上述两个原则，选取某 6 层钢筋混凝土框架结构进行系统的应用测试。

8.1.1 工程概况

本工程位于云南省丘北县××住宅小区，为 3 栋 6 层框架结构商住楼，选取其中的 A 栋进行应用测试。该楼地上 6 层，无地下室，屋顶标高 20.700m，设计使用年限 50 年，建筑重要性类别二类，安全等级二级，抗震等级三级，基础类型为柱下独立基础，建筑效果图如图 8-1 所示。

图 8-1 测试工程的建筑效果图

8.1.2 设计参数选取

为了便于本章设计结果与原有设计结果进行对比，本节的设计参数完全按原有设计模型选取。

1. 总体信息

（1）结构体系：框架结构。

（2）结构主材：钢筋混凝土。

（3）结构重要性系数：1.0。

（4）结构保护层厚度：梁构件 25mm，柱构件 30mm，楼板构件 15mm。

2. 材料信息

（1）混凝土：梁、板、柱等结构构件均采用 C30 混凝土。

（2）钢筋：纵筋采用 HRB335，箍筋采用 HPB235 和 HRB335。

3. 地震信息

（1）设计地震分组：第二组。

（2）抗震设防分类：丙类。

（3）抗震设防烈度：6 度。

（4）设计基本地震加速度：0.05g。

（5）计算振型个数：15 个。

（6）周期折减系数：0.85。

（7）场地特征周期：0.40s。

4. 风荷载信息

（1）基本风压：0.3kN/m^2。

（2）地面粗糙度：B 类。

（3）风荷载体系系数：1.3。

（4）结构基本周期：1.32s。

5. 楼面活荷载取值

（1）楼面活荷载：2.0kN/m^2。

（2）阳台活荷载：2.5kN/m^2。

（3）屋顶活荷载：3.0kN/m^2。

6. 设计调整信息

（1）梁端负弯矩调幅系数：0.85。

（2）梁活荷载放大系数：1.0。

（3）梁扭矩折减系数：0.4。

（4）连梁刚度折减系数：0.7。

（5）中梁刚度放大系数：2。

（6）实配钢筋超配系数：1.15。

7. 工程地质信息

根据核工业西南二〇九工程勘察公司为本工程提供的岩土勘察报告，场地的地层土质情况如表 8-1 所示。

工程的地层土质信息 **表 8-1**

土层	性状	层厚	承载力标准值
①杂填土	杂色、稍湿、稍密	0.9～1.1m	不宜做持力层
②黏质粉土	灰褐色-黄褐色、稍密	0.20～0.3m	120kPa
③粉质黏土	灰褐色-黄褐色、稍密	0.60～5.30m	180kPa
④砂质粉土	灰色	0.70～0.40m	200kPa
⑤砂质粉土	黄褐、饱和、稍密-中密	1.10～10.50m	300kPa

注：地下水埋深 7.7 m，无侵蚀性。

8.1.3 结构施工图的构成

按照基于“平面整体表示法”的《民用建筑工程结构施工图设计深度图样》的描述要求，钢筋混凝土框架结构的施工图应包括设计总说明、图纸目录、基础施工图、框架柱配筋平面图、框架梁配筋图、楼板和屋面板配筋图、楼梯详图 7 部分内容。针对本工程实例的结构施工图构成，见表 8-2。

测试工程的结构施工图纸构成　　表 8-2

序号	图纸名称	图纸编号	备注
1	结构设计总说明	结施-1	
2	基础施工图	结施-2	包括详图
3	首层柱配筋平面图	结施-3	
4	首层板配筋图	结施-4	
5	首层梁配筋图	结施-5	
6	2～6 层柱配筋平面图	结施-6	
7	屋面顶板配筋图	结施-7	
8	2～6 层梁配筋图	结施-8	
9	楼梯详图	结施-9	

8.2 BIM-SDDS-RC 系统的参数设置

本节主要介绍 BIM-SDDS-RC 原型系统的程序操作主界面和相关参数设置。其中，参数设置部分包括设计参数设置、施工图模板设置、项目信息设置、绘图参数设置。系统的参数设置相关功能为基于 BIM 的施工图设计奠定参数基础。

8.2.1 系统操作界面简介

BIM-SDDS-RC 系统是在 AutoCAD 平台基础上开发的钢筋混凝土结构施工图设计原型系统，系统主程序界面如图 8-2 所示。本系统在原有 CAD 平台基础上添加了导航工具条面板和项目浏览器面板。其中，导航工具条面板包含模型管理、工程设置、模型转化、柱配筋设计、梁配筋设计、板配筋设计、基础配筋设计、常用工具 8 个工具条，项目浏览器面板包含模型浏览器、施工图设计、施工图管理 3 个浏览器导航控件。

8.2.2 设计参数设置

参数设置功能主要用于设置系统的相关设计参数，如图 8-3 所示，主要包括混凝土强度等级、钢筋强度等级、构件保护层厚度、活荷载取值、构件归并系数、选筋库等设计参数的设置。

8.2.3 施工图模板设置

施工图模板是为实现结构施工图的自动生成而开发的预定义施工图表达内容的功能，

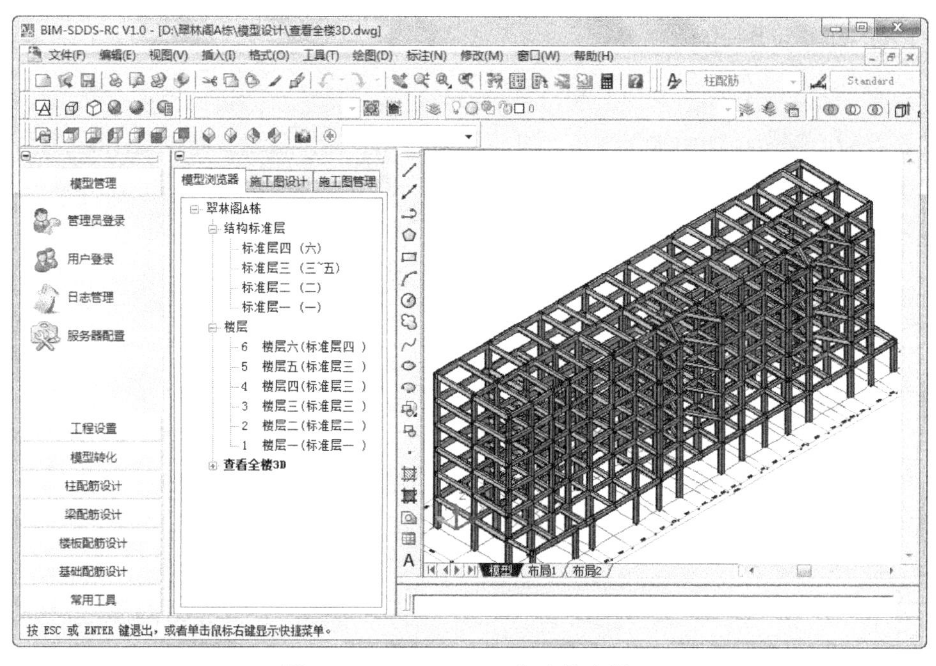

图 8-2 BIM-SDDS-RC 程序的主界面

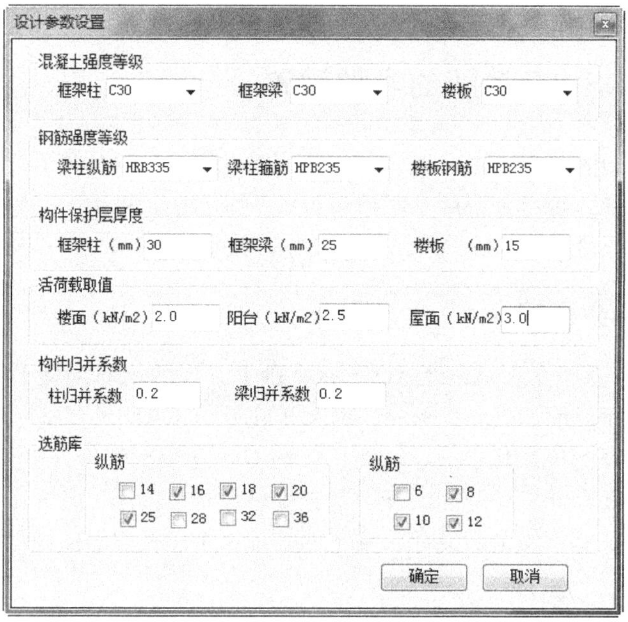

设计参数设置

混凝土强度等级
框架柱 C30　框架梁 C30　楼板 C30

钢筋强度等级
梁柱纵筋 HRB335　梁柱箍筋 HPB235　楼板钢筋 HPB235

构件保护层厚度
框架柱（mm）30　框架梁（mm）25　楼板（mm）15

活荷载取值
楼面（kN/m2）2.0　阳台（kN/m2）2.5　屋面（kN/m2）3.0

构件归并系数
柱归并系数 0.2　梁归并系数 0.2

选筋库
纵筋：14　16　18　20　25　28　32　36
纵筋：6　8　10　12

确定　取消

图 8-3 系统参数设置界面

见图 8-4。

系统根据当前项目的标准层信息，预定义了各标准层图纸的构成（图 8-4 中①部分）。用户可以通过“增加”“删除”按钮对标准层中图纸构成进行调整。点击标准层中的图纸图标（以柱配筋施工图为例），在图 8-4 中②部分将显示施工图中包含的图元信息。用户可以通过中间的“增加”“删除”按钮选取图 8-4 中③部分图元信息，进行柱配筋施工图

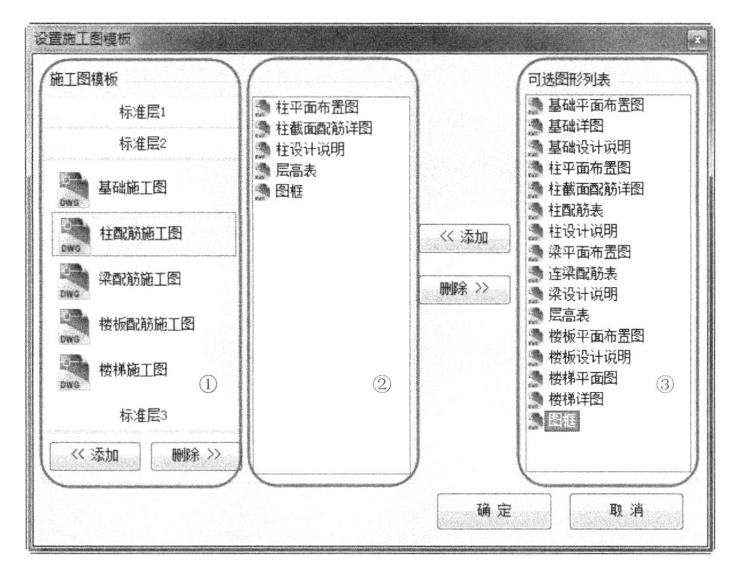

图 8-4　施工图模板设置功能界面

构成图元的自定义。

8.2.4　项目信息设置

项目信息设置功能主要设置工程项目的基本信息及参与人员信息，如图 8-5 所示。当设置完图 8-5（a）中的项目信息后，在生成施工图纸时，这些信息将自动填充图纸图签栏，见图 8-5（b）。

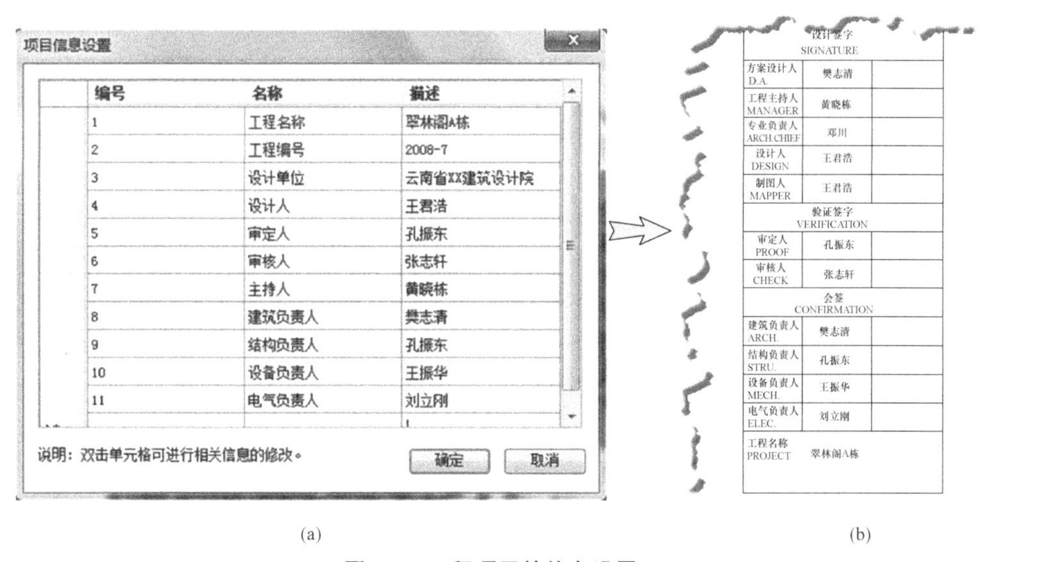

图 8-5　工程项目的信息设置

（a）项目信息设置对话框；（b）自动填充图纸图签框

8.2.5　绘图参数设置

绘图参数设置主要包括图层、线形、线宽、颜色的设置，通过系统提供的绘图参数设置功能可以对上述绘图参数进行配置，见图 8-6。BIM-SDDS-RC 系统提供柱、梁、板、基础、楼梯等结构构件以及轴线、钢筋等结构施工图基本图元的默认绘图参数设置。此外，系统还支持用户自定义图层标准的建立，以及默认图层标准的恢复。

图 8-6　绘图参数设置界面

在用户完成绘图参数设置后，点击图 8-6 中的“确定”按钮，系统会自动设置项目的图层信息，如图 8-7 所示。项目后续的模型构件和施工图生成均按照用户设置的绘图参数进行。

图 8-7　系统自动设置的图层信息

8.3　结构施工图设计信息模型的创建

本节主要针对第 4 章提出的结构施工图设计 BIM 模型的创建方法，进行模型转换与模型补充定义的应用实践。其中，模型转化包括建筑设计模型与结构施工图设计基本模型的转化、ETABS结构分析模型的生成、ETABS结构分析结构与施工图设计基本模型的集成；施工图设计模型的补充定义包括基础模型和楼板模型的补充定义。

8.3.1 建筑设计模型与结构施工图设计基本信息模型的转化

根据原有建筑设计施工图纸，在Revit Architecture软件中重建了测试工程的建筑设计模型，如图8-8所示。为了满足后续模型转化的需要，该建筑设计模型进行了精细化建模，包含完整的柱、梁、板等结构构件，以及门、窗、台阶、栏杆、填充墙等非结构构件。

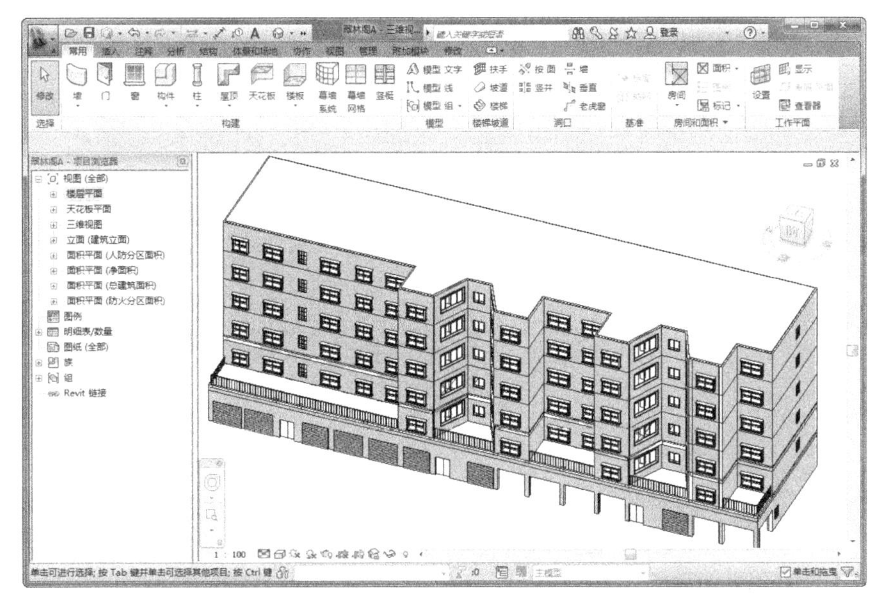

图8-8 Revit Architecture软件建立的建筑设计模型

利用Revit Architecture软件的IFC导出接口，将建筑设计模型导出为IFC文件，如图8-9所示。该文件由48299个数据行构成，其中包含IfcBeam实体定义525个、IfcCol-

翠林阁A.ifc - 记事本

文件(F) 编辑(E) 格式(O) 查看(V) 帮助(H)

```
ISO-10303-21;
HEADER;
FILE_DESCRIPTION(('ViewDefinition [CoordinationView]'),'2;1');
FILE_NAME('\X\CF\X\EE\X\C4\X\BF\X\B1\X\E0\X\BA\X\C5','2012-09-08T16:35:22',(''),(''),'Autodes
FILE_SCHEMA(('IFC2X3'));
ENDSEC;
DATA;
#1=IFCORGANIZATION($,'Autodesk Revit Architecture 2012',$,$,$);
#2=IFCAPPLICATION(#1,'2012','Autodesk Revit Architecture 2012','Revit');
#4=IFCCARTESIANPOINT((0.,0.));
#5=IFCDIRECTION((1.,0.,0.));
#10=IFCDIRECTION((0.,0.,-1.));
#11=IFCDIRECTION((1.,0.));
#12=IFCDIRECTION((-1.,0.));
#13=IFCDIRECTION((0.,1.));
#14=IFCDIRECTION((0.,-1.));
#15=IFCSIUNIT(*,.LENGTHUNIT.,.MILLI.,.METRE.);
#16=IFCSIUNIT(*,.AREAUNIT.,.MILLI.,.SQUARE_METRE.);
#17=IFCSIUNIT(*,.VOLUMEUNIT.,.MILLI.,.CUBIC_METRE.);
#18=IFCSIUNIT(*,.PLANEANGLEUNIT.,$,.RADIAN.);
#19=IFCDIMENSIONALEXPONENTS(0,0,0,0,0,0,0);
#20=IFCMEASUREWITHUNIT(IFCRATIOMEASURE(0.0174532925199432S),#18);
#21=IFCCONVERSIONBASEDUNIT(#19,.PLANEANGLEUNIT.,'DEGREE',#20);
#22=IFCSIUNIT(*,.TIMEUNIT.,$,.SECOND.);
#23=IFCUNITASSIGNMENT((#15,#16,#17,#21,#22));
#26=IFCAXIS2PLACEMENT3D(#3,$,$);
#27=IFCGEOMETRICREPRESENTATIONCONTEXT($,'Model',3,1.E-006,#26,$);
#28=IFCGEOMETRICREPRESENTATIONCONTEXT($,'Annotation',3,1.E-006,#26,$);
```

图8-9 建筑设计模型导出的IFC文件

umn 实体定义 270 个、IfcSlab 实体定义 251 个、IfcWallStandardCase 实体定义 202 个、IfcDoor 实体定义 19 个、IfcWindow 实体定义 203 个。

利用 BIM-SDDS-RC 程序的 IFC 模型导入接口，对建筑设计模型进行结构构件的识别和自动转化，生成结构施工图设计基本信息模型，如图 8-10 所示。该设计模型以结构构件的物理模型信息为主，材质、内力、配筋等信息将在后续环节中逐步添加。

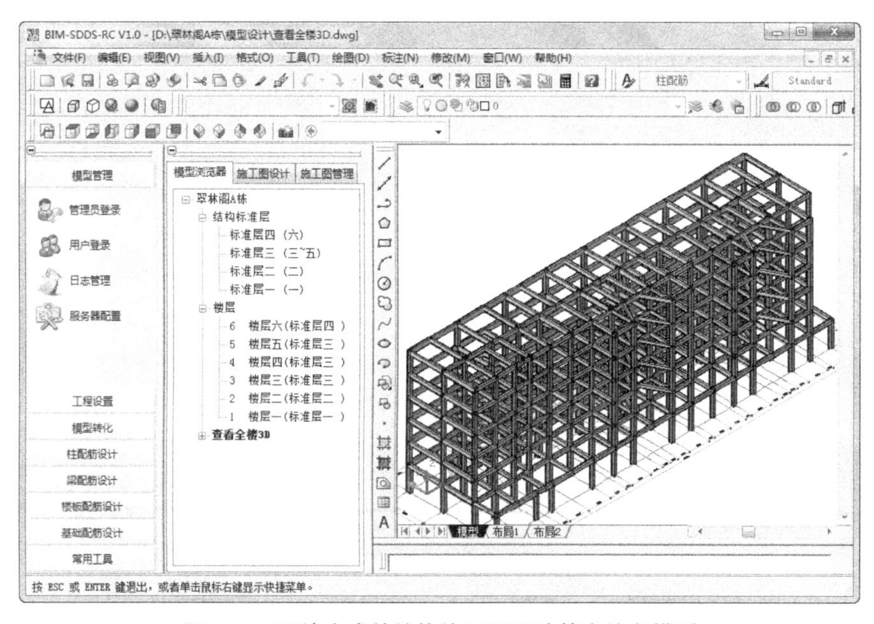

图 8-10 系统生成的结构施工图设计基本信息模型

对系统生成的结构施工图设计基本信息模型进行构件属性查询，见图 8-11。选取模型中三层最左侧的框架梁（Id=3217），图 8-11（b）为该梁构件的属性信息。除结构的几何信息外，还包括梁构件的关联信息、模型版本信息、创建者信息、签入/签出状态信息等。

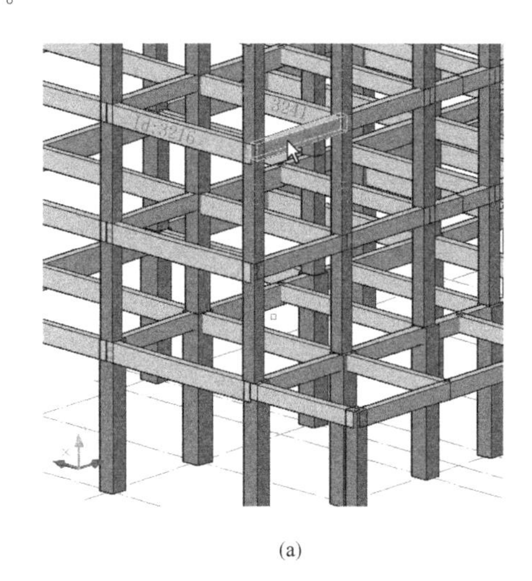

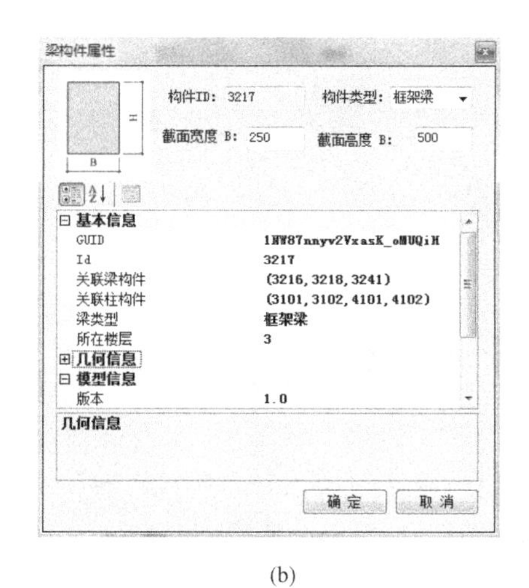

(a) (b)

图 8-11 混凝土梁的属性信息查询

（a）选取模型构件；（b）构件属性信息

8.3.2 ETABS 结构分析模型的生成

利用 BIM-SDDS-RC 程序的 ETABS 结构分析模型生成接口，将系统中的施工图设计基本模型转化为 ETABS 结构分析模型，以 e2k 文件的格式输出，如图 8-12 所示。该文件包括结构分析模型的量纲参数、材料库、截面库、轴网、楼层、结构构件等数据的定义。

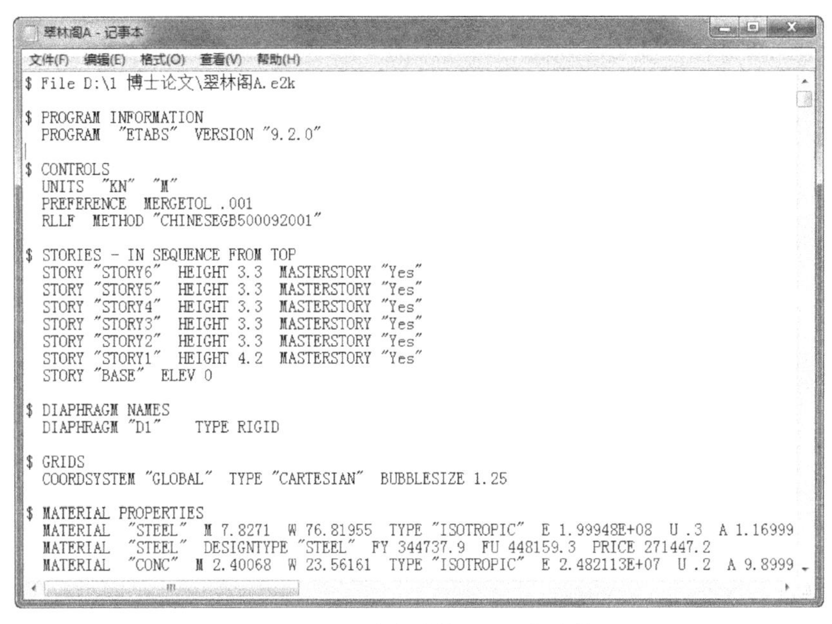


```
$ File D:\1 博士论文\翠林阁A.e2k

$ PROGRAM INFORMATION
  PROGRAM  "ETABS"  VERSION "9.2.0"

$ CONTROLS
  UNITS  "KN"  "M"
  PREFERENCE  MERGETOL .001
  RLLF  METHOD "CHINESEGB500092001"

$ STORIES - IN SEQUENCE FROM TOP
  STORY "STORY6"  HEIGHT 3.3  MASTERSTORY "Yes"
  STORY "STORY5"  HEIGHT 3.3  MASTERSTORY "Yes"
  STORY "STORY4"  HEIGHT 3.3  MASTERSTORY "Yes"
  STORY "STORY3"  HEIGHT 3.3  MASTERSTORY "Yes"
  STORY "STORY2"  HEIGHT 3.3  MASTERSTORY "Yes"
  STORY "STORY1"  HEIGHT 4.2  MASTERSTORY "Yes"
  STORY "BASE"  ELEV 0

$ DIAPHRAGM NAMES
  DIAPHRAGM "D1"    TYPE RIGID

$ GRIDS
  COORDSYSTEM "GLOBAL"  TYPE "CARTESIAN"  BUBBLESIZE 1.25

$ MATERIAL PROPERTIES
  MATERIAL  "STEEL"  M 7.8271  W 76.81955  TYPE "ISOTROPIC"  E 1.99948E+08  U .3  A 1.16999
  MATERIAL  "STEEL"  DESIGNTYPE "STEEL"  FY 344737.9  FU 448159.3  PRICE 271447.2
  MATERIAL  "CONC"  M 2.40068  W 23.56161  TYPE "ISOTROPIC"  E 2.482113E+07  U .2  A 9.8999
```

图 8-12　系统生成的 e2k 工程文件

在 ETABS 软件中，读入该工程文件，可自动生成 ETABS 结构分析模型，如图 8-13 所示。将生成的分析模型进行简单地调整、定义约束、施加荷载，即可进行结构分析与配筋设计。

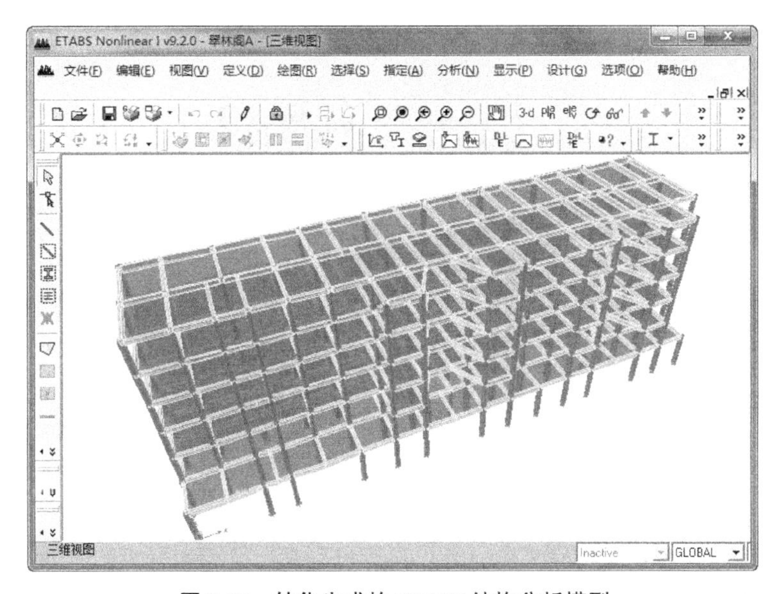

图 8-13　转化生成的 ETABS 结构分析模型

8.3.3 结构分析结果与结构施工图设计基本模型的集成

在 ETABS 软件中进行结构分析与配筋设计后，通过软件的结构设计结果导出接口，将设计结果导出为 Access 数据库文件，如图 8-14 所示。

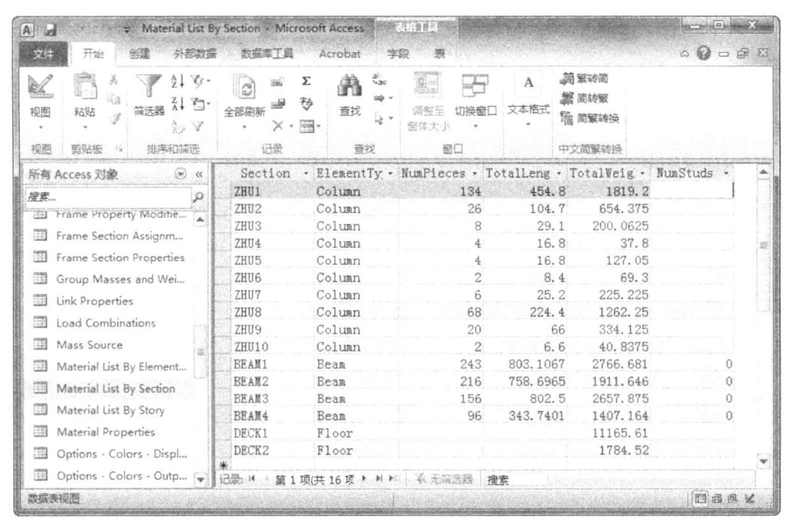

Section	ElementTy	NumPieces	TotalLeng	TotalWeig	NumStuds
ZHU1	Column	134	454.8	1819.2	
ZHU2	Column	26	104.7	654.375	
ZHU3	Column	8	29.1	200.0625	
ZHU4	Column	4	16.8	37.8	
ZHU5	Column	4	16.8	127.05	
ZHU6	Column	2	8.4	69.3	
ZHU7	Column	6	25.2	225.225	
ZHU8	Column	68	224.4	1262.25	
ZHU9	Column	20	66	334.125	
ZHU10	Column	2	6.6	40.8375	
BEAM1	Beam	243	803.1067	2766.681	0
BEAM2	Beam	216	758.6965	1911.646	0
BEAM3	Beam	156	802.5	2657.875	0
BEAM4	Beam	96	343.7401	1407.164	0
DECK1	Floor			11165.61	
DECK2	Floor			1784.52	

图 8-14 ETABS 导出的 Access 数据库文件

利用 BIM-SDDS-RC 系统的 ETABS 模型导入接口，导入该 Access 数据库文件。通过对结构分析模型与施工图设计基本模型运用构件自动匹配算法，实现结构分析结果与结构设计模型的集成，如图 8-15（a）所示。图中对话框显示的是梁构件的属性信息，在原有设计模型的基础上集成了结构分析模型的内力、位移、计算配筋的属性信息。

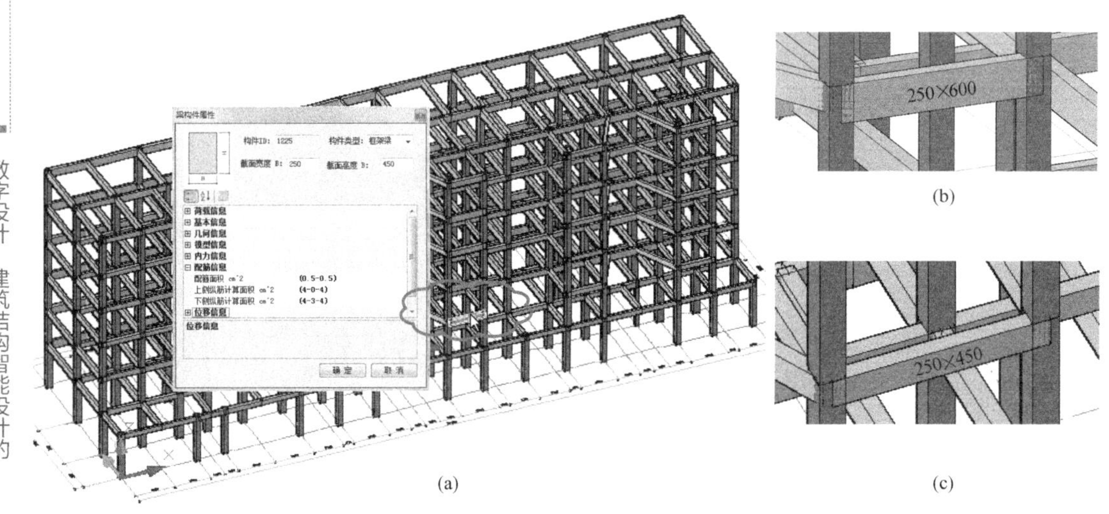

(a) (b) (c)

图 8-15 集成结构分析结果后的结构施工图设计模型

（a）集成后施工图设计模型；（b）集成前构件；（c）集成后构件

在模型集成过程中，当出现 ETABS 模型构件截面尺寸与对应的施工图设计基本模型构件截面尺寸不一致时，系统自动利用 ETABS 模型构件更新原有模型构件。图 8-15（b）

中是模型集成前施工图设计基本模型中的梁构件，截面尺寸为 250mm×600mm，经过集成后模型构件的截面尺寸更新为 250mm×450mm，以便与结构分析结果相匹配。

8.3.4　基础设计模型补充定义

按本项目第 4.4 节给出的基础模型补充定义方法，进行柱下独立基础设计模型的补充定义。系统首先从结构分析软件获取柱底部内力标准值，如图 8-16（a）所示；然后设置场地地基的岩土工程参数和基础设计参数，如图 8-16（b）、图 8-16（c）所示；根据相关参数自动进行基础承载力计算，确定基础的埋深、底面尺寸、阶数，形成基础设计信息模型，如图 8-16（d）所示。

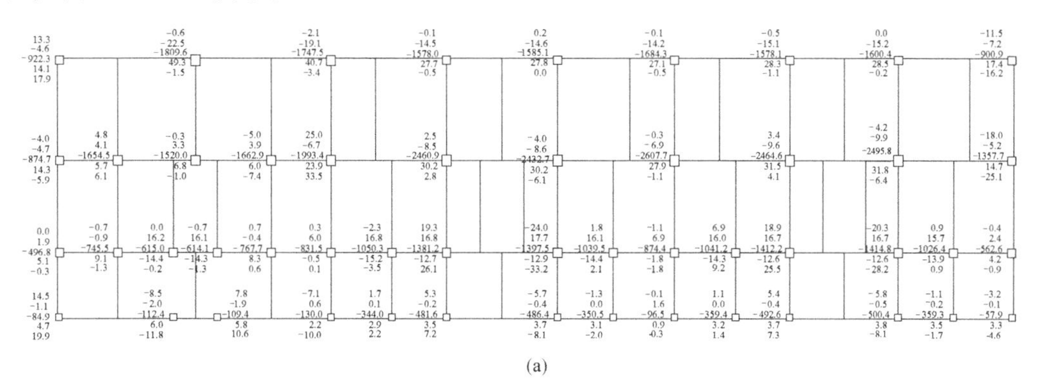

(a)

土层参数定义

土层名称	土层厚度(m)	压缩模量	重度(KN/m3)	承载力特征值
杂填土	1.1	10	17	80
粘质粉土	0.3	12	18	120
粉质粘土	5.3	12	18	180
砂质粉土	0.7	13	20	200
砂质粉土	10.5	13	20	300

确定　取消

(b)

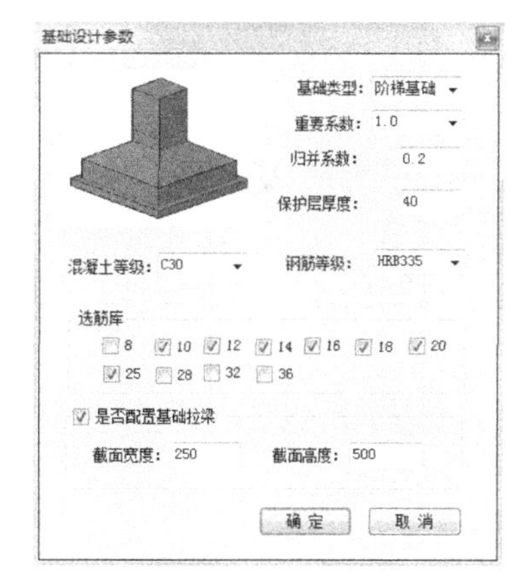

(c)

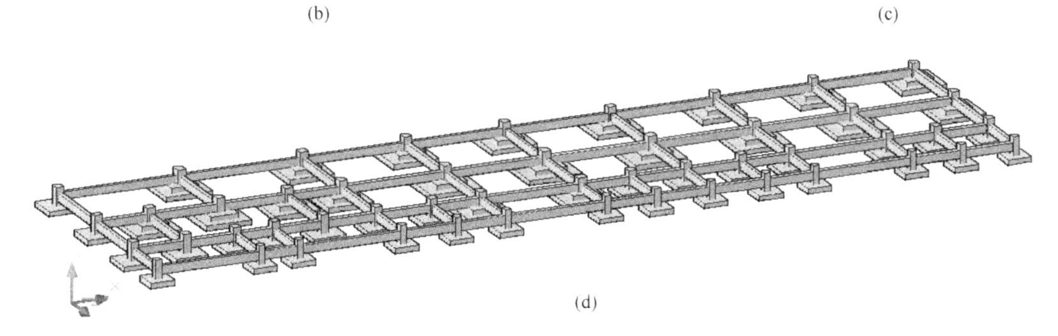

(d)

图 8-16　基础设计模型的补充定义

（a）柱底部内力标准值；（b）地基岩土参数设置；（c）基础设计参数设置；（d）系统生成的基础设计模型

8.3.5 楼板设计模型补充定义

由于 ETABS 软件的结构整体分析不包括对楼板的内力分析，因此对楼板进行施工图设计前，需要对楼板进行补充内力分析和配筋设计。本项目采用第 4.4 节提出的连续板简化计算模型对楼板进行内力分析。

以工程实例中的二层楼板为研究对象，如图 8-17（a）所示为楼板的结构布置图，该楼板包含 3 个楼梯间洞口；通过梁-板关联关系，系统可自动识别各板跨的支座类型，见图 8-17（b）；如图 8-17（c）所示为楼板的荷载布置图，上侧荷载为恒荷载标准值，括号中荷载为活荷载标准值，单位为 kN/m^2；如图 8-17（d）所示为通过连续板简化计算模型计算后板支座和板跨中的弯矩值，单位为 kN · m；完成楼板内力的补充定义后，形成完整的楼板施工图设计信息模型，可用于楼板的配筋设计和施工图生成。

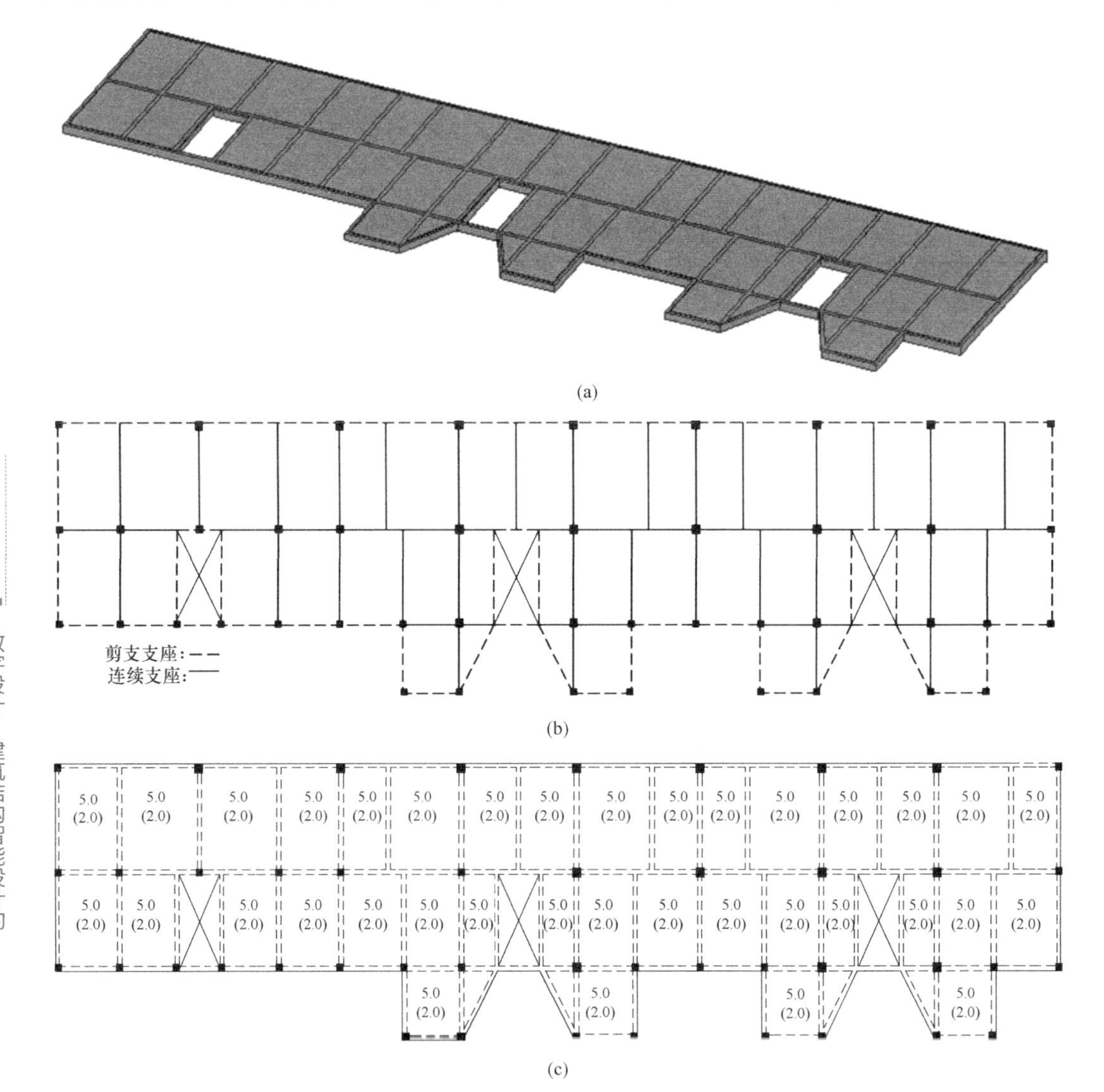

图 8-17　楼板设计模型的补充定义（一）

（a）楼板结构设计模型；（b）楼板支座类型识别；（c）楼板的荷载模型

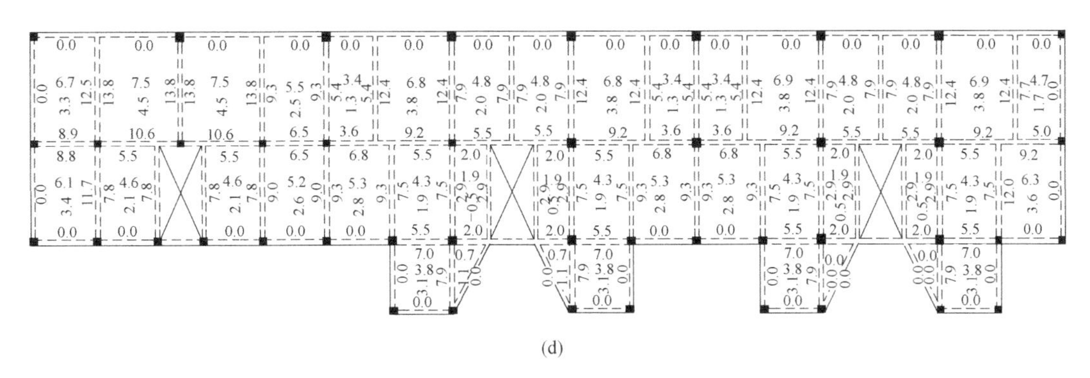

(d)

图 8-17　楼板设计模型的补充定义（二）

（d）楼板弯矩设计值

8.4　结构施工图智能设计

本项目整个施工图设计过程都是基于施工图设计 BIM 模型进行的，其中主要涉及设计模型自动检查、构件归并、配筋设计与优化、设计规范校验、施工图生成与修改等智能设计技术。

8.4.1　设计模型自动检查

系统的设计模型检查功能实现了对施工图设计模型的完整性、一致性和可拼装性的自动检查，见图 8-18。检查结果通过模型检查结果报告和模型图形化标记的形式向用户反馈。在本例中共检测到 5 处模型冲突，在图 8-18（a）中以深色标记：一层的 KL-13 梁高大于支撑梁的梁高；三层的 KZ-9 下截面投影超出二层支承柱的截面投影范围，L-6 未检查到与其他梁或柱构件关联；六层的 KL-13 存在梁柱搭接问题，L-18 未检查到相关的内力、配筋信息。图 8-18（b）为对应的模型检查结果报告。

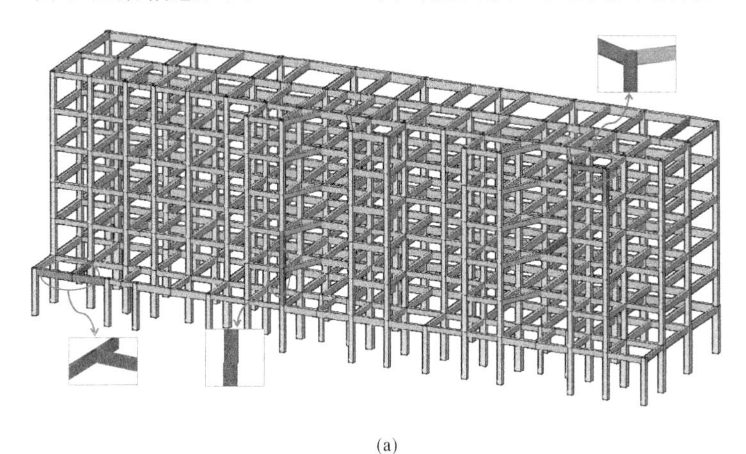

(a)

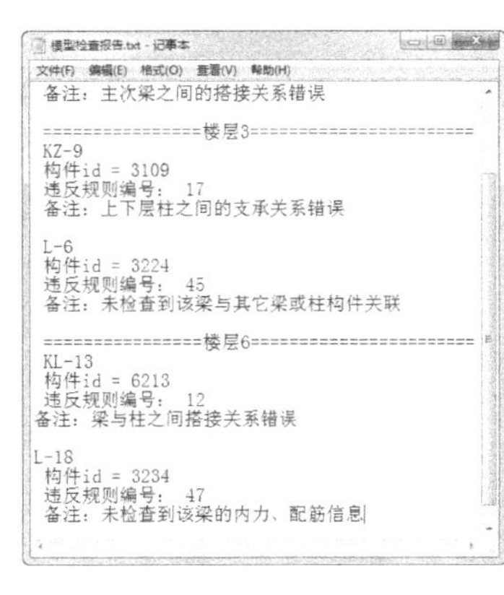

(b)

图 8-18　施工图设计模型自动检查结果

（a）模型检查结果的图形显示；（b）模型检查结果报告

8.4.2 设计模型的构件归并

系统的模型归并功能主要用于在施工图标准层内按构件的配筋差异对构件进行类型合并操作，该过程可有效减少结构构件的种类，提高结构设计结果的可施工性。如图 8-19

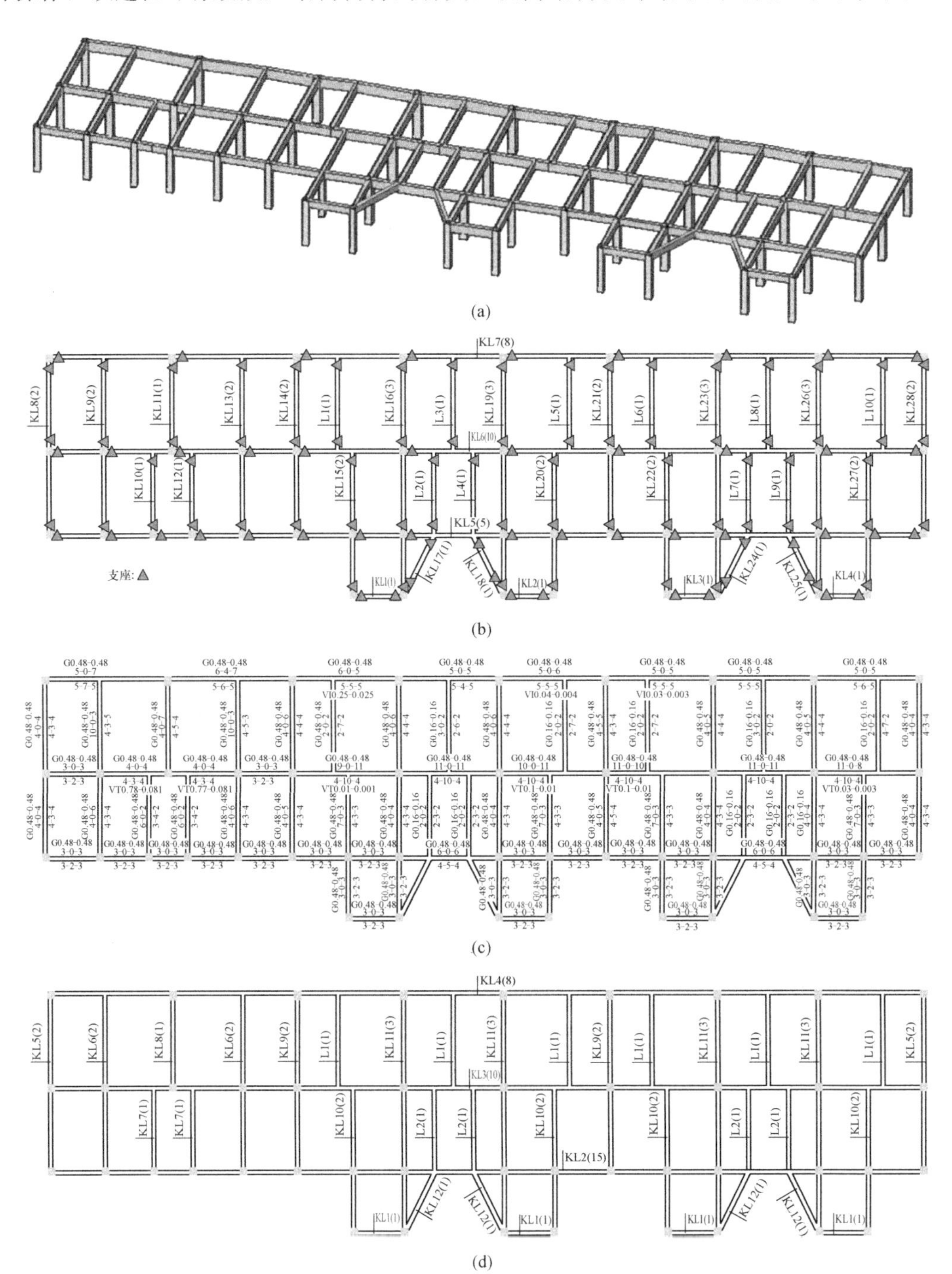

图 8-19 混凝土梁的钢筋归并

(a) 二层梁的结构设计模型；(b) 梁支座的识别与连续梁生成；(c) 梁的配筋面积；(d) 归并后的连续梁模型

所示为二层混凝土梁的钢筋归并过程，首先进行梁支座的识别（图中以△表示），形成连续梁模型，本例中共包括框架梁 28 根、非框架梁 10 根，如图 8-19（b）所示。然后以 0.1 的归并系数对连续梁进行钢筋归并，归并结果如图 8-19（d）所示，归并后包含框架梁 12 种、非框架梁 2 种，大幅度减少了混凝土梁的类型。

8.4.3 配筋设计与优化

系统提供基于改进遗传算法的配筋优化功能，可实现梁、柱配筋的多参数配筋优化。图 8-20 为施工图标准层二的梁构件优化前后的配筋对比，该配筋优化功能在不破坏连续梁钢筋连续性的情况下，可节省钢筋超过 5%。

配筋优化前后对比

施工图标准层：施工图标准层二　　构件类型：梁构件

结构构件	截面尺寸	梁顶配筋左端	梁底配筋	梁底配筋右端	箍筋	钢筋用量/kg
KL01						
优化后	250x450	3B16	3B16	3B16	B12@100/200(2)	83.9
优化前	250x450	2B20	2B20	2B20	B12@100/200(2)	88.9
KL02						
1-优化后	250x550	2B18	2B18	2B18	B10@100/150(2)	89.6
1-优化前	250x550	2B18	2B18	2B18	B12@100/200(2)	105.6
2-优化后	250x600	3B18	2B18	2B18	B10@100/150(2)	134.9
2-优化前	250x600	4B18	2B18	2B18	B12@100/200(2)	162.4
KL03						
1-优化后	250x550	3B16	3B16	3B20	B10@100/150(2)	100.5
1-优化前	250x550	2B20	2B20	3B20	B12@100/200(2)	117.1
2-优化后	250x600	3B20	3B16	3B20	B12@100/200(2)	174.9
2-优化前	250x600	3B20	2B20	3B20	B12@100/200(2)	175.9
3-优化后	250x600	3B20	3B16	3B20	B12@100/200(2)	194.3
3-优化前	250x600	3B20	2B20	3B20	B12@100/200(2)	195.5
KL04						

说明：A(一级钢)、B(二级钢)、C(三级钢)　　结果输出　确 定　取 消

图 8-20　梁构件优化前后的配筋对比

8.4.4 设计规范校验

结构设计规范校验功能以施工图标准层为单位，对施工图设计模型中的柱、梁、板构件进行自动配筋检查，如图 8-21 所示。

其中，“√”标识项为校验通过，“×”标识项为未通过项。

8.4.5 结构施工图生成

BIM-SDDS-RC 系统可依据施工图设计 BIM 模型的信息，自动生成钢筋混凝土结构的平法施工图。如图 8-22 所示为首层梁配筋施工图的生成示例，用户首先须定义结构施工图的标准层信息，然后设置各施工图标准层的施工图模板，最后可自动按施工图模板的定义生成结构施工图。

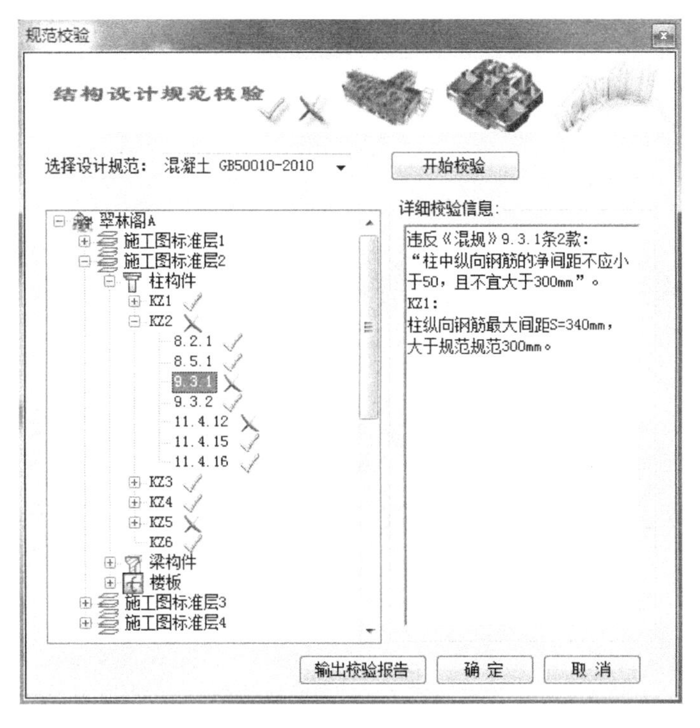

图 8-21　结构设计规范校验

8.4.6　模型与图形的关联修改

系统提供了模型与图形的关联修改功能，如图 8-23 所示为设计模型框架梁偏心调整的示例，在图 8-23（a）中云线所示的框架梁沿框架柱边布置，当对模型中的框架梁沿轴线偏移 100mm 时，对应的施工图纸中该框架梁的位置自动做相应的偏移更新，见图 8-23（b）。

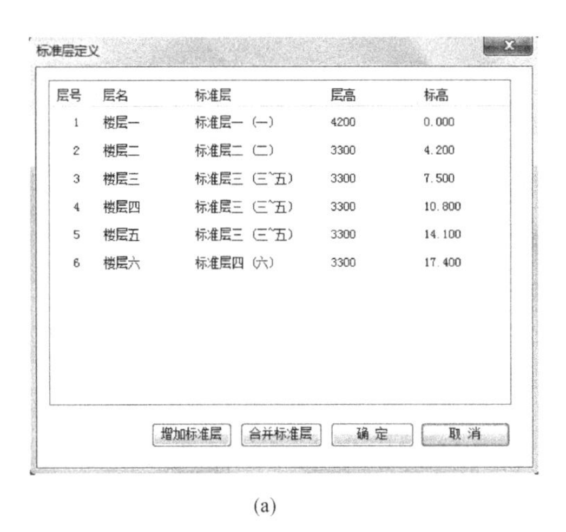

(a)

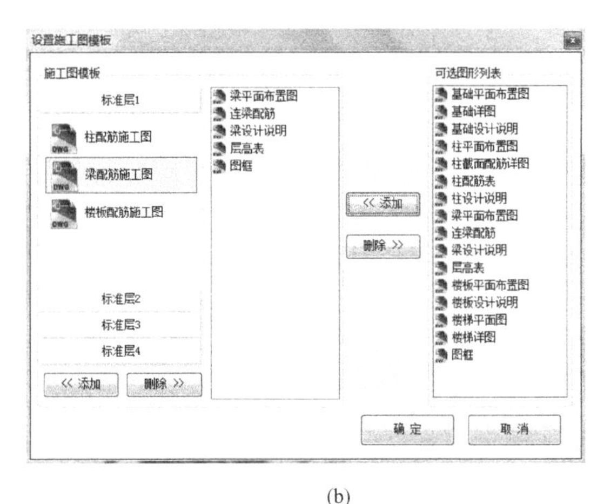

(b)

图 8-22　首层梁配筋施工图的生成（一）

（a）施工图标准层定义；（b）梁施工图模板定义

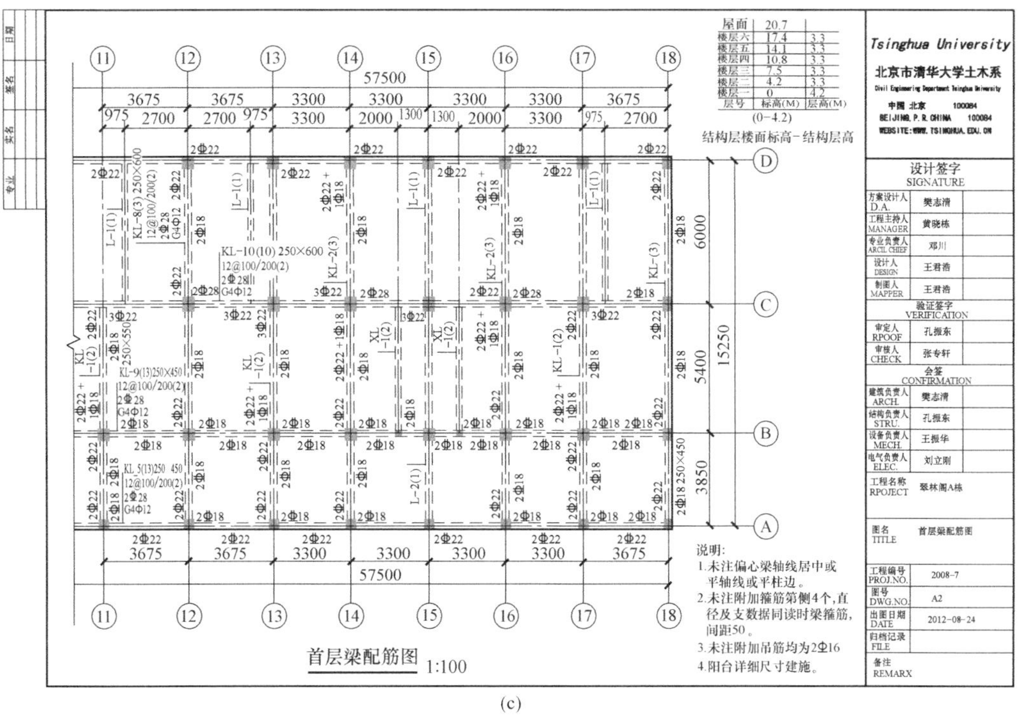

(c)

图 8-22　首层梁配筋施工图的生成（二）

（c）首层梁配筋施工图

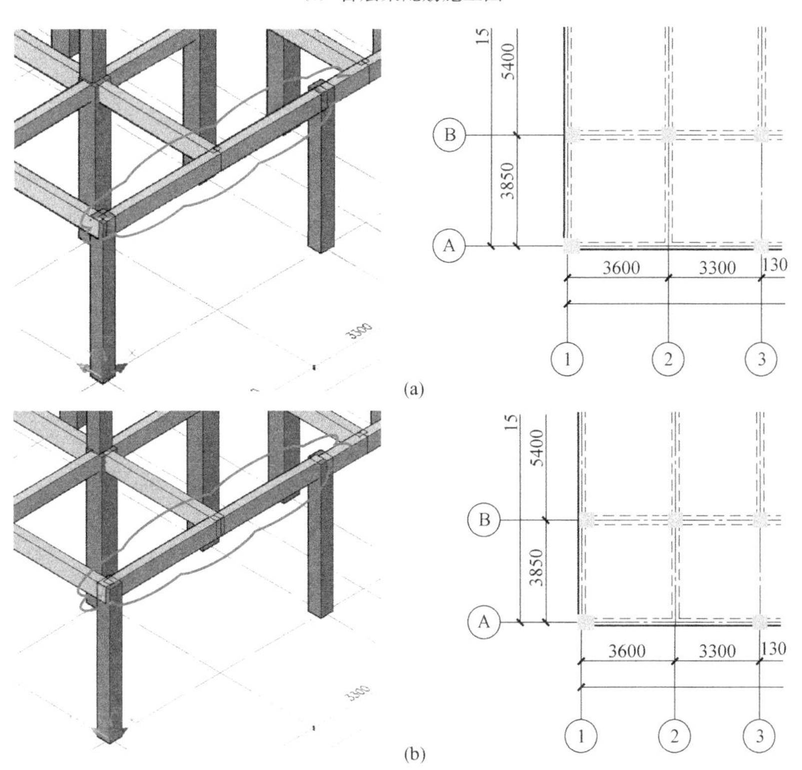

图 8-23　模型与图形的关联修改

（a）模型修改前；（b）模型修改后

8.4.7 钢筋算量统计

利用系统的工程算量模型 XML 导出接口，可将配筋设计后的施工图设计 BIM 模型导出到广联达 GTJ 软件中。用户只需进行简单的模型检查和调整即可进行钢筋算量统计和报表输出，如图 8-24 所示。

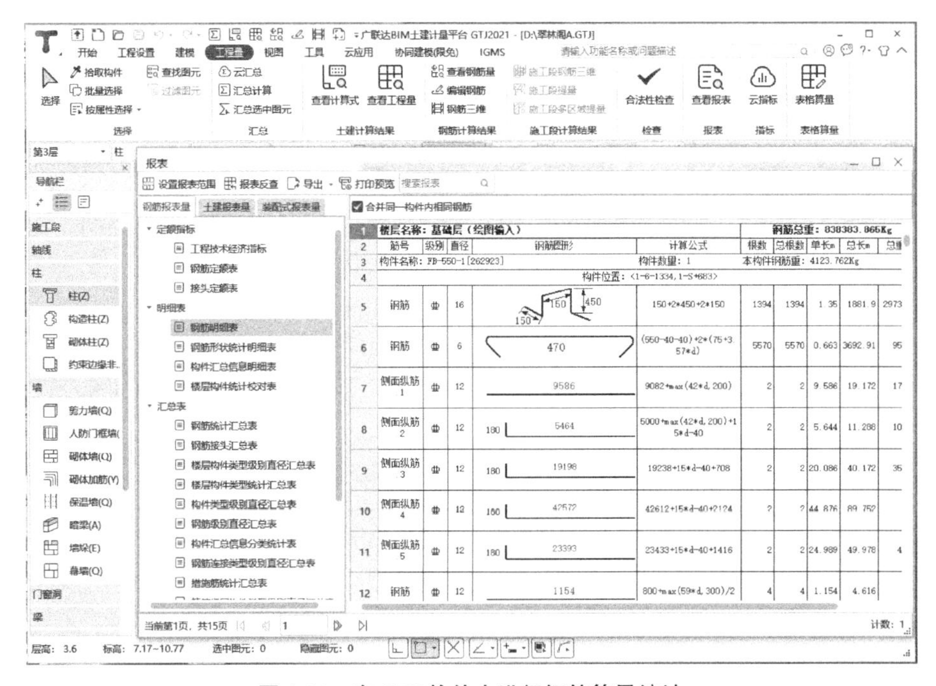

图 8-24　在 GTJ 软件中进行钢筋算量统计

8.4.8 施工图档发布

系统提供了电子图档发布功能。为保证设计成果不被非法修改和使用，系统支持 PDF 和 DWF 格式文件图档的发布。其中，PDF 文件格式主要针对二维图纸的发布，如图 8-25 所示，DWF 格式主要针对三维模型的发布，如图 8-26 所示。

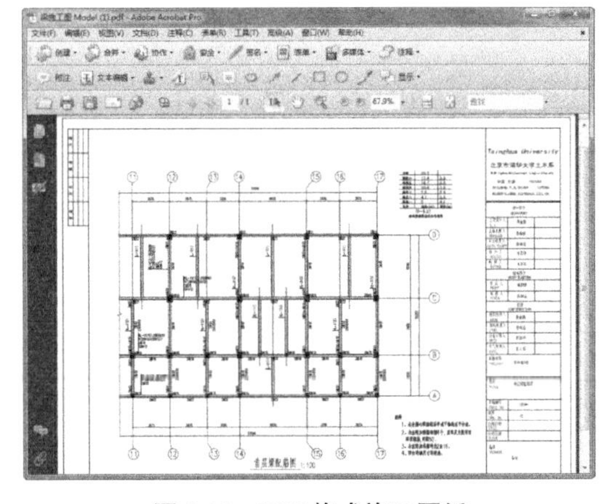

图 8-25　PDF 格式施工图纸

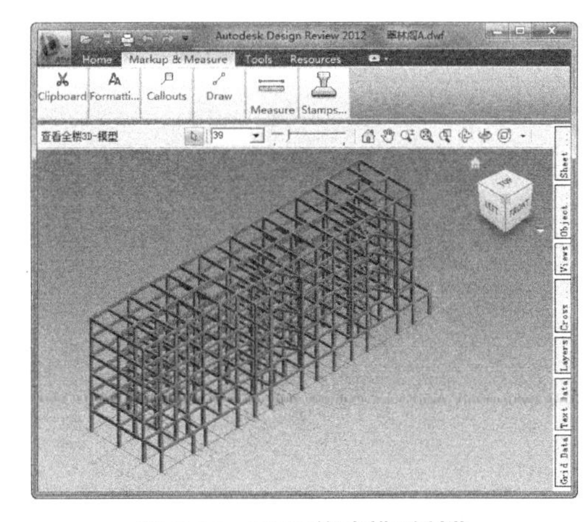

图 8-26　DWF 格式模型浏览

8.5 BIM 模型的管理与协同设计

8.5.1 BIM 模型管理

BIM-SDDS-RC 系统提供了 BIM 模型管理工具，通过该工具可以实现对系统数据库、权限分组、用户权限等的配置。进行 BIM 模型管理，首先应进行服务器配置和管理员登录。如图 8-27 所示为模型管理工具的服务器配置界面，通过配置数据库地址、数据库类型、数据库名称、管理员信息实现对该数据库的配置。如图 8-28 所示为系统管理员登录界面，管理员的初始信息通过数据库后台配置，登录后可进行用户的授权与管理、工程数据库创建、系统模型的维护等工作。

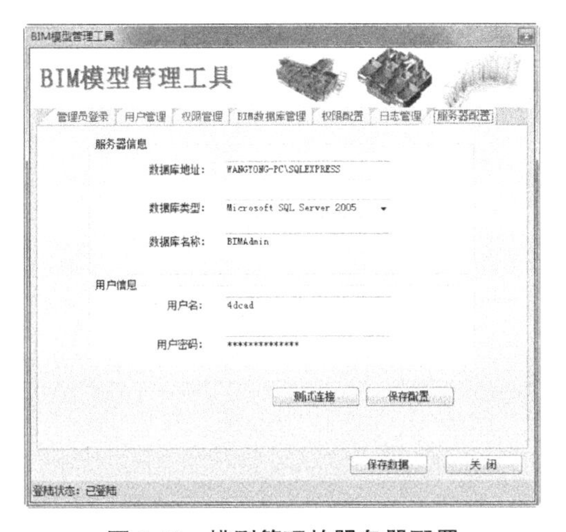

图 8-27　模型管理的服务器配置

图 8-28　模型管理的管理员登录

如图 8-29 所示为模型管理工具的用户管理界面，通过该功能可实现对用户的添加、修改和删除。如图 8-30 所示为模型管理工具的权限管理界面，通过该功能可实现对用户角色的添加、删除，以及角色权限的更改。

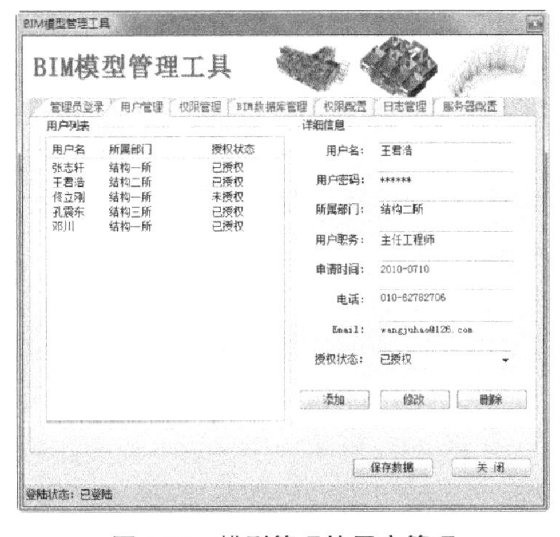

图 8-29　模型管理的用户管理

图 8-30　模型管理的权限管理

如图 8-31 所示为模型管理工具的工程 BIM 数据库管理界面，通过该功能可实现对用户的添加、删除操作。如图 8-32 所示为模型管理工具的权限设置界面，通过该功能可实现对用户项目权限的添加、修改、删除操作。

图 8-31 模型管理的数据库管理

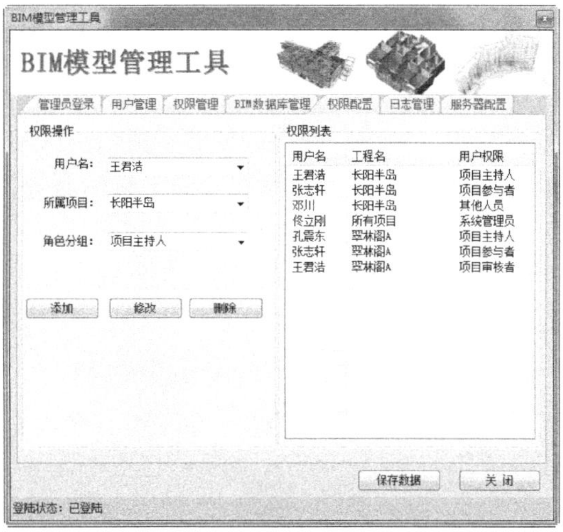

图 8-32 模型管理的权限配置

8.5.2 用户登录管理

BIM-SDDS-RC 系统提供单机设计模式和网络协同设计两种工作模式。在网络协同设计模式下，用户需要登录系统才能进行设计工作。如图 8-33 所示为协同设计中的用户登录界面，如图 8-34 所示为与该用户对应的工程项目列表。

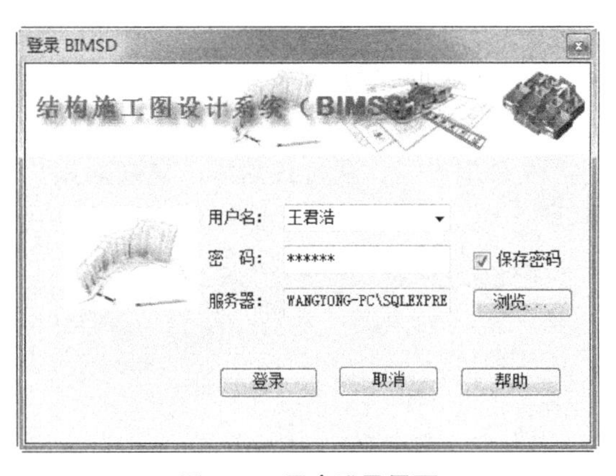

图 8-33 用户登录界面

图 8-34 与用户对应的项目列表

8.5.3 模型版本管理

在协同设计工作模式下，服务器端通常存在多个版本的数据模型。系统采取基于关键版本的向前传递管理方法对模型的版本进行管理。如图 8-35 所示为模型版本管理器的截图，通过下拉列表选取 BIM 模型，在左侧树形列表中显示该模型的版本信息。选取列表中的任一版本节点，在右侧树形列表中将显示该模型的相关信息。此外，可以通过对话框下侧的新增版本、删除版本、恢复版本按钮对模型进行对应的管理工作。

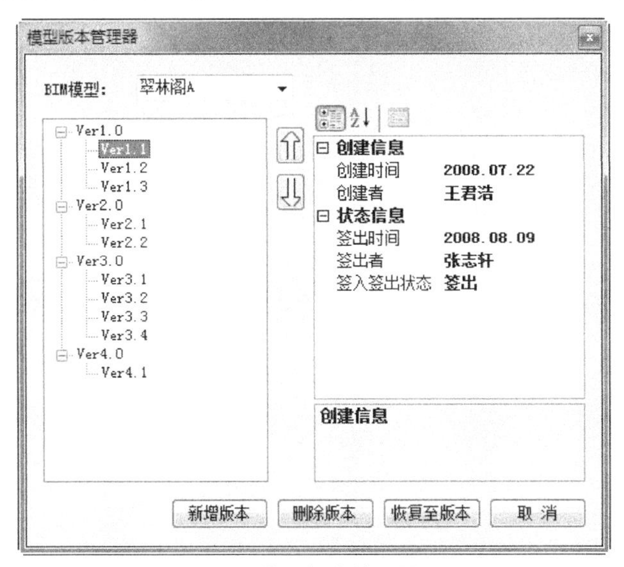

图 8-35 模型版本管理器界面

8.5.4 用户通信管理

通过引入免费的腾讯通 RTX（Real Time eXchange）软件，实现对协同设计中用户通信的管理。如图 8-36 所示为 RTX 的服务器管理器截图，通过该工具可以完成对用户信息、操作权限、组织架构等的设置。

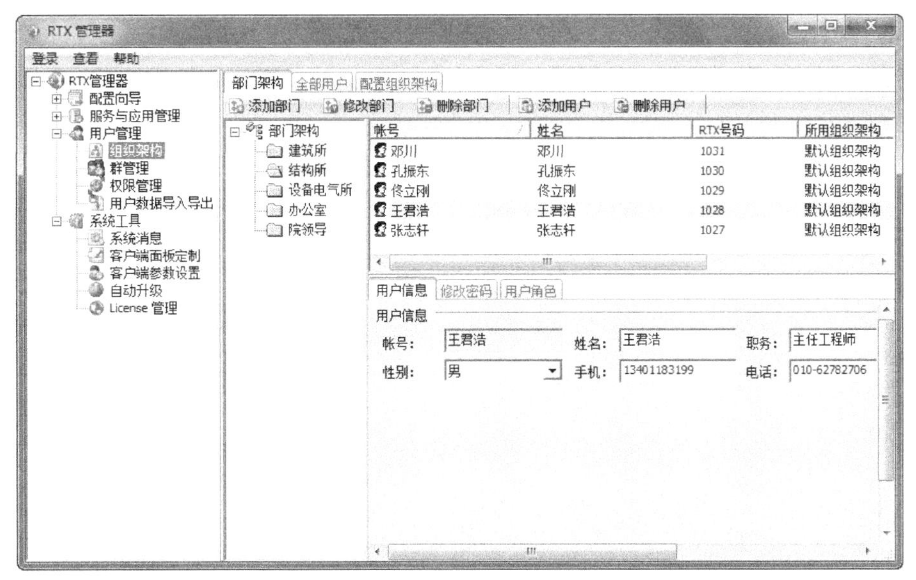

图 8-36 RTX 的服务器管理器界面

完成服务器配置后即可进行用户间即时通信。在 RTX 的客户端工作界面，用户只需设置服务器 IP 即可登录到对应的项目组中。基于 RTX 的用户即时通信界面，通过该工具，用户可实现即时消息、文件传输、手机短信、语音通话、视频会议等通信功能。

第 9 章
结论与展望

9.1 研究成果与创新

基于 BIM 的建筑结构施工图设计是我国建筑结构设计的重要发展趋势。目前，国内结构施工图设计主要还是基于 2D-CAD 技术，建筑结构与其他专业的协同设计、与施工阶段的信息共享仍然无法实现。因此，研究基于 BIM 的建筑结构施工图设计方法、流程、技术，开发基于 BIM 的结构施工图设计系统是我国建筑结构设计中亟待解决的工程问题。

本研究以建筑结构施工图设计为研究对象，综合应用 BIM、信息交换标准及人工智能技术的理论和技术，对基于 BIM 的结构施工图设计方法和技术进行研究：提出基于 BIM 的建筑结构施工图设计整体解决方案，建立面向钢筋混凝土结构施工图设计的 IFC 扩展模型，开发基于 BIM 的钢筋混凝土结构施工图设计原型系统。最后，通过工程实例对研究成果的可行性与有效性进行验证。

具体而言，本研究取得的创新性研究成果主要包括：

（1）将 BIM 与结构施工图设计相融合，探索基于 BIM 的工程设计方法、工作模式与设计流程，提出了基于 BIM 的建筑结构施工图设计整体解决方案，为实现基于 BIM 的结构施工图设计提供可行的技术路线。

（2）提出了基于 IFC 标准的建筑结构施工图设计 BIM 体系与结构，应用 IFC 的模型扩展机制，建立了面向钢筋混凝土结构施工图设计的 IFC 扩展模型，为建立我国建筑工程设计信息模型分类和编码标准提供参考。

（3）通过研究信息提取、转换和集成技术与方法，建立建筑设计模型、结构分析模型、施工图设计模型以及工程算量模型之间的自动转化机制，实现建筑结构施工图设计 BIM 模型的动态创建。

（4）通过深入研究，解决了施工图设计 BIM 模型及视图的关联机制、基于规则库的规范校验、基于改进遗传算法的配筋优化、协同设计中的增量模型传输和冲突消解等一系列关键技术，实现了基于 BIM 的结构施工图智能设计。

（5）在理论和技术研究的基础上，开发了基于 BIM 的结构施工图设计原型系统 BIM-SDDS-RC，并进行了工程应用验证，为实现基于 BIM 的建筑结构施工图设计提供了工作平台。

综上所述，本书从理论、方法和技术上探索出一条运用 BIM 进行结构施工图设计的可行途径，具有较高的科学研究价值。本研究开发的基于 BIM 的建筑结构施工图设计原型系统提高了建筑结构施工图设计的质量和效率，实现了设计与施工的 BIM 模型共享，具有广阔的工程应用前景。

9.2 后续研究工作展望

目前，基于 BIM 的建筑结构施工图设计尚处在实验摸索阶段，仍有大量的方法、流程和技术上亟须解决的问题。由于笔者的精力和能力所限，本研究仅对其中的部分内容进行探索与研究，需要进一步拓展研究的内容包括以下几个方面：

（1）扩大 BIM-SDDS-RC 系统适用的结构形式，目前开发的原型系统仅能支持普通钢筋混凝土结构的平法施工图智能设计，需要在系统支持的结构形式和构件类型方面进行扩展，以扩大系统的应用领域。

（2）开发面向建筑工程设计的通用模型转化平台，本研究实现了 BIM-SDDS-RC 与 Revit Architecture、ArchiCAD、ETABS、GTJ 4 类具有代表性的应用软件的转化接口，后续需要研究提供更多专业软件的转换支持，开发面向建筑工程设计的通用模型转化平台，打通相关应用软件之间的“信息孤岛”。

（3）进一步完善基于 IFC 标准的结构施工图设计 BIM 模型的描述体系，本书面向混凝土结构施工图设计的模型描述需求，对现有的 IFC 模型进行了扩展，建立面向建筑结构施工图设计的 IFC 扩展模型体系。以后需结合应用反馈，不断调整扩展模型，推动扩展模型体系的完善。

（4）在系统的工作效率方面，本研究通过采用增量模型传输、本地模型等技术，初步解决了施工图协同设计中的效率问题。随着云端技术和产品的成熟，可将 BIM 模型与云端技术相结合，利用云服务器实现 BIM 模型的移动存储，通过云计算大幅度缩短分析、模拟时延，实现更深层次的 BIM 应用。

附录 A
结构施工图设计问题调研问卷

被调研者信息：

姓名：______________________ 工作单位：______________________

职务：______________________ 工作年限：______________________

电话：______________________ 邮箱：______________________

调研内容：

1. 您所使用的结构施工图绘制图形平台包括哪些？

□AutoCAD □MicroStation □ZWCAD □其他______________________

2. 您经常使用的结构施工图辅助设计软件包括哪些？

□TSSD □天正结构 □理正工具箱 □其他______________________

3. 您是否使用过下列结构设计后处理软件？

□CKS Detailer □PKPM 施工图模块 □广厦结构 CAD □其他____________

4. 您通常所做设计工作的结构类型包括哪些？

□混凝土结构 □钢结构 □砌体结构 □其他______________________

5. 您最近完成的一个工程项目的规模是多少？______________________

6. 您最近完成的一个工程项目的设计周期是多少？______________________

7. 您最近完成的一个工程项目的结构施工图纸数量是多少？__________________

8. 结构施工图绘制通常占用您的工作时间百分比是多少？__________________

9. 结构施工图修改通常占用您的工作时间百分比是多少？__________________

10. 贵单位是否采用统一的结构施工图制图标准？ □是 □不存在

11. 贵单位是否采用统一的结构施工图管理工具？ □是 □不存在

12. 贵单位是否使用网络协同设计系统？ □是 □不存在

13. 您是否听说过建筑信息模型技术？ □听说过 □从未听说

14. 你是否使用过下列基于 BIM 的结构设计软件？

□Revit Structure □TEKLA Structure □其他______________________

15. 您对结构施工图设计存在的其他问题或建议：

____

____

____

附录 B
EXPRESS-G符号图示

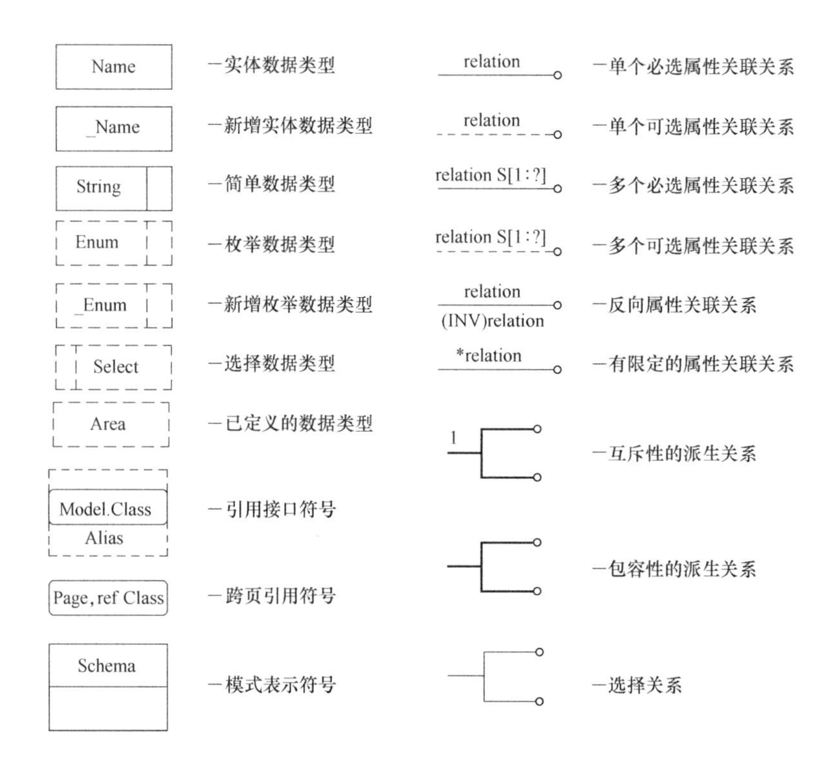
Name
—实体数据类型
_Name
—新增实体数据类型
String
—简单数据类型
Enum
—枚举数据类型
_Enum
—新增枚举数据类型
Select
—选择数据类型
Area
—已定义的数据类型
Model.Class
Alias
—引用接口符号
Page, ref Class
—跨页引用符号
Schema
—模式表示符号
relation
—单个必选属性关联关系
relation
—单个可选属性关联关系
relation S[1:?]
—多个必选属性关联关系
relation S[1:?]
—多个可选属性关联关系
relation
(INV)relation
—反向属性关联关系
*relation
—有限定的属性关联关系
1
—互斥性的派生关系
—包容性的派生关系
—选择关系

附录 C
面向结构施工图设计的IFC模型扩展

本附录给出面向建筑结构施工图设计的主要 IFC 模型扩展信息，其中包括新扩展实体 16 个、枚举类型 11 个、属性集 4 条。

C.1 实体扩展

C.1.1 结构荷载

C.1.1.1 结构动力荷载实体（_IfcStructuralLoadDynamic）

结构动力荷载实体是结构荷载实体（IfcStructuralLoad）的派生实体，用于描述有时变特性的动力荷载，如地震荷载等。该实体的属性包括荷载描述、时序列表、振幅列表、最大振幅、是否周期荷载、是否随机荷载。

```
EXPRESS 描述：
ENTITY _IfcStructuralLoadDynamic
SUBTYPE OF (IfcStructuralLoad);
  Description:    OPTIONAL IfcText;
  TimePoints:     LIST [1:?] OF IfcTimeMeasure;
  LoadValues:     LIST [1:?] OF IfcReal;
  Amplitude:  OPTIONAL IfcReal;
  IsPeriodic: OPTIONAL IfcBoolean;
  IsRandom:   OPTIONAL IfcBoolean;
END_ENTITY;
属性定义：
Description:     对动力荷载的描述，包括荷载的类型和方向；
TimePoints:      时间点序列；
LoadValues:      对应于时间点序列的荷载序列；
Amplitude:       振幅；
IsPeriodic:      是否周期荷载；
IsRandom:        是否随机荷载。
```

C.1.1.2 结构荷载类型实体（_IfcStructuralLoadType）

结构荷载类型实体是对象类型实体（IfcTypeObject）的派生实体，用于描述结构荷载的类型。该实体的属性包括结构荷载的类型、结构荷载的定义。

```
EXPRESS 描述：
ENTITY _IfcStructuralLoadType
SUBTYPE OF (IfcTypeObject);
  LoadType:       _IfcStructuralLoadTypeEnum;
  StructuralLoad: IfcStructuralLoad;
END_ENTITY;
属性定义：
```

LoadType: 结构荷载的类型;

TimePoints: 结构荷载的定义。

C.1.1.3 结构动力分析实体（_IfcStructuralDynamicAnalysis）

结构动力分析实体是系统实体（IfcStructuralAnalysisModel）的派生实体，用于描述结构体系的动力分析方法、过程和结果。其显式属性包括分析方法。

EXPRESS 描述：

```
ENTITY _IfcStructuralDynamicAnalysis
  SUBTYPE OF (IfcStructuralAnalysisModel);
    AnalysisMethod:   _IfcDynamicAnalysisMethodEnum;
END_ENTITY;
```

属性定义：

AnalysisMethod: 结构动力分析的分析方法。

C.1.1.4 动力分析方法类型枚举（_IfcDynamicAnalysisMethodEnum）

动力分析方法类型枚举定义不同的结构动力分析方法，枚举项定义分为有限元分析方法、试验分析方法、用户定义分析模型、未定义分析模型。

EXPRESS 描述：

```
TYPE _IfcDynamicAnalysisMethodEnum = ENUMERATION OF
  ( FINITE_ELEMENT_METHOD
  , EXPERIMENTAL_METHOD
  , USERDEFINED
  , NOTDEFINED);
END_TYPE;
```


C.1.1.5 结构荷载类型枚举（_IfcStructuralLoadTypeEnum）

结构荷载类型枚举定义结构内力组合所对应的结构荷载类型，包括永久荷载、楼屋面活荷载、吊车荷载、雪荷载、风荷载、地震荷载、用户自定义类型荷载、未定义类型荷载。

EXPRESS 描述：

```
TYPE _IfcStructuralLoadTypeEnum = ENUMERATION OF
  ( PERMANENT_LOAD
  , BUILDING_ROOF_LIVE_LOAD
  , CRANE_LOAD
  , SNOW_LOAD
  , WIND_LOAD
  , SEISMIC_LOAD
  , USERDEFINED
  , NOTDEFINED);
END_TYPE;
```

C.1.2 施工图设计

C.1.2.1 二维建筑构件实体（_IfcBuildingElement2D）

二维建筑构件实体是对象类型实体（IfcElement）的派生实体，用于派生描述二维建筑构的抽象父实体。该实体的属性包括线型、填充样式。

```
EXPRESS 描述：
ENTITY _IfcBuildingElement2D
ABSTRACT SUPERTYPE OF(ONEOF);
SUBTYPE OF (IfcElement);
  LineType:      _IfcLineTypeEnum;
  HatchType:      IfcHatchTypeEnum;
END_ENTITY;
属性定义：
LineType:      二维构件的线型；
HatchType:     二维构件的填充样式。
```

C.1.2.2 二维梁实体（_IfcBeam2D）

二维梁实体是二维建筑构件实体（_IfcBuildingElement2D）的派生实体，用于描述二维梁构件的信息。该实体的属性包括梁类型。

```
EXPRESS 描述：
ENTITY _IfcBeam2D
SUBTYPE OF (_IfcBuildingElement2D);
  BeamType:      _IfcBeamTypeEnum;
END_ENTITY;
属性定义：
BeamType:      梁类型枚举。
```

C.1.2.3 二维柱实体（_IfcColumn2D）

二维柱实体是二维建筑构件实体（_IfcBuildingElement2D）的派生实体，用于描述二维柱构件的信息。该实体的属性包括柱类型。

```
EXPRESS 描述：
ENTITY _IfcColumn2D
SUBTYPE OF (_IfcBuildingElement2D);
  ColumnType:      _IfcColumnTypeEnum;
END_ENTITY;
属性定义：
ColumnType:      柱类型枚举。
```

C.1.2.4 二维楼板实体（_IfcSlab2D）

二维楼板实体是二维建筑构件实体（_IfcBuildingElement2D）的派生实体，用于描述二维楼板构件的信息。该实体的属性包括楼板类型。

```
EXPRESS 描述：
```

```
ENTITY _IfcSlab2D
SUBTYPE OF (_IfcBuildingElement2D);
  SlabType:     _IfcSlabTypeEnum;
END_ENTITY;
```

属性定义：

SlabType:　　楼板类型枚举。

C. 1. 2. 5　二维剪力墙实体（_IfcShearWall2D）

二维剪力墙实体是二维建筑构件实体（_IfcBuildingElement2D）的派生实体，用于描述二维剪力墙构件的信息。该实体的属性包括剪力墙类型。

EXPRESS 描述：

```
ENTITY _IfcShearWall2D
SUBTYPE OF (_IfcBuildingElement2D);
  ShearWallType:     _IfcShearWallTypeEnum;
END_ENTITY;
```

属性定义：

ShearWallType:　　剪力墙类型枚举。

C. 1. 2. 6　二维钢筋实体（_IfcReinforcingBar2D）

二维钢筋实体是构件组件实体（IfcElementComponent）的派生实体，用于描述二维钢筋的信息。该实体的属性包括钢筋角色、钢筋直径、钢筋等级。

EXPRESS 描述：

```
ENTITY _IfcReinforcingBar2D
SUBTYPE OF (IfcElementComponent);
  ReinforcingBarRole:   IfcReinforcingBarTypeEnum;
  NominalDiameter:      IfcPositiveLengthMeasure
  ReinforcingBarGrade:  IfcLabel
END_ENTITY;
```

属性定义：

ReinforcingBarRole:　　钢筋角色枚举；

NominalDiameter:　　钢筋直径；

ReinforcingBarGrade:　　钢筋等级。

C. 1. 2. 7　线型实体（_IfcLineType）

线型实体是对象类型实体（IfcTypeObject）的派生实体，用于结构施工图中的线型信息。该实体的属性包括颜色、线型、线宽。

EXPRESS 描述：

```
ENTITY _IfcLineType
SUBTYPE OF (IfcTypeObject);
  Color:          IfcIdentifier;
  LineType:       _IfcLineTypeEnum
  LineWidth:      IfcInteger
```

```
END_ENTITY;
属性定义：
Color:            线型实体的颜色；
LineType:         线型实体的线型；
LineWidth:        线型实体的线宽。
```

C.1.2.8 关联标注实体（_IfcRelAssociatesDimension）

关联标注实体是联合关联实体（IfcRelAssociates）的派生实体，用于结构施工图中的尺寸标注信息的关联。该实体的属性包括关联尺寸标注。

```
EXPRESS 描述：
ENTITY _IfcRelAssociatesDimension
SUBTYPE OF (IfcRelAssociates);
  RalatingDimensions:  IfcDraughtingCallout;
END_ENTITY;
属性定义：
RalatingDimensions:    关联尺寸标注信息。
```

C.1.2.9 线型类型枚举（_IfcLineTypeEnum）

线型类型枚举定义用于二维施工图绘制的线型样式，包括实线、虚线、点划线、用户自定义类型、未定义类型。

```
EXPRESS 描述：
TYPE _IfcLineTypeEnum =  ENUMERATION OF
  ( CONTINUOUS
  , DASH
  , DASH_AND_DOT
  , USERDEFINED
  , NOTDEFINED);
END_TYPE;
```

C.1.2.10 填充类型枚举（_IfcHatchTypeEnum）

填充类型枚举定义用于二维图形的填充样式，包括实填充、虚线填充、点填充、斜线填充、用户自定义类型、未定义类型。

```
EXPRESS 描述：
TYPE _IfcHatchTypeEnum =  ENUMERATION OF
  ( SOLID
  , DASH
  , DOT
  , ANSI31
  , USERDEFINED
  , NOTDEFINED);
END_TYPE;
```

C. 1. 2. 11 梁类型枚举（_IfcBeamTypeEnum）

梁类型枚举定义梁的类型，包括框架梁、屋面框架梁、悬挑梁、次梁、层间梁、用户自定义类型、未定义类型。

EXPRESS 描述：

```
TYPE _IfcBeamTypeEnum = ENUMERATION OF
  ( FRAME_BEAM
  , ROOF_ FRAME_BEAM
  , CANTILEVER_BEAM
  , SECONDNARY_BEAM
  , LAYERS_BEAM
  , USERDEFINED
  , NOTDEFINED);
END_TYPE;
```

C. 1. 2. 12 柱类型枚举（_IfcColumnTypeEnum）

柱类型枚举定义柱的类型，包括框架柱、梁上柱、暗柱、用户自定义类型、未定义类型。

EXPRESS 描述：

```
TYPE _IfcColumnTypeEnum = ENUMERATION OF
  ( FRAME_COLUMN
  , COLUMN_ON_BEAM
  , EMBEDED_COLUMN
  , USERDEFINED
  , NOTDEFINED);
END_TYPE;
```

C. 1. 2. 13 楼板类型枚举（_IfcSlabTypeEnum）

楼板类型枚举定义楼板的类型，包括单向板、双向板、悬挑板、用户自定义类型、未定义类型。

EXPRESS 描述：

```
TYPE _IfcSlabTypeEnum = ENUMERATION OF
  ( ONE_WAY_SLAB
  , TWO_WAY_SLAB
  , CANTILEVER_SLAB
  , USERDEFINED
  , NOTDEFINED);
END_TYPE;
```

C. 1. 2. 14 剪力墙类型枚举（_IfcShearWallTypeEnum）

剪力墙类型枚举定义剪力墙的类型，包括普通剪力墙、框支剪力墙、短肢剪力墙、用户自定义类型、未定义类型。

EXPRESS 描述：

```
TYPE _IfcShearWallTypeEnum =  ENUMERATION OF
  ( NORMAL_SHEARWALL
  , SHEARWALL _ON_FRAME
  , SHORT_SHEARWALL
  , USERDEFINED
  , NOTDEFINED);
END_TYPE;
```

C.1.3 模型管理

C.1.3.1 信息记录实体（_IfcDataRecord）

信息记录实体是对象实体（IfcObject）的派生实体，该实体的属性包括记录标识、记录名称和记录编号。

```
EXPRESS 描述：
ENTITY _IfcDataRecord;
SUBTYPE OF (IfcObject);
  RecordID:    IfcIdentifier;
RecordName:    IfcLabcl;
RecordCode:    IfcLabel;
END_ENTITY;
属性定义：
RecordID:      记录标识；
RecordName:    记录名称；
RecordCode:    记录编号。
```

C.1.3.2 项目日志实体（_IfcProjectLog）

项目日志实体是对象类型实体（_IfcDataRecord）的派生实体，用于描述工程项目日志信息。该实体的属性包括操作用户、操作信息、操作日期。

```
EXPRESS 描述：
ENTITY _IfcProjectLog
SUBTYPE OF (IfcDataRecord);
  UserRole:        _IfcUserRole;
  OperationType:   _IfcOperationTypeEnum
  OperationDate:   IfcDate
END_ENTITY;
属性定义：
UserRole:          操作用户；
OperationType:     操作信息；
OperationDate:     操作日期。
```

C.1.3.3 用户角色实体（_IfcUserRole）

用户角色实体是参与者角色实体（IfcActorRole）的派生实体，用于描述工程项目中的用户角色。该实体的属性包括用户角色。

EXPRESS 描述：

```
ENTITY _IfcUserRole
SUBTYPE OF (IfcActorRole);
  UserRole:          _IfcUserRoleEnum;
END_ENTITY;
```

属性定义：

UserRole:　　　　用户角色。

C.1.3.4 图档实体（_IfcDrawingInfo）

图档实体是对象实体（IfcObject）的派生实体，用于描述工程项目中的施工图档信息。该实体的属性包括图档名、图档描述、图档所有者、图档状态、图档版本。

EXPRESS 描述：

```
ENTITY _IfcUserRole
SUBTYPE OF (IfcObject);
  Title:            IfcLabel;
  Description:      IfcLabel;
  DrawingOwner:     IfcPerson;
  DrawingStatus:    _IfcDocumentStatusEnum;
  DrawingVerson:    IfcLabel;
END_ENTITY;
```

属性定义：

Title:　　　　图档名；

Description:　　　　图档描述；

DrawingOwner:　　　　图档所有者；

DrawingStatus:　　　　图档状态；

DrawingVerson:　　　　图档版本。

C.1.3.5 模型管理实体（_IfcModelManagement）

模型管理实体是对象实体（IfcObject）的派生实体，用于描述工程项目模型的管理信息。该实体的属性包括项目信息、用户信息、图档信息。

EXPRESS 描述：

```
ENTITY _IfcModelManagement
SUBTYPE OF (IfcObject);
  Project:          _IfcProject
  UserRole:         _IfcUserRole;
  DrawingInfo:      _IfcDrawingInfo
```

```
END_ENTITY;
属性定义：
Project:          项目信息；
UserRole:         用户信息；
DrawingInfo:      图档信息。
```

C.1.3.6 项目用户角色枚举（_IfcUserRoleEnum）

项目用户角色枚举定义用户角色，包括系统管理员、建模人员、绘图人员、其他人员、用户自定义类型、未定义类型。

EXPRESS 描述：

```
TYPE _IfcUserRoleEnum = ENUMERATION OF
  ( ADMINISTRATOR
  , MODELER
  , DRAWER
  , OTHERS
  , USERDEFINED
  , NOTDEFINED);
END_TYPE;
```

C.1.3.7 操作类型枚举（_IfcOperationTypeEnum）

操作类型枚举定义用户操作信息，包括新建、修改、删除、查询、用户自定义类型、未定义类型。

EXPRESS 描述：

```
TYPE _IfcOperationTypeEnum = ENUMERATION OF
  ( CREATION
  , MODIFICATION
  , DELETE
  , QUERY
  , USERDEFINED
  , NOTDEFINED);
END_TYPE;
```

C.1.3.8 文档状态枚举（_IfcDocumentStatusEnum）

文档状态枚举定义施工图档的状态信息，包括可编辑、只读、备份、用户自定义类型、未定义类型。

EXPRESS 描述：

```
TYPE _IfcDocumentStatusEnum = ENUMERATION OF
  ( EDITABLE
  , READONLY
  , BACKUP
```

```
    , USERDEFINED
    , NOTDEFINED);
  END_TYPE;
```

C.2 属性集扩展

C.2.1 构件内力

C.2.1.1 弯矩属性集（Pset_BendingMoment）（表 C-1）

弯矩属性集（Pset_BendingMoment） 表 C-1

属性名称	属性类型	数据类型	备注
Case	IfcSimpleProperty	IfcInteger	工况属性
MxTop	IfcSimpleProperty	IfcReal	*X* 向顶弯矩
MxBotom	IfcSimpleProperty	IfcReal	*X* 向底弯矩
MyTop	IfcSimpleProperty	IfcReal	*Y* 向顶弯矩
MyBotom	IfcSimpleProperty	IfcReal	*Y* 向底弯矩

C.2.1.2 剪力属性集（Pset_ShearForce）（表 C-2）

剪力属性集（Pset_ShearForce） 表 C-2

属性名称	属性类型	数据类型	备注
Case	IfcSimpleProperty	IfcInteger	工况属性
ShearX	IfcSimpleProperty	IfcReal	*X* 向剪力
ShearY	IfcSimpleProperty	IfcReal	*Y* 向剪力

C.2.1.3 轴力属性集（Pset_AxisForce）（表 C-3）

轴力属性集（Pset_AxisForce） 表 C-3

属性名称	属性类型	数据类型	备注
Case	IfcSimpleProperty	IfcInteger	工况属性
AxisForce	IfcSimpleProperty	IfcReal	轴力属性

C.2.1.4 扭矩属性集（Pset_TorsionMoment）（表 C-4）

扭矩属性集（Pset_TorsionMoment） 表 C-4

属性名称	属性类型	数据类型	备注
Case	IfcSimpleProperty	IfcInteger	工况属性
TorsionTop	IfcSimpleProperty	IfcReal	顶端扭矩
TorsionBotom	IfcSimpleProperty	IfcReal	底端扭矩

附录 D
主要混凝土结构构件的配筋构造要求

本附录给出本项目配筋设计所涉及的混凝土柱、梁、板三类结构构件的主要配筋构造要求，见表 D-1～表 D-3。

混凝土梁的主要配筋构造要求　　表 D-1

构造项	配筋构造要求
纵筋构造要求	(1)伸入梁支座范围内的钢筋不应少于 2 根； (2)梁高≥300mm，纵筋直径≥10mm；梁高<300mm，钢筋直径≥8mm； (3)梁上部钢筋的净距不应小于 max{30mm，1.5 倍纵筋最大直径}，下部钢筋的净距不应小于 max{25mm，纵筋最大直径}； (4)梁的上部纵向构造钢筋应满足《混凝土结构设计规范》GB 50010—2010 第 9.2.6 条的规定； (5)纵向受拉钢筋的配筋率，非抗震时不应小于 max{0.2，$45f_t/f_y$}，抗震时按《高层建筑混凝土结构技术规程》JGJ 3—2010 表 6.3.2-1 确定； (6)抗震设计，梁端截面下部与上部钢筋面积比，一级应≥0.5，二、三级≥0.3； (7)抗震设计时，梁端纵向受拉钢筋配筋率不宜>2.5%，不应>2.75； (8)一、二、三级框架梁内贯通中柱的纵筋直径，不宜大于柱在该方向截面尺寸的 1/20
箍筋构造要求	(1)截面高度>800mm 的梁，箍筋直径不宜<8mm；截面高度<800mm 的梁，箍筋直径不宜<6mm；且箍筋直径不应<0.25 倍受压钢筋最大直径； (2)梁中箍筋的最大间距，应符合《混凝土结构设计规范》GB 50010—2010 表 9.2.9 的规定； (3)箍筋间距不应>min{15 倍纵向受压筋最小直径，400}； (4)满足梁的宽度>400mm 且一层纵向受压筋多于 3 根，或梁的宽度≤400mm 但一层纵向受压筋多于 4 根时，应设置复合箍筋； (5)抗震设计时，梁端箍筋加密区长度、最大间距、最小直径应符合《高层建筑混凝土结构技术规程》JGJ 3—2010 表 6.3.2-2 的要求； (6)抗震设计时，框架梁的箍筋构造要求应满足《高层建筑混凝土结构技术规程》JGJ 3—2010 6.5.3 条

混凝土柱的主要配筋构造要求　　表 D-2

构造项	配筋构造要求
纵筋构造要求	(1)纵向受力钢筋直径不宜小于 12mm，全部纵筋的配筋率不宜大于 5%； (2)偏压柱的截面高度≥600mm 时，侧面应设置纵向构造钢筋和复合箍筋或拉筋； (3)柱中纵筋的净间距应≥50mm，且不宜>300mm； (4)偏压柱垂直于弯矩作用面的侧面纵筋和轴压柱纵筋，钢筋中距不宜>300mm； (5)圆柱纵筋不应少于 6 根，不宜少于 8 根； (6)柱全部纵筋的配筋率应满足《高层建筑混凝土结构技术规程》JGJ 3—2010 表 6.4.3-1 的要求； (7)截面尺寸大于 400mm 的柱，一、二、三级抗震设计时纵筋间距不宜>200
箍筋构造要求	(1)箍筋直径不应小于 0.25 倍的纵筋直径，且不应小于 6mm； (2)箍筋间距应取 min{400mm，构件短边长，15 倍最小纵筋直径}； (3)满足柱截面短边尺寸>400mm 且纵筋多于 3 根，或柱截面短边尺寸≤400mm 但纵筋多于 4 根时，应设置复合箍筋； (4)柱全部纵筋配筋率>3%时，箍筋直径不小于 8mm，间距不大于 min{200mm，10 倍最小纵筋直径}； (5)抗震设计时，柱箍筋加密区的设置要求应满足《高层建筑混凝土结构技术规程》JGJ 3—2010 表 6.4.3-2； (6)柱加密区范围箍筋的体积配箍率应满足《高层建筑混凝土结构技术规程》JGJ 3—2010 6.4.7 条； (7)抗震设计时，箍筋加密区的肢距，一级不宜大于 200mm，二、三级不宜大于 max{250，20 倍箍筋直径}，四级不宜大于 300

混凝土板的主要配筋构造要求　　表 D-3

构造项	配筋构造要求
配筋构造要求	(1)板中受力钢筋的间距，板厚≤150mm 时不宜>200mm，板厚>150mm 时不宜>min{1.5 倍板厚，250mm}； (2)现浇混凝土板的板顶钢筋直径不宜<8mm，间距不宜>200mm，且配筋面积不宜小于该方向板底的 1/3； (3)现浇混凝土板的板顶钢筋自板边伸入板内长度不宜<0.25 倍计算跨度； (4)对于单向板，垂直受力方向配筋不宜小于 0.15 倍受力方向配筋，配筋率不宜小于 0.15%，分布钢筋直径不宜小于 6mm，间距不宜大于 250mm

参考文献

[1] 丁烈云，等. 数字建造导论［M］. 北京：中国建筑工业出版社，2019.

[2] 张建平. BIM技术的研究与应用［J］. 施工技术，2011（2）：116-119.

[3] 毛志兵，李云贵，郭海山. 建筑工程新型建造方式［M］. 北京：中国建筑工业出版社，2018.

[4] Eastman C，Teicholz P，Sacks R，et al. BIM handbook：A guide to Building Information Modeling for owners，managers，designers，engineers，and contractors（second edition）［M］. New York：John Wiley & Sons，Inc.，2011：20-30.

[5] 李久林，魏来，王勇. 智慧建造理论与实践［M］. 北京：中国建筑工业出版社，2015.

[6] 朱岩，黄裕辉. 互联网+建筑：数字经济下的智慧建筑行业变革［M］. 北京：知识产权出版社，2018.

[7] 陈继良，张东升. BIM相关技术在上海中心大厦的应用［J］. 建筑技艺，2011（Z1）：104-107.

[8] 林佳瑞，张建平. 我国BIM政策发展现状综述及其文本分析［J］. 施工技术，2018，47（6）：73-78.

[9] 葛文兰，于小明，何波. BIM第二维度——项目不同参与方的BIM应用［M］. 北京：中国建筑工业出版社，2011.

[10] 潘佳怡，赵源煜. 中国建筑业BIM发展的阻碍因素分析［J］. 工程管理学报，2012，26（1）：1-11.

[11] 张建新. 建筑信息模型在我国工程设计行业中应用障碍研究［J］. 工程管理学报，2010，24（4）：387-392.

[12] 何清华，钱丽丽，段运峰，李永奎. BIM在国内外应用的现状及障碍研究［J］. 工程管理学报，2012，26（1）：12-16.

[13] Eastman C. The Use of Computers Instead of Drawings［J］. AIA，1975（3）：46-50.

[14] Aish R. Building Modeling：The Key to integrated Construction CAD［J］. International Symposium on the Use of Computers for Environmental Engineering Related to Buildings，1986（7）：7-9.

[15] International Alliance for Interoperability Model Support Group. The building-SMART Glossary of Terms［S］. BuildingSMART，2007.

[16] Lee G，Sacks R，Eastman C M. Specifying parametric building object behavior（BOB）for a building information modeling system［J］. Automation in Construction，2006，15（6）：758-776.

[17] Jeong Y，Eastman C，Sacks R，et al. Benchmark tests for BIM data exchanges of precast concrete［J］. Automation in Construction，2009，18（4）：469-484.

[18] Eastman C，Lee J，Jeong Y，et al. Automatic rule-based checking of building designs［J］. Automation in Construction，2009，18（8）：1011-1033.

[19] McKinney K，Kim J，Fischer M，et al. Interactive 4D-CAD［C］//Proceedings of the Third Congress Held in Conjunction with A/E/C Systems. California，USA，1996：383-389.

[20] Lapierre A，Cote P. Using open web services for urban data management：A tested resulting from an OGC initiative for offering standard CAD/GIS/BIMservices［A］. Stuttgart，Germany. 2008：381-393.

[21] LIN J，ZHOU Y. Semantic classification and hash code accelerated detection of design changes in BIM models［J］. Automation in Construction，2020，115：103212.

[22] Faraj I，Alshawi M. Industry foundation classes Web-based Collaborative Construction Computer Environment：WISPER［J］. Automation in Construction. 2000（10）：79-99.

[23] ZHANG J，LIU Q，HU Z，et al. A multi-server information-sharing environment for cross-party collaboration on a private cloud［J］. Automation in Construction，2017，81：180-195.

[24] Nour M. A dynamic open access construction product data platform［J］. Automation in Construction. 2010，19（4）：407-418.

[25] PARK J W，KIM K，CHO Y K. Framework of automated construction-safety monitoring using cloud-enabled BIM and BLE mobile tracking sensors［J］. Journal of Construction Engineering & Management，2017，143（2）：1-12.

[26] Zhang Jinping，Hu Zhengzhong. BIM-and 4D-based integrated solution of analysis and management for conflicts

and structural safety problems during construction: 1. Principles and methodologies [J]. Automation in Construction, 2011, 20 (2): 155-166.

[27] Hu Zhengzhong, Zhang Jinping. BIM-and 4D-based integrated solution of analysis and management for conflicts and structural safety problems during construction: 2. Development and site trials [J]. Automation in Construction, 2011, 20 (2): 167-180.

[28] Ma Zhingliang, Lu Ning, Wu Song. Identification and representation of information resources for construction firms [J]. Advanced Engineering Informatics, 2011, 25 (4): 612-624.

[29] LIN J, HU Z, ZHANG J, et al. A natural-language-based approach to intelligent data retrieval and representation for cloud BIM [J]. Computer Aided Civil and Infrastructure Engineering, 2016, 31 (1): 18-33.

[30] 张修德. 基于BIM技术的建筑工程预算软件研制 [D]. 北京: 清华大学, 2011.

[31] 刘照球, 李云贵, 吕西林, 等. 基于BIM建筑结构设计模型集成框架应用开发 [J]. 同济大学学报(自然科学版), 2010, 38 (7): 948-953.

[32] 邓雪原, 张之勇, 刘西拉. 基于IFC标准的建筑结构模型的自动生成 [J]. 土木工程学报, 2007, 40 (2): 6-12.

[33] DING L, XU X. Application of cloud storage on BIM life-cycle management [J]. International Journal of Advanced Robotic Systems, 2014, 11 (1): 1-10.

[34] BILAL M, OYEDELE L O, QADIR J, et al. Big data in the construction industry: a review of present status, opportunities, and future trends [J]. Advanced Engineering Informatics, 2016, 30 (3): 500-521.

[35] SOBHKHIZ S, ZHOU Y, LIN J, et al. Framing and Evaluating the Best Practices of IFC-Based Automated Rule Checking: A Case Study [J]. Buildings, 2021, 11 (10): 456.

[36] 清华大学BIM课题组. 中国建筑信息模型标准框架研究 [M]. 北京: 中国建筑工业出版社, 2011.

[37] TC 184/SC 4. ISO 10303: 1994-Industrial Automation Systems and Integration-Product Data Representation and Exchange [S]. USA: ISO, 1994.

[38] 杨子江. 面向虚拟企业的STEP信息集成研究 [D]. 浙江: 浙江大学, 2003.

[39] ISO/TC184/SC4. ISO International Standard 10303-11 (1994), Industrial automation systems and integration—Product data representation and exchange—Part 11: Description methods: The EXPRESS language reference manual [S]. International Organization for Standardization, 1994.

[40] NIST. Economic Impact Assessment of the International Standard for the Exchange of Product Model Data (STEP) in Transportation Equipment Industries [R]. Planning report 02-5, December, 2002.

[41] TC184/SC4. Industry foundation classes, release 2x, platform specification (IFC2x Platform) [S]. USA, 2008.

[42] Liebich T, Adachi Y, Forester J. Industry foundation classes IFC2xedition4 release candidate 3 [S]. BuildingSMART, 2011.

[43] Kam C, Fischer M, Hänninen R, et al. The product model and fourth dimension project [J]. Journal of Information Technology in Construction, 2003, 8: 137-166.

[44] Wan Caiyun, Chen P, Tiong R. Assessment of IFCS for structural analysis domain [J]. Information Technology in Construction, 2004, 9: 75-95.

[45] Nour M, Beucke K. An open platform for processing IFC model versions [J]. Tsinghua Science and Technology, 2008 (S1): 126-131.

[46] Dimyadi J, Spearpoint M, Amor R. Generating fire dynamics simulator geometrical input using an IFC-based building information model [J]. Information Technology in Construction, 2007, 12: 443-457.

[47] Leibich T, Wix J, Forester J, et al. Speeding-up the building plan approval The Singapore e-Plan checking project offers automatic plan checking based on IFC [C] //Proceeding of ECPPM 2002, eWork and eBusiness in Architecture, Engineering and Construction. Portoroz, Slovenia, 2002.

[48] Weise M, Katranuschkov P, Liebich T, et al. Structural analysis extension of the IFC modelling framework [J]. Journal of Information Technology in Construction, 2003 (8): 181-200.

[49] Lam K P, Wong N H, Shen L J, et al. Mapping of industry building product model for detailed thermal simulation and analysis [J]. Advances in Engineering Software, 2006, 37 (3): 133-145.

[50] Fu C F, Aouad G, Lee A, et al. IFC model viewer to support nD model application [J]. Automation in Construction, 2006, 15 (2): 178-185
[51] Akinci B, Fischer M, Kunz J. Automated generation of work spaces required by construction activities [J]. Construction Engineering and Management, 2002, 128 (4): 306-315.
[52] Inhan K, Jongcheol S. Development of IFC modeling extension for supporting drawing information exchange in the model-based construction environment [J]. Journal of Computing in Civil Engineering, 2008, 22 (5-6): 159-169.
[53] Yu K, Froese T, Grobler F. A development framework for data model for computer-integrated facilities management [J]. Automation in Construction, 2000, 9 (2): 145-167.
[54] Ma Zhiliang, Zhao Yili. Model of next generation energy-efficient design software for buildings [J]. Tsinghua Science and Technology, 2008, 13 (S1): 298-304.
[55] Ma Zhiliang, Wei Zhenhua, Song Wu, et al. Application and extension of the IFC standard in construction cost estimating for tendering in China [J]. Automation in Construction, 2011, 20 (2): 196-204.
[56] Liu Zhaoqiu, Li Yungui, Zhang Hanyi. IFC-based integration tool for supporting information exchange from architectural model to structural model [J]. J. Cent. South Univ. Technol. 2010, 17: 1344-1350.
[57] 曹铭. 基于IFC标准的建筑工程信息集成及4D施工管理研究 [D]. 北京：清华大学，2005.
[58] 郭杰. 基于IFC标准和建筑设备集成的智能建筑物业管理系统 [D]. 北京：清华大学，2007.
[59] Qin Ling, Deng Xueyuan, Liu Xila. Industry foundation classes based integration of architectural design and structural analysis [J]. Journal of Shanghai Jiaotong University (Science), 2011, 16 (1): 83-90.
[60] 建设部标准定额研究所. 建筑对象数字化定义JG/T 198—2007 [S]. 北京：中国标准出版社，2007.
[61] 中国标准化研究院. 工业基础类平台规范GB/T 25507—2010 [S]. 北京：中国标准出版社，2011.
[62] 王勇，张建平，胡振中. 建筑施工IFC数据描述标准的研究 [J]. 土木建筑工程信息技术，2011，3 (4)：9-15.
[63] 张洋. 基于BIM的建筑工程信息集成与管理研究 [D]. 北京：清华大学，2009.
[64] 林佳瑞. 基于IDM的BIM过程信息交换技术研究 [D]. 北京：清华大学，2011.
[65] Eastman C, Sacks R, Jeong Y, et al. Information Delivery Manual for Architectural Precast-Part C: Information Delivery Manual [S]. Georgia Tech, 2007.
[66] Kim C, Kwon S, You S, et al. Using Information Delivery Manual (IDM) for efficient exchange of building design information [C]. //27th International Symposium on Automation and Robotics in Construction (ISARC 2010). Bratislava, Slovakia, 2010.
[67] 何关培，王轶群，应宇垦. BIM总论 [M]. 北京：中国建筑工业出版社，2011.
[68] Andrew C, Alastair W. CIMsteel Integration Standards Release 2 [S]. the Steel Construction Institute, Ascot UK, 2000.
[69] Robert R. Mapping Between the CIMSteel Integration Standards and Industry Foundation Classes Product Model for Structural Steel [C]. //International Conference on Computing in Civil and Building Engineering, Montreal, Canada, 2006.
[70] Kent A. Role of the CIMsteel integration standards in automating the erection and surveying of constructional steelwork [C]. //19th International Symposium on Automation and Robotics in Construction, Gaithersburg, 2002: 15-20.
[71] 魏群，张国新. CIS/2世界钢结构标准及CAD系统 [M]. 北京：科学出版社，2009.
[72] 刘平. CIS标准在空间结构中的应用 [D]. 上海：上海交通大学，2009.
[73] Charles F, Paul P. The XML Handbook 3rd edition [M]. New Jersey: Prentice Hall PTR, 2001.
[74] Tserng H P, Lin W Y. Developing an electronic acquisition model for project scheduling using XML-based information standard [J]. Automation in Construction, 2003, 12 (1): 67-95.
[75] Ma Zhiliang, Li Heng, Shen Qiping, et al. Using XML to support information exchange in construction projects [J]. Automation in Construction, 2004, 13 (5): 629-637.
[76] 陈青来，乐荷卿. 钢筋混凝土结构施工图的平面整体表示法 [J]. 湖南大学学报（自然科学版），1994，21 (6)：

101-106.
[77] 陈青来. 实现结构设计方式标准化的系统科学方法——平法简介 [J]. 工程设计 CAD 与智能建筑，1999 (1)：19-20.
[78] 蔡长丰，尚守平，舒兴平. 高层钢结构节点施工图自动标注研究 [J]. 钢结构，2000，15 (2)：34-36.
[79] 吴春萍，郭亮. 基于 AutoCAD 二次开发技术的混凝土结构梁、柱施工图辅助绘制系统开发 [J]. 安徽建筑工业学院学报（自然科学版），2008，(4)：5-8.
[80] 陈英时，张其林，王健，等. 空间钢结构 CAD 软件后处理系统的实体造型技术 [J]. 同济大学学报（自然科学版），2000，28 (3)：297-300.
[81] 喻强，任爱珠，陈岱林，等. 基于新加坡规范的剪力墙 CAD 系统 SWALLCAGE 的研制 [J]. 建筑结构，2001，31 (1)：33-34.
[82] Yang Ruoyu，Cao Yao，Li Heng，et al. Automatic acquisition of rules for 3D reconstruction of construction components [J]. Automation in Construction. 2004，13 (5)：545-553.
[83] 中国建筑科学研究院 PKPM 工程部. PKPM 结构设计软件施工图设计详解 [M]. 北京：中国建筑工业出版社，2009.
[84] 北京金土木软件技术有限公司. 结构分析与设计软件 ETABS 及其新特性 [C]. //山东建筑学会建筑结构专业委员会 2006 年学术交流会论文集，2006，313-319.
[85] 张淑玉，谢永增，孙明凯，等. Xsteel 在钢结构深化设计中的应用 [J]. 冶金标准化与质量，2007，44 (2)：60-62.
[86] Dean E T. Interoperability and the Structural Domain [J]. Orlando，Florida：ASCE，2010，1652-1659.
[87] 季俊，张其林，杨晖柱，等. 高层钢结构 BIM 软件研发及在上海中心工程中的应用 [J]. 东南大学学报（自然科学版），2009，39 (S2)：205-211.
[88] 龙辉元. 结构施工图平法与 BIM [J]. 土木建筑工程信息技术，2011，3 (1)：26-30.
[89] Greif I. Computer-supported cooperative work：A book of readings [M]. San Mateo：Morgan Kaufmann Publishers，1988.
[90] Christos T，George D，Paul L，et al. A model for selecting CSCW technologies for distributed software maintenance teams in virtual organizations [J]. Proceedings of the 26th Annual International Computer Software and Applications Conference，2002：1104-1108.
[91] Shen Xiaojun. A mobile-agent-based platform for collaborative virtual environments [D]. Ottawa：Ottawa-Carleton Institute of Electrical and Computer Engineering School of Information Technology and Engineering University of Ottawa，2002.
[92] 汪大勇. 基于 P2P 构架的分布式协同设计系统研究 [D]. 成都：西南交通大学，2008.
[93] 常莹，瞿文婷. 隧道工程全生命周期 BIM 云平台建设方案 [J]. 铁路技术创新，2015 (6)：65-69.
[94] 刘春艳，张玉国. 基于云的 BIM 协同设计体系研究 [J]. 土木建筑工程信息技术，2017 (1)：113-117.
[95] Lyytinen K J，Ngwenyama O K. What does computer support for cooperative work mean? a structurational analysis of computer supported cooperative work [J]. Accounting Management and Information Technologies，1992，2 (1)：19-37.
[96] Kvan T. Collaborative design：what is it? [J]. Automation in Construction，2000，9 (4)：409-415.
[97] Klein M，Lu S C Y. Conflict resolution in cooperative design [J]. Artificial Intelligence in Engineering，1989，4 (4)：168-180.
[98] Klein M. Integrated coordination in cooperative design [J]. International Journal of Production Economics，1995，38 (1)：85-102.
[99] Peng Chengzhi. Exploring communication in collaborative design：co-operative architectural modeling [J]. Design Studies，1994，15 (1)：19-44.
[100] Pohl J，Myers L. A distributed cooperative model for architectural design [J]. Automation in Construction，1994，3 (2-3)：177-185.
[101] Wilson J L，Shi C. Coordination mechanisms for cooperative design [J]. Engineering Applications of Artificial

Intelligence, 1996, 9 (4): 453-461.

[102] Zha X F. A knowledge intensive multi-agent framework for cooperative/collaborative design modeling and decision support of assemblies [J]. Knowledge-Based Systems, 2002, 15 (8): 493-506.

[103] Lee S, Ahn J, Kim H. A schema version model for complex objects in object-oriented databases [J]. Journal of Systems Architecture, 2006, 52 (10): 563-577.

[104] Wang Fusheng, Zaniolo C. Temporal queries and version management in XML-based document archives [J]. Data & Knowledge Engineering, 2008, 65 (2): 304-324.

[105] Fan L Q, Senthil Kumar A, Jagdish B N, et al. Development of a distributed collaborative design framework within peer-to-peer environment [J]. Computer-Aided Design, 2008, 40 (9): 891-904.

[106] Alvarez C, Woestenenk K, Tomiyama T. An architecture model to support cooperative design for mechatronic products: A control design case [J]. Mechatronics, 2011, 21 (3): 534-547.

[107] Wang Hongwei, Zhang Heming. A distributed and interactive system to integrated design and simulation for collaborative product development [J]. Robotics and Computer-Integrated Manufacturing, 2010, 26 (6): 778-789.

[108] Jing S, He F, Han S, et al. A method for topological entity correspondence in a replicated collaborative CAD system [J]. Computers in Industry, 2009, 60 (7): 467-475.

[109] 何发智, 高曙明, 王少梅, 等. 基于CSCW的CAD系统协作支持技术与支持工具的研究 [J]. 计算机辅助设计与图形学学报, 2002, 14 (2): 163-167.

[110] 陈爱君, 方欣, 魏亮. 利用版本控制软件进行协同设计 [J]. 建筑设计管理, 2007 (6): 44-46.

[111] 林彬, 廖宏征. 探究外部参照在建筑工程协同设计中的运用 [J]. 工业建筑, 2010 (S1): 1092-1096.

[112] Wu Weiyu, Pan Peng , Li Hua, et al. A framework and implementation techniques for cooperative architectural engineering design systems [C]. //The Sixth International Conference on Computer Supported Cooperative Work in Design. London, Ont ario: NRC Research Press, 2002: 218-222.

[113] 何刚. 支持协同设计的审图系统研究与开发 [D]. 成都: 西南交通大学, 2004.

[114] 施平望, 林良帆, 邓雪原. 基于IFC标准的建筑构件表达与管理方法研究 [J]. 图学学报, 2016, 37 (2): 249-256.

[115] 孙欢, 刘强. 分布式CAD协同设计中的冲突消解 [J]. 电子学报, 2006, 34 (S1): 2458-2461.

[116] 刘峰, 纪钢. 改进的协同设计中间基多版本存储模型 [J]. 计算机工程与设计, 2011, 32 (6): 2176-2178.

[117] 付喜梅. 基于STEP的协同设计版本存储控制策略 [J]. 计算机工程, 2008, 34 (24): 61-63.

[118] 刘喜明, 郑国勤, 孙家广. 基于C/S模式的同步协同设计运行机制和策略 [J]. 计算机工程与应用, 2001 (15): 64-67.

[119] 史美林, 杨光信. 一个协同设计支撑系统原型——CoDesign [J]. 清华大学学报, 1998, 38 (S1): 30-35.

[120] Ma Zhiliang, Yang Jun, Yoshito I. Information reuse mechanism for a management information system: EPIMS [J]. Advances in Building Technology, 2002: 1543-1550.

[121] Eddy K, Phil R, James V. Mastering Autodesk Revit architecture 2011: Autodesk official training guide [M]. New Jersey: Wiley Publishing Inc. , 2010.

[122] 刘雪松. 面向4D管理的快速建模系统研究与开发 [D]. 北京: 清华大学, 2007.

[123] 刘强. 面向建筑施工的BIM建模系统研究与开发 [D]. 北京: 清华大学, 2010.

[124] 胡振中. 基于BIM和4D技术的建筑施工冲突与安全分析管理 [D]. 北京: 清华大学, 2009.

[125] 张旭磊. 基于BIM的模板支撑工程计算机辅助设计系统的研究 [D]. 北京: 清华大学, 2010.

[126] 罗福午, 吴之昕, 宋昌永. 建筑结构设计 (上) [M]. 北京: 清华大学出版社, 2006.

[127] 中国建筑标准设计研究院. 民用建筑工程结构施工图设计深度图样 [M]. 北京: 中国计划出版社, 2009

[128] 丁士昭, 马继伟, 陈建国. 建设工程信息化导论 [M]. 北京: 中国建筑工业出版社, 2005.

[129] Zhang Jianping, Wang Yong, Zhang Yang. IFC-based model exchange and sharing between building design and construction [C]. //First International Conference on Sustainable Urbanization (ICSU 2010), 2010.

[130] ISO International Standard 10303-11 (1994). Industrial automation systems and integration—Product data rep-

resentation and exchange—Part 11: Description methods: The EXPRESS language reference manual [S]. International Organization for Standardization, Geneva, Switzerland (1994).
[131] 中华人民共和国住房和城乡建设部. 建筑结构荷载规范 [S]. 北京: 中国建筑工业出版社, 2006.
[132] 张建平, 余芳强, 李丁. 面向建筑全生命期的集成 BIM 建模技术研究 [J]. 土木建筑工程信息技术, 2012, 4 (1): 6-14.
[133] 中国建筑科学研究院建筑工程软件研究所. PKPM 多高层结构计算软件应用指南 [M]. 北京: 中国建筑工业出版社, 2010.
[134] Hu Kai, Yang Yimeng, Mu Suifeng, et al. Study on High-rise Structure with Oblique Columns by ETABS, SAP2000, MIDAS/GEN and SATWE [J]. Procedia Engineering, 2012, 31: 474-480.
[135] 谈一评, 吴文勇, 焦柯. 广厦建筑结构通用分析与设计程序教程 [M]. 北京: 中国建筑工业出版社, 2008.
[136] 建筑结构静力计算手册编写组. 建筑结构静力计算手册 (第二版) [M]. 北京: 中国建筑工业出版社, 1998.
[137] 中国建筑标准设计研究院. 混凝土结构施工图平面整体表示法制图规则和构造详图 (现浇混凝土板式楼梯) 21G101-2 [S]. 北京: 中国标准出版社, 2012.
[138] Holland J. Adaptation in Natural and Artificial Systems [M]. Cambridge: MIT Press, 1994.
[139] Choi J, Kim I. An approach to share architectural drawing information and document information for automated code checking system [J]. Tsinghua Science and Technology, 2008 (S1): 171-178.
[140] Tan Xiangyang, Amin H, Paul F. Automated code compliance checking of building envelope performance [J]. Computing in Engineering, 2007: 256-263.
[141] Yang Q Z, Xu X. Design knowledge modeling and software implementation for building code compliance checking [J]. Building and Environment, 2004, 39 (6): 689-698.
[142] 中华人民共和国住房和城乡建设部. 混凝土结构设计规范 GB 50010—2010 [S]. 北京: 中国建筑工业出版社, 2010.
[143] 中华人民共和国住房和城乡建设部. 高层建筑混凝土结构技术规程 JGJ 3—2010 [S]. 北京: 中国建筑工业出版社, 2010.
[144] 胡继平, 詹金珍. 基于增量模型的协同 CAD 建模关键技术研究 [J]. 计算机应用与软件, 2009 (8): 189-191.
[145] Somerville. Software Engineering, 7th Edition [M]. Boston: Addison Wesley, 2004.
[146] 李冠亿. 深入浅出 AutoCAD. Net 二次开发 [M]. 北京: 中国建筑工业出版社, 2012.
[147] 陈世忠. C++编码规范 [M]. 北京: 人民邮电出版社, 2002.
[148] 赵旭斌, 阙勇, 韩洪波. QTP 自动化测试权威指南 (第 2 版) [M]. 北京: 人民邮电出版社, 2013.